局域网组网技术

（第 2 版）

主　编　肖　川　田敬成　谢　玮
副主编　孙艳波　陈虹洁　崔少宁
　　　　韩翠红　王红艳

北京理工大学出版社
BEIJING INSTITUTE OF TECHNOLOGY PRESS

内 容 简 介

本书以全面的角度分析组网工程中所用到的常用技术,从局域网组网案例出发,介绍局域网基础、路由交换配置、网络工程过程以及服务器搭建。全书共分 13 章,分别介绍 IP 寻址、路由器基础、直连路由和静态路由、路由协议之 RIP、路由协议之 OSPF、广域网连接配置技术、访问控制列表、NAT 技术、交换机、虚拟局域网技术、高级交换技术、多重路由协议的路由重分布、无线局域网等内容。

本书是一本实用性很强的教科书,特别适合计算机、信息管理、电子商务及相关专业学生、网络从业人员使用,对网络工程人员和网络管理员有一定的参考价值,还可以作为网络工程师辅导的参考资料,也可供各类专业人员自学使用。

版权专有　侵权必究

图书在版编目（CIP）数据

局域网组网技术 / 肖川,田敬成,谢玮主编. —2 版. —北京：北京理工大学出版社,2019.11
ISBN 978-7-5682-7845-4

Ⅰ. ①局… Ⅱ. ①肖… ②田… ③谢… Ⅲ. ①局域网-组网技术 Ⅳ. ①TP393.1

中国版本图书馆 CIP 数据核字（2019）第 243544 号

出版发行 /	北京理工大学出版社有限责任公司
社　　址 /	北京市海淀区中关村南大街 5 号
邮　　编 /	100081
电　　话 /	（010）68914775（总编室）
	（010）82562903（教材售后服务热线）
	（010）68948351（其他图书服务热线）
网　　址 /	http://www.bitpress.com.cn
经　　销 /	全国各地新华书店
印　　刷 /	涿州市新华印刷有限公司
开　　本 /	787 毫米×1092 毫米　1/16
印　　张 /	20.5
字　　数 /	490 千字
版　　次 /	2019 年 11 月第 2 版　2019 年 11 月第 1 次印刷
定　　价 /	58.00 元

责任编辑 / 封　雪
文案编辑 / 封　雪
责任校对 / 刘亚男
责任印制 / 施胜娟

图书出现印装质量问题,请拨打售后服务热线,本社负责调换

前　　言

　　组网是当今网络工程中迅速发展的重要技术之一。计算机网络技术的快速发展促进了信息技术革命的到来，使得人类社会的发展步入了信息时代。无论是政务机关、企事业单位，还是学校、社会团体及个人，网络搭建的需求都与日俱增，要实现局域网组网，网络工程人员必须具备网络组建和设备配置管理的相关知识，特别是路由器和交换机配置以及服务器搭建，它们是局域网组网中最基础和最核心的技术。

　　随着计算机应用的广泛普及，人们的生活、工作、学习及思维方式都发生了深刻变化，计算机已经成为人们工作、学习、思维、娱乐和处理日常事务必不可少的工具，为了方便企业管理和实现现代化办公和生产管理，培养网络实用性人才迫在眉睫。培养一个合格的网络人才尤其是网络工程人才是我们教育工作者的责任，特别是对本专科院校的计算机类和电子商务专业的学生，更需要在具备理论知识的同时注重实际应用，本书正是为了满足广大网络工程人员和初学者学习而编写的一本实用性教材。

　　局域网组网技术作为一项重要技术，它是一切网络的基础。在局域网中能实现几乎所有在 Internet 上实现的功能，而且能更安全地保护相关数据在内部传输。所以，若要学好并运用网络，那么局域网就是基础。编者结合自己多年的教学和工作经验，编写了这本《局域网组网技术》。本书以注重实际操作、注重主流技术、注重网络应用为中心，主要目的是让读者掌握和熟悉局域网组网的方法和相关设备的配置，能够利用互联网络作为本学科的学习与研究工具，适应信息化社会的发展。本书既能保持教学的系统性，又能反应当下网络发展的最新技术。在本书的结构设计与内容选择上，作者力求达到：结构层次清晰，能涵盖初学者需要掌握与了解的网络原理、局域网基础设备配置、网络服务器配置、网络工程与综合布线等；采用理论与应用技能培养相结合的方法，使初学者在掌握局域网组网的基础上，能够比较容易地学习网络应用和设备配置服务器搭建等基本技能，同时对网络工程有系统的认识。

　　本书共有 13 章。第 1 章介绍 IP 协议、IP 地址、IP 划分、ARP 协议等；第 2 章介绍路由基础知识，包括路由器分类、路由器特点，以及路由器配置方法和常用基础命令等；第 3 章主要介绍直连路由的配置、静态路由器的配置、路由汇总、浮动路由以及度量值；第 4 章主要介绍各路由协议 RIP、路由回环、回环解决；第 5 章主要介绍 OSPF 协议基础，包括单区域 OSPF、多区域 OSPF、虚链路 OSPF 等；第 6 章介绍广域网连接配置技术，包括广域网协议简介、配置实例、帧中继概述等内容；第 7 章主要介绍 ACL 的基本情况，标准 ACL、扩展 ACL、命名 ACL 的配置；第 8 章主要介绍地址转换协议，重点介绍了 NAT 的原理与应用，easy NAT、静态 NAT、动态 NAT、NAPT 的配置；第 9 章介绍交换机的基本知识，包括交换机的作用、交换机的特点以及分类、交换机的基础配置方法等；第 10 章主要介绍虚拟局域网技术，包括 VLAN 的划分方法、实现不同交换机之间相同 VLAN 的互通、VTP、单臂路由等；第 11 章介绍高级交换技术，包括交换机中的冗余链路、生成树协议概述、STP、PVST、快速生产树协议、MSTP 多实例生成树协议、DHCP 中继的配置等内容；第 12 章介绍多路由协议的路由重分布，包括路由重分布及其分布原则、问题及解决方法、配置等内容；第 13 章介绍无线局域网的特点、传输方式、传输协议、传输速率，以及无线局域网搭建和家庭无线局域网组建、无线个域网等内容。

全书由烟台南山学院肖川、田敬成和谢玮担任主编，由烟台南山学院孙艳波，黄金职业学院陈虹洁，烟台南山学院崔少宁、韩翠红、王红艳担任副主编。南山集团技术中心提供了案例支持，湖北工程学院卢军教授给出了宝贵的意见，也参考并引用了相关书刊以及网络资源，在此表示衷心的感谢。

由于网络工程的不断发展，加之时间仓促及作者水平有限，书中的不妥之处在所难免，恳切希望广大读者提出宝贵意见，以使本书不断完善。编者电子邮箱：92kuse@163.com。

编　者

2019 年 6 月

目 录

第 1 章 IP 寻址 ·· 1
1.1 IP 地址 ·· 1
1.2 企业中 IP 地址的规划原则 ·· 9
1.3 IPv6 ·· 10
1.4 IP 协议 ·· 13
1.5 ARP 与 RARP ··· 15

第 2 章 路由器基础 ·· 18
2.1 路由器的基本用途 ·· 18
2.1.1 路由器的功能及特点 ·· 18
2.1.2 路由器的组成 ·· 20
2.1.3 路由器的工作原理 ··· 24
2.1.4 路由器在网络中的应用 ··· 26
2.2 路由器的分类 ·· 26
2.3 路由器的选购 ·· 28
2.4 路由器的接口以及连接方式和配置 ··· 29
2.4.1 路由器的物理接口与逻辑接口 ·· 29
2.4.2 设备的连接方式 ··· 31
2.4.3 配置路由器的常用方法 ··· 32
2.4.4 setup 配置模式 ·· 35
2.5 CLI 命令行配置路由器 ·· 36
2.5.1 路由器的工作模式 ··· 36
2.5.2 路由器常用命令 ··· 37

第 3 章 直连路由和静态路由 ··· 43
3.1 IP 路由 ·· 43
3.1.1 路由过程 ·· 43
3.1.2 路由查询 ·· 44
3.1.3 路由表 ··· 44
3.1.4 路由器的 IP 配置 ··· 48
3.2 CDP 概述 ··· 49
3.3 直连路由 ·· 52
3.4 路由配置 ·· 54
3.4.1 静态路由 ·· 54
3.4.2 默认路由 ·· 57
3.4.3 管理距离 ·· 60

	3.4.4 浮动静态路由	60
	3.4.5 静态路由汇总	62
	3.4.6 路由黑洞问题	63
	3.4.7 动态路由	65

第4章 路由协议之 RIP 67
  4.1 路由协议概述 67
    4.1.1 路由协议和可路由协议 67
    4.1.2 路由协议的分类 67
  4.2 路由决策原则 69
  4.3 路由回环 70
  4.4 RIP 配置 74
    4.4.1 RIP 配置步骤和常用命令 75
    4.4.2 RIP 实例 76
    4.4.3 RIP 操作过程及限制 80
    4.4.4 路由汇总概述 82
    4.4.5 配置 RIPv2 路由聚合 83
  4.5 有类别和无类别路由协议 85
  4.6 浮动静态路由和 RIP 86
  4.7 被动接口与单播更新 87
  4.8 RIPv2 认证和触发更新 88

第5章 路由协议之 OSPF 91
  5.1 OSPF 的基本概念 91
  5.2 OSPF 的工作流程 94
    5.2.1 路由器启动的状态与 LSA 的运作原理 94
    5.2.2 链路状态更新包的工作过程 96
    5.2.3 选举 DR 和 BDR 98
    5.2.4 度量值（Cost） 99
  5.3 单区域 OSPF 的基本配置 102
    5.3.1 OSPF 的网络类型 104
    5.3.2 点到点网络的 OSPF 配置 105
    5.3.3 广播多路访问链路上的 OSPF 配置 107
  5.4 多区域 OSPF 概述 109
  5.5 远离区域 0 的 OSPF 的虚链路 114
  5.6 OSPF 中的特殊区域 118
  5.7 OSPF 汇总路由 121
  5.8 OSPF 认证 123

第6章 广域网连接配置技术 126
  6.1 广域网协议简介 126
    6.1.1 HDLC 简介 126

		6.1.2 PPP 概述	126
6.2	广域网配置实例		128
	6.2.1	HDLC 和 PPP 封装	128
	6.2.2	路由器广域网 PPP 封装 PAP 验证配置	130
	6.2.3	路由器广域网 PPP 封装 CHAP 验证配置	134
6.3	帧中继概述		138
	6.3.1	帧中继简介	138
	6.3.2	帧中继的特点	139
	6.3.3	帧中继术语	139
	6.3.4	帧中继的配置	139

第 7 章 访问控制列表 148

7.1	访问控制列表概述		148
	7.1.1	为什么要使用访问列表	148
	7.1.2	访问控制列表的工作原理及流程	149
7.2	访问控制列表的分类		150
7.3	标准访问控制列表		154
7.4	扩展访问控制列表		159
7.5	命名 ACL		165
7.6	基于时间的访问控制列表		166

第 8 章 NAT 技术 169

8.1	NAT 基础		169
	8.1.1	NAT 的概念	169
	8.1.2	NAT 的工作原理	170
8.2	NAT 的分类及配置		172
	8.2.1	静态 NAT	172
	8.2.2	动态网络地址转换	175
	8.2.3	NAPT	178
	8.2.4	TCP 负载均衡配置	184
	8.2.5	反向 NAT 转换配置	186
	8.2.6	NAT 信息的查看	187

第 9 章 交换机 189

9.1	交换机概述		189
	9.1.1	交换机的特性	189
	9.1.2	交换机与集线器、网桥的区别	190
	9.1.3	交换机的组成	191
	9.1.4	交换机的工作机制及功能	191
9.2	交换机的性能参数、分类及选购原则		195
	9.2.1	交换机的性能参数	195
	9.2.2	交换机的分类	197

| 9.2.3   交换机的选购原则 ………………………………………………………… 201
| 9.3   交换机指示灯 ………………………………………………………………………… 201
| 9.4   交换机的级联与堆叠 ……………………………………………………………… 203
| 9.4.1   交换机级联 ………………………………………………………………… 203
| 9.4.2   交换机堆叠 ………………………………………………………………… 204
| 9.5   交换机的配置 ………………………………………………………………………… 205
| 9.5.1   交换机的配置方法 ………………………………………………………… 205
| 9.5.2   交换机的基本配置 ………………………………………………………… 211

第 10 章 虚拟局域网技术 …………………………………………………………………… 216
| 10.1   VLAN 概述 …………………………………………………………………………… 216
| 10.1.1 VLAN 产生的原因 ………………………………………………………… 216
| 10.1.2 VLAN 的特点 ……………………………………………………………… 218
| 10.1.3 VLAN 的实现原理与主要特征 …………………………………………… 219
| 10.2   VLAN 的分类 ………………………………………………………………………… 220
| 10.2.1 基于端口的静态 VLAN …………………………………………………… 220
| 10.2.2 动态 VLAN ………………………………………………………………… 220
| 10.3   VLAN 配置 …………………………………………………………………………… 222
| 10.3.1 配置正常范围的 VLAN …………………………………………………… 222
| 10.3.2 配置扩展 VLAN …………………………………………………………… 224
| 10.4   跨越交换机的 VLAN ……………………………………………………………… 225
| 10.4.1 Trunk ……………………………………………………………………… 226
| 10.4.2 Port VLAN 和 Tag VLAN ………………………………………………… 228
| 10.5   单臂路由 ……………………………………………………………………………… 231
| 10.6   VLAN 中继协议 ……………………………………………………………………… 235
| 10.6.1 VTP 原理 …………………………………………………………………… 235
| 10.6.2 VTP 通告 …………………………………………………………………… 235
| 10.7   虚拟专用网（VPN） ………………………………………………………………… 238
| 10.7.1 VPN 定义 …………………………………………………………………… 238
| 10.7.2 VPN 的原理 ………………………………………………………………… 240
| 10.7.3 VPN 协议 …………………………………………………………………… 241
| 10.8   三层交换 ……………………………………………………………………………… 242
| 10.8.1 三层交换技术概述 ………………………………………………………… 242
| 10.8.2 第三层交换技术的原理 …………………………………………………… 243
| 10.8.3 三层交换机的种类 ………………………………………………………… 245

第 11 章 高级交换技术 ……………………………………………………………………… 253
| 11.1   交换机中的冗余链路 ……………………………………………………………… 253
| 11.1.1 冗余备份链路 ……………………………………………………………… 253
| 11.1.2 二层聚合链路 ……………………………………………………………… 255
| 11.1.3 三层聚合链路 ……………………………………………………………… 256

11.2 生成树协议概述··················257
　　11.2.1 生成树协议的种类··················257
　　11.2.2 生成树协议的基本概念··················258
11.3 STP··················259
　　11.3.1 STP 中的选择原则··················259
　　11.3.2 STP 端口的状态··················260
　　11.3.3 生成树的重新计算··················265
　　11.3.4 生成树的配置命令汇总··················265
11.4 PVST··················266
11.5 快速生成树协议··················269
11.6 MSTP 多实例生成树协议··················270
　　11.6.1 MSTP 快速生成树协议综述··················270
　　11.6.2 MSTP 的配置··················271
11.7 DHCP 中继的配置··················272

第 12 章 多路由协议的路由重分布··················275
12.1 路由重分布··················275
12.2 路由重分布原则··················276
12.3 路由重分布问题及解决方法··················276
12.4 路由重分布的配置··················277
　　12.4.1 RIP 与静态路由重分布的配置··················277
　　12.4.2 OSPF 与静态路由的重分布配置··················280
　　12.4.3 路由重分布列表控制例子··················283
　　12.4.4 OSPF、EIGRP、RIP、静态路由的重分布综合试验··················284

第 13 章 无线局域网··················287
13.1 无线局域网概述··················287
　　13.1.1 无线局域网简介··················287
　　13.1.2 无线局域网优缺点··················289
13.2 无线局域网的传输标准··················289
　　13.2.1 IEEE 802.11 系列协议··················290
　　13.2.2 其他标准··················292
　　13.2.3 WiFi 和 WAPI··················292
13.3 无线局域网组网元素··················293
　　13.3.1 无线局域网终端··················293
　　13.3.2 无线局域网网络设备··················294
13.4 无线局域网组网结构··················296
13.5 对等无线局域网组建··················299
13.6 家庭无线局域网组建··················301
　　13.6.1 搭建"ADSL"接入的无线网络··················301
　　13.6.2 有线接入方式搭建无线局域网··················307

13.7	无线局域网的维护	308
13.8	无线个域网	313
	13.8.1　WPAN 的主要特点	313
	13.8.2　无线个域网的分类	313
13.9	无线城域网	314
13.10	无线广域网	314

参考文献 ··· 318

第 1 章
IP 寻址

为了实现 Internet 上不同计算机之间的通信，除使用相同的通信协议 TCP/IP 之外，每台计算机都必须有一个不与其他计算机重复的地址，它相当于通信时每个计算机的名字。Internet 地址包括 IP 地址和域名地址，它们是 Internet 地址的两种表示方式。

1.1 IP 地 址

在以 TCP/IP 为通信协议的网络上，每一台与网络连接的计算机、设备都可称为"主机"（Host）。在 Internet 网络上，这些主机也被称为"节点"。而每一台主机都有一个固定的地址名称，该名称用以表示网络中主机的 IP 地址（或域名地址）。该 IP 地址不但可以用来标识各个主机，而且也隐含着网络间的路径信息。在 TCP/IP 网络上的每一台计算机，都必须有一个唯一的 IP 地址。

1. 基本的地址格式

IP 地址共有 32 位，即 4 个字节（8 位构成一个字节），由类别、标识网络的 ID 和标识主机的 ID 三部分组成：

类别	网络 ID（NetID）	主机 ID（HostID）

为了简化记忆，实际使用 IP 地址时，几乎都将组成 IP 地址的二进制数记为 4 个十进制数(0～255)，每相邻两个字节的对应十进制数间以英文句点分隔，通常表示为 mmm.ddd.ddd.ddd。例如，将二进制 IP 地址 11001010 01100011 01100000 01001100 写成十进制数 202.99.96.76 就可以表示网络中某台主机的 IP 地址。计算机很容易将提供的十进制地址转换为对应的二进制 IP 地址，再供网络互联设备识别。

2. IP 地址分类

最初设计互联网时，为了便于寻址以及层次化构造网络，每个 IP 地址包括两个标识码（ID），即网络 ID 和主机 ID。同一个物理网络上的所有主机都使用同一个网络 ID，网络上的一个主机(包括网络上的工作站、服务器和路由器等）有一个主机 ID 与其对应。IP 地址根据网络 ID 的不同分为 5 种类型：A 类地址、B 类地址、C 类地址、D 类地址和 E 类地址，如图 1-1 所示。

● A 类 IP 地址。一个 A 类 IP 地址由 1 字节的网络号和 3 字节的主机号组成，网络号的最高位必须是"0"，地址范围从 1.0.0.0 到 126.255.255.255。可用的 A 类网络有 126 个，每个网络能容纳 1 亿多个主机。

● B 类 IP 地址。一个 B 类 IP 地址由 2 字节的网络号和 2 字节的主机号组成，网络号的最高位必须是"10"，地址范围从 128.0.0.0 到 191.255.255.255。可用的 B 类网络有 16 382 个，每个网络能容纳 65 534 个主机。

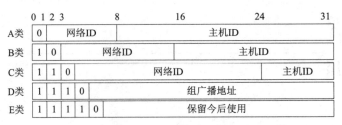

图1-1　IP地址的分类

● C类IP地址。一个C类IP地址由3字节的网络号和1字节的主机号组成，网络号的最高位必须是"110"，范围从192.0.0.0到223.255.255.255。C类网络可达209万余个，每个网络能容纳254个主机。

● D类IP地址。D类IP地址第一个字节以"1110"开始，它是一个专门保留的地址，并不指向特定的网络。目前，这一类地址被用在多点广播（Multicast）中。多点广播地址用来一次寻址一组计算机，它标识共享同一协议的一组计算机。

● E类IP地址。以"11110"开始，为将来使用保留。

全零（"0.0.0.0"）地址对应于当前主机；全"1"的IP地址（"255.255.255.255"）是当前子网的广播地址。

3. IP地址换算

人们知道，所有的十进制都可以写为

十进制 $= A*2^7 + A*2^6 + A*2^5 + A*2^4 + A*2^3 + A*2^2 + A*2^1 + A*2^0$

因为二进制只有0和1两个数值，所以A的取值只有两种情况0和1。

根据逆向倒推原则，也就是说，对于IPv4下所有的十进制数值都可以看作是由128、64、32、16、8、4、2、1这8个数字带有系数地相加而得，举例来说明一下，比如119.198.54.249要转化为二进制怎么操作呢？一个个地进行转换，计算方式如下：

119=64+32+16+4+2+1　　其实可以写为119=0*128+1*64+1*32+1*16+0*8+1*4+1*2+1*1
前面的系数就是转换为的二进制，从高位到低位依次写上，119=01110111

198=128+64+4+2　　　　其实可以写为198=1*128+1*64+0*32+0*16+1*8+1*4+1*2+0*1
前面的系数就是转换为的二进制，从高位到低位依次写上，198=11000110

54=32+16+4+2　　　　　直接转换后 54=00110110

249=128+64+32+16+8+1　直接转换后 249=11111001

这个方式就是快速转化十进制和二进制的简单方法。

其实从这里面还可以发现一个规律，就是128、64、32、16、8、4、2、1这8个数字，前面任意一项都比其后面几项之和还要大1。

4. IP地址的寻址规则

（1）网络寻址规则。

● 网络地址必须唯一。

● 网络标识不能以数字127开头。在A类地址中，数字127保留给内部回送函数（127.0.0.1用于回路测试）。

● 网络标识的第一个字节不能为255（数字255作为广播地址）。

● 网络标识的第一个字节不能为0（0表示该地址是本地主机，不能传送）。

（2）主机寻址规则。
- 主机标识在同一网络内必须是唯一的。
- 主机标识的各个位不能都为"1"。如果所有位都为"1",则该 IP 地址是广播地址,而非主机的地址。
- 主机标识的各个位不能都为"0"。如果各个位都为"0",则表示"只有这个网络",而这个网络上没有任何主机。

5. 子网和子网掩码

（1）子网。

在计算机网络规划中,通过子网技术将单个大网划分为多个子网,并由路由器等网络互联设备连接。它的优点在于融合不同的网络技术,通过重定向路由来达到减轻网络拥挤（由于路由器的定向功能,子网内部的计算机通信就不会对子网外部的网络增加负载）、提高网络性能的目的。

子网划分是将二级结构的 IP 地址变成三级结构,即网络号+子网号+主机号。每一个 A 类网络可以容纳超过千万的主机,一个 B 类网络可以容纳超过 6 万的主机,一个 C 类网络可以容纳 254 台主机。一个有 1 000 台主机的网络需要 1 000 个 IP 地址,需要申请一个 B 类网络的地址。如此地址空间利用率还不到 2%,而其他网络的主机无法使用这些被浪费的地址。为了减少这种浪费,可以将一个大的物理网络划分为若干个子网。

为了实现更小的广播域并更好地利用主机地址中的每一位,可以把基于类的 IP 网络进一步分成更小的网络,每个子网由路由器界定并分配一个新的子网网络地址,子网地址是借用基于类的网络地址的主机部分创建的。划分子网后,通过使用掩码,把子网隐藏起来,使得从外部看网络没有变化,这就是子网掩码。

（2）子网掩码。

在主机之间通信的情况有两种:
① 同一个网络中,两台主机之间相互通信。
② 在不同网络中,两台主机之间相互通信。

可以通过获取远程主机 IP 地址的网络地址区分这两种情况:
① 如果源主机所在的网络地址等于目的主机所在网络地址,则为相同网络主机之间的通信。
② 如果源主机所在的网络地址不等于目的主机所在网络地址,则为不同网络主机之间的通信。

问题是如何获得一个主机 IP 地址的网络地址信息？这就需要借助于掩码（NetMask）。

子网掩码（Subnet Mask）用来确定 IP 地址中的网络地址部分。其格式与 IP 地址相同,也是一组 32 位的二进制数。

子网掩码中为"1"的部分所对应的是 IP 地址中的网络地址部分,为"0"的部分所对应的是 IP 地址中的主机地址部分。

确定哪部分是子网号,哪部分是主机号,需要采用所谓子网掩码的方式进行识别,即通过子网掩码来告诉本网是如何进行子网划分的。子网掩码是一个与 IP 地址结构相同的 32 位二进制数字标识,也可以像 IP 地址一样用点分十进制来表示;作用是屏蔽 IP 地址的一部分,以区分网络号和主机号。其表示方式是:

- 凡是 IP 地址的网络和子网标识部分，用二进制数 1 表示；
- 凡是 IP 地址的主机标识部分，用二进制数 0 表示；
- 用点分十进制书写。

子网掩码拓宽了 IP 地址的网络标识部分的表示范围，主要用于：
- 屏蔽 IP 地址的一部分，以区分网络标识和主机标识；
- 说明 IP 地址是在本地局域网上，还是在远程网上。

如下例所示，通过子网掩码，可以算出计算机所在子网的网络地址。

假设 IP 地址为 192.168.10.2，子网掩码为 255.255.255.240。

将十进制转换成二进制：

  IP 地址： 11000000 10101000 00001010 00000010
  子网掩码： 11111111 11111111 11111111 11110000
  "与"运算：--
        11000000 10101000 00001010 00000000

则可得其网络地址为 192.168.10.0，主机标识为 2。

假设 IP 地址为 192.168.10.5，子网掩码为 255.255.255.240。

将十进制转换成二进制：

  IP 地址： 11000000 10101000 00001010 00000101
  子网掩码： 11111111 11111111 11111111 11110000
  "与"运算：--
        11000000 10101000 00001010 00000000

则可得其网络地址为 192.168.10.0，主机标识为 5。由于两个地址所在网络地址相同，表示两个 IP 地址在同一个网络里。

(3) 子网划分。

为了解决原来必须使用固定的 A、B、C 三类掩码所造成的地址空间的浪费和用减少广播来减少网络阻塞，可以对子网进行划分。

① 划分子网的方法：

借用主机 ID 中的高位充当网络 ID。

从高位往低位开始借位，假设原主机 ID 有 N 位，借 M 位，可以获得 2^M 个子网，每个子网中有主机 $2^{N-M}-2$ 个。

子网划分是通过借用 IP 地址的若干位主机位来充当子网地址，从而将原网络划分为若干子网而实现的。划分子网时，随着子网地址借用主机位数的增多，子网的数目随之增加，而每个子网中的可用主机数逐渐减少。以 C 类网络为例，原有 8 位主机位，2 的 8 次方即 256 个主机地址，默认子网掩码 255.255.255.0。借用 1 位主机位，产生 2 个子网，每个子网有 126 个主机地址；借用 2 位主机位，产生 4 个子网，每个子网有 62 个主机地址。每个子网中，第一个 IP 地址（即主机部分全部为 0 的 IP）和最后一个 IP 地址（即主机部分全部为 1 的 IP）不能分配给主机使用，所以每个子网的可用 IP 地址数为总 IP 地址数量减 2。

② 子网划分步骤：
- 确定要划分的子网数目以及每个子网的主机数目。

- 求出子网数目对应二进制数的位数 N 及主机数目对应二进制数的位数 M。
- 对该 IP 地址的原子网掩码，将其主机地址部分的前 N 位置 1 或后 M 位置 0，即得出该 IP 地址划分子网后的子网掩码。

③ 子网划分举例：

例 1：对 B 类网络 129.30.0.0 需要划分为 20 个能容纳 200 台主机的网络。因为 16<20<32，即 $2^4<20<2^5$，所以，子网位只需占用 5 位主机位就可划分成 32 个子网，可以满足划分成 20 个子网的要求。B 类网络的默认子网掩码是 255.255.0.0，转换为二进制为 11111111.11111111.00000000.00000000。现在子网又占用了 5 位主机位，根据子网掩码的定义，划分子网后的子网掩码应该为 11111111.11111111.11111000.00000000，转换为十进制应该为 255.255.248.0。现在再来看一看每个子网的主机数。子网中可用主机位还有 11 位，2^{11}= 2 048，去掉主机位全 0 和全 1 的情况，还有 2 046 个主机 ID 可以分配，而子网能容纳 200 台主机就能满足需求，按照上述方式划分子网，每个子网能容纳的主机数目远大于需求的主机数目，造成了 IP 地址资源的浪费。为了更有效地利用资源，也可以根据子网所需主机数来划分子网。还以例 1 来说，128<200<256，即 $2^7<200<2^8$，也就是说，在 B 类网络的 16 位主机位中，保留 8 位主机位，其他的 16-8=8 位当成子网位，可以将 B 类网络 129.30.0.0 划分成 256（2^8）个能容纳 256-2=254 台（去掉全 0、全 1 情况）主机的子网。此时的子网掩码为 11111111.11111111.11111111.00000000，转换为十进制为 255.255.255.0。

当子网掩码为 255.255.248.0 时，通过计算得到每个子网的子网号、子网位，每个子网的网络地址、第一个可用地址、最后一个可用地址和广播地址，如表 1-1 所示。

表 1-1 划分成 32 个子网的结果

子网号	子网位	子网网络地址	第一个可用地址	最后一个可用地址	子网广播地址
0	00000	129.30.0.0	129.30.0.1	129.30.7.254	129.30.7.255
1	00001	129.30.8.0	129.30.8.1	129.30.15.254	129.30.15.255
2	00010	129.30.16.0	129.30.16.1	129.30.23.254	129.30.23.255
3	00011	129.30.24.0	129.30.24.1	129.30.31.254	129.30.31.255
…	…	…	…	…	…
31	11111	129.30.248.0	129.30.248.1	129.30.255.254	129.30.255.255

当子网掩码为 255.255.255.0 时，通过计算得到每个子网的子网号、子网位，每个子网的网络地址、第一个可用地址、最后一个可用地址和广播地址，如表 1-2 所示。

表 1-2 划分成 256 个子网的结果

子网号	子网位	子网网络地址	第一个可用地址	最后一个可用地址	子网广播地址
0	00000000	129.30.0.0	129.30.0.1	129.30.0.254	129.30.0.255
1	00000001	129.30.1.0	129.30.1.1	129.30.1.254	129.30.1.255
2	00000010	129.30.2.0	129.30.2.1	129.30.2.254	129.30.2.255

续表

子网号	子网位	子网网络地址	第一个可用地址	最后一个可用地址	子网广播地址
3	00000011	129.30.3.0	129.30.3.1	129.30.3.254	129.30.3.255
…	…	…	…	…	…
255	11111111	129.30.255.0	129.30.255.1	129.30.255.254	129.30.255.255

在例 1 中，分别根据子网数和主机数划分了子网，得到了两种不同的结果，都能满足要求。实际上，子网占用 5~8 位主机位时所得到的子网都能满足上述要求，那么，在实际工作中，应按照什么原则来决定占用几位主机位呢？

例 2：一个单位申请到一个 C 类网 202.119.102.0，希望建 10 个子网，每个子网约 10 台主机，可以考虑子网占原来主机号的 4 位，主机号占余下的 4 位。注意：不能为全 0 和全 1。

10 个子网，取 2^4，占主机位 4 位，同时可以满足划分 10 个子网的需求。同时得到子网掩码 255.255.255.240。划分出的 10 个子网的情况如表 1-3 所示。

表 1-3 子网划分后的情况

子网号	子网位	子网网络地址	第一个可用地址	最后一个可用地址	子网广播地址
1	0001	202.119.102.16	202.119.102.17	202.119.102.30	202.119.102.31
2	0010	202.119.102.32	202.119.102.33	202.119.102.46	202.119.102.47
3	0011	202.119.102.48	202.119.102.49	202.119.102.62	202.119.102.63
4	0100	202.119.102.64	202.119.102.65	202.119.102.78	202.119.102.79
5	0101	202.119.102.80	202.119.102.81	202.119.102.94	202.119.102.95
6	0110	202.119.102.96	202.119.102.97	202.119.102.110	202.119.102.111
7	0111	202.119.102.112	202.119.102.113	202.119.102.126	202.119.102.127
8	1000	202.119.102.128	202.119.102.129	202.119.102.142	202.119.102.143
9	1001	202.119.102.144	202.119.102.145	202.119.102.158	202.119.102.159
10	1010	202.119.102.160	202.119.102.161	202.119.102.174	202.119.102.175

在划分子网时，不仅要考虑目前需要，还应了解将来需要多少子网和主机。对子网掩码使用应考虑它的扩充性，节约了 IP 地址资源，若将来需要更多子网时，不用再重新分配 IP 地址，但每个子网的主机数量有限；反之，子网掩码使用较少的主机位，每个子网的主机数量允许有更大的增长，但可用子网数量有限。一般来说，一个网络中的节点数太多，网络会因为广播通信而饱和，所以，网络中的主机数量的增长是有限的，也就是说，在条件允许的情况下，会将更多的主机位用于子网位。

综上所述，子网掩码的设置关系到子网的划分。子网掩码设置得不同，所得到的子网不同，每个子网能容纳的主机数目不同。若设置错误，可能导致数据传输错误。

例 3：C 类网络 193.1.1.0，现在要借 3 位主机 ID 作子网 ID。问：这个网可划分几个子网？每个子网的主机 ID 范围是什么？子网掩码是什么？广播地址是什么？

193.1.1.0 的二进制形式：11000001.00000001.00000001.00000000

新的子网掩码（二进制）：11111111.11111111.11111111.11100000
新的子网掩码（十进制）：　255　.　255　.　255　.　224

借出 3 位的表示形式有 8 种：000、001、010、011、100、101、110、111，其中 000 和 111 不能使用，所以一共可以划分 6 个子网。每个子网的网络 ID、有效 IP 范围、广播地址如表 1-4 所示。

表 1-4　分配后的地址表

有效网络 ID（二进制）	有效网络 ID（十进制）	广播地址	有效 IP 地址
11000001.00000001.00000001.00100000	193.1.1.32/27	193.1.1.63	193.1.1.33～193.1.1.62
11000001.00000001.00000001.01000000	193.1.1.64/27	193.1.1.95	193.1.1.65～193.1.1.94
11000001.00000001.00000001.01100000	193.1.1.96/27	193.1.1.127	193.1.1.97～193.1.1.126
11000001.00000001.00000001.10000000	193.1.1.128/27	193.1.1.159	193.1.1.129～193.1.1.158
11000001.00000001.00000001.10100000	193.1.1.160/27	193.1.1.191	193.1.1.161～193.1.1.190
11000001.00000001.00000001.11000000	193.1.1.192/27	193.1.1.223	193.1.1.193～193.1.1.222

6．可变长子网掩码

VLSM（变长子网掩码）提供了在一个主类（A 类、B 类、C 类）网络内包含多个子网掩码的能力，可以对一个子网再进行子网划分。

VLSM 的优点：对 IP 地址更为有效地使用；应用路由归纳的能力更强。

VLSM 表示和网络地址确定分别如图 1-2、图 1-3 所示。

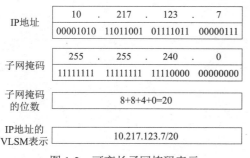

图 1-2　可变长子网掩码表示　　　　图 1-3　可变长子网掩码网络地址确定

7．无分类编址

分类的 IP 地址进行子网划分，在一定程度上缓解了 IP 地址的浪费。这种方法每个子网可用 IP 地址是一样多的，现实中子网有大有小，IP 地址仍然有浪费。IETF 研究出采用无分类编址（Classless Inter-Domain Routing，CIDR）的方法来解决地址匮乏的问题。CIDR 消除了传统的 A 类、B 类和 C 类地址以及划分子网的概念，因而更有效地分配 IPv4 的地址空间，并且可以再新的 IPv6 使用之前容许 Internet 的规模继续增长。CIDR 使用各种长度的网络前缀来代替分类地址中的网络号和主机号。CIDR 不再使用子网的概念，而是用网络前缀来表示地址块。CIDR 还是用斜线记法，例如 190.33.0.0/24，表示在 32 位的 IP 地址中，前 24 位表示网络前缀（即网络号），后 8 位表示主机号。

CIDR 将网络前缀都相同的连续的 IP 地址组成 CIDR 地址块。一个 CIDR 地址块是由地址块的起始地址（地址值最小者）和地址块里的地址总数来定义的。190.33.0.0/24 地址块中，最小地址为 190.33.0.0，最大地址为 190.33.0.255。即主机号分别为全 0 和全 1，这两个地址一般不使用，通常将这两个地址之间的地址分配给主机。

另一方面，随着 Internet 规模不断增大，路由表增长很快，如果所有的 C 类地址都在路由表中占一行，这样路由表就太大了，其查找速度将无法达到满意的程度。CIDR 技术就是解决这个问题的，它可以把若干个 C 类网络分配给一个用户，并且在路由表中只占一行，这是一种将大块的地址空间合并为少量路由信息的策略。

在使用 CIDR 时，由于采用了网络前缀这种记法，IP 地址由前缀和主机号两部分组成，因此在路由表中的项目也要有相应的改变。在查找路由表时可能会得到不止一个匹配结果，这样就无法从结果中选择正确的路由，因此，路由发布要遵循"最大匹配"的原则，要包含所有可以到达的主机地址。例如，196.24.3.0/24 和 196.24.8.0/21 进行聚合，由于这两个地址块的二进制表示为：

11000100.00011000.00000011.00000000
11000100.00011000.00001000.00000000

可以看到最长 20 位是相同的，即最大匹配的结果是两个地址块聚合成 196.24.0.0/20。从图 1-4 中也可以得到相同的结论。

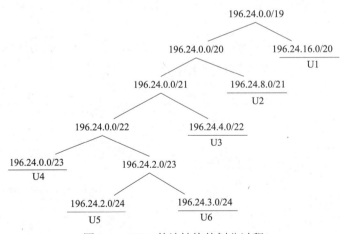

图 1-4　CIDR 的地址块的划分过程

例 4：一个 B 类网络为 162.32.0.0，需要配置 1 个能容纳 32 000 台主机的子网，15 个能容纳 2 000 台主机的子网和 8 个能容纳 254 台主机的子网。如果你是网络管理员，试给出划分方案并予以说明。

（1）假设借出 M 位，N=16 根据公式 $2^M-2>0$，$2^{16-M}-2 \geqslant 30\,000$。因为 M 为不为 0 的自然数，所以根据不等式得到 M=1，$2^1-2=0$，故而子网位为全 0 和全 1 的子网可以使用。

所以 1 个能容纳 32 000 台主机的子网。用主机号中 1 位进行子网划分,产生 2 个子网,162.32.0.0/17 和 162.32.128.0/17 这个子网划分允许每个子网又多达 32 766 台主机。选择 162.32.0.0/17 作为网络号能满足第一个子网的要求,新的子网掩码为 255.255.128.0。

(2) 162.32.128.0/17 这个子网去满足 15 个能容纳 2 000 台主机的子网,此时 $N=15$。根据公式 $2^M \geq 15$,$2^{15-M}-2 \geq 2\,000$。因为 M 为不为 0 的自然数,所以根据不等式得到 $M=4$,即可以划分成 16 个子网 162.32.128.0/21,162.32.136.0/21 ….162.32.240.0/21,162.32.248/21,从这 16 个子网中选择前 15 个 子网网络就可以满足需求,新的子网掩码为 255.255.248.0。

(3) 162.32.248/21 这个子网去满足 8 个能容纳 254 台主机的子网,此时 $M=11$。根据公式 $2^M \geq 8$,$2^{11-M}-2 \geq 254$,因为 M 为不为 0 的自然数,所以根据不等书得到 $M=3$。用主机号中的 3 位对子网网络 162.32.248.0/21 进行划分,可以产生 8 个子网 162.32.248.0/24,162.32.249.0/24…162.32.255.0/24,每个子网可以包含 254 台主机。

8. IP 地址与硬件地址

从层次的角度看,物理地址是数据链路层使用的地址,而 IP 地址是虚拟互联网所使用的地址,即网络层和以上各层使用的地址。

在发送数据时,数据从高层传到低层,然后才到通信链路上传输。使用 IP 地址的 IP 数据报一旦交给了数据链路层,就被封装成 MAC 帧了。

1.2 企业中 IP 地址的规划原则

随着这些年网络的发展,越来越多的企业都组建了内部局域网,来实现自动化无纸办公等高效率、低成本的运营和管理。很多新成立的中小企业以及一些以前没有组网的老企业,现在也都纷纷组建企业局域网,企业中"无网不利"已经成为大势所趋。但是这些企业由于原来并没有网络管理和规划的经验,很多新上任的网管对 IP 地址的规划管理不够重视,以至于在以后需要扩展网络或增加服务时造成很多不便,而且随着时间的推移,没有结构化的编制也会逐渐增加日常维护管理的难度。所以,对 IP 地址的分配和管理等方面要遵循以下几个基本规则。

规则一:体系化编址

体系化其实就是结构化、组织化,根据企业的具体需求和组织结构原则对整个网络地址进行有条理的规划。一般这个规划的过程是由大局、整体着眼,然后逐级由大到小分割、划分的。这其实跟实际的物理地址分配原则是相同的,是先划分省市,再细分割出县区,再细分出道路,再来是街巷,最后是门牌。从网络总体来说,体系化编制由于相邻或者具有相同服务性质的主机或办公群落在 IP 地址上也是连续的,这样在各个区块的边界路由设备上便于进行有效的路由汇总,使整个网络的结构清晰,路由信息明确,也能减小路由器中的路由表。而每个区域的地址与区域的其他地址相对独立,也便于独立的灵活管理。

规则二:可持续扩展性

其实就是在初期规划时为将来的网络拓展考虑,眼光放得长远一些,在将来很可能增大规模的区块中要留出较大的余地。IP 地址最开始是按有类划分的,A、B、C 各类标准网段都只能严格按照规定使用地址。但现在发展到了无类阶段,由于可以自由规划子网的大小和实际的主机数,所以地址资源分配得更加合理,无形中就增大了网络的可拓展性。虽然在网络初期的一段可能很长的时间里，未合理考虑余量的 IP 地址规划也能满足需要，但是当一个局部区域出现高增长，或者整体的网络规模不断增大时，不合理的规划很可能导致必须重新部署局部甚至整体的 IP 地址，这在一个中大型网络中就绝不是一个轻松的工作。

规则三：按需分配公网 IP

相对于私有 IP 而言，公网 IP 是不能由自己完全做主要求的，而是由 ISP 等机构统一分配和租用的。这就造成了公网 IP 要稀缺得多，所以公网 IP 必须按实际需求来分配。如：对外提供服务的服务器群组区域，不仅要够用，还得预留出余量；而员工部门等仅需要浏览 Internet 等基本需求的区域，可以通过 NAT（网络地址转换）来多个节点共享一个或几个公网 IP；最后，那些只对内部提供服务，或只限于内部通信的主机自然不用分配公网 IP 了。公网 IP 具体的分配，必须根据实际需求进行合理规划。

规则四：静态和动态分配地址的选择

第一，动态分配地址由于地址是由 DHCP 服务器分配的，便于集中化统一管理，并且每一个新接入的主机都能够通过非常简单的操作正确获得 IP 地址、子网掩码、缺省网关、DNS 等参数，在管理的工作量上比静态地址要减少很多，而且越大的网络越明显。而静态分配正好相反，需要先指定好哪些主机要用到哪些 IP，绝对不能重复了，然后再去客户主机上挨个设置必要的网络参数，并且当主机区域迁移时，还要记录释放 IP，并重分配新的区域 IP 和配置网络参数。这需要一张详细记录 IP 地址资源使用情况的表格，并且要根据变动实时更新，否则很容易出现 IP 冲突等问题，可以想见这在一个大规模的网络中工作量是多么巨大。但是在一些特定的区块，如服务器群区域，每台服务器都有一个固定的 IP 地址，这在绝大多数情况下都是必须的。当然，也可以使用 DHCP 的地址绑定功能或者动态域名系统来实现类似的效果。

第二，动态分配 IP，可以做到按需分配地址，当一个 IP 地址不被主机使用时，能释放出来供别的新接入主机使用，这样可以在一定程度上高效利用好 IP 资源。DHCP 的地址池只要能满足同时使用的 IP 峰值即可。静态分配必须考虑更大的使用余量，很多临时不接入网络的主机并不会释放掉 IP，而且由于是临时性的断开和接入，手动去释放和添加 IP 等参数明显是受累不讨好的工作，所以这时必须考虑使用更大的 IP 地址段，确保有足够的 IP 资源。

第三，动态分配要求网络中必须有一台或几台稳定且高效的 DHCP 服务器，因为当 IP 管理和分配集中的同时，故障点也相应集中起来了，一旦网络中的 DHCP 服务器出现故障，整个网络都有可能瘫痪，所以在很多网络中 DHCP 服务器不止一台，而是另有一台或一组热备份的 DHCP 服务器，在平时还可以分担地址分配的工作量。另外，客户机在与 DHCP 服务器通信时，如地址申请、续约和释放等，都会产生一定的网络流量，虽然不大，但是还是要考虑到。而静态分配就没有上面的这两个缺点，而且静态地址还有一个最吸引人的优点，就是比动态分配更加容易定位故障点。在大多数情况下，企业网管在使用静态地址分配时，都会有一张 IP 地址资源使用表，所有的主机和特定 IP 都会一一对应起来，出现了故障或者对某些主机进行控制管理时都比动态地址分配的要简单得多。

1.3 IPv6

IPv4 的地址空间为 32 位，理论上可支持 2^{32}，约 40 亿个 IP 地址，但是由于按 A、B、C

- 10 -

地址类型划分，导致了大量的地址浪费。如一个使用 B 类地址的网络可包含 65 534 个主机，对于大多数机构都太大了，申请到一个 B 类地址的机构实际上很难充分利用如此多的地址，造成 IP 地址的大量闲置，例如 IBM 就占用了约 1 700 万个 IP 地址。

目前，A 类和 B 类地址已经耗尽，虽然 C 类地址还有余量，但占用 IP 地址的设备已由 Internet 早期的大型机变为数量巨大的 PC，而且随着网络技术的发展，数量更加巨大的家电产品也在信息化、智能化，也存在着对 IP 地址潜在的巨大需求，IPv4 在数量上已不能满足需要。鉴于上述状况，1992 年 7 月 IETF（Internet Engineering Task Force）在波士顿的会议上发布了征求下一代 IP 协议的计划，1994 年 7 月选定了 IPv6 作为下一代 IP 标准。

IPv6 继承了 IPv4 的优点，吸取了 IPv4 长期运行积累的成功经验，拟从根本上解决 IPv4 地址枯竭和路由表急剧膨胀两大问题，并且在安全性、移动性、QoS、数据包处理效率、多播、即插即用等方面进行了革命性的规划，IPv6 取代 IPv4 已是必然趋势。

目前各国都在投入大量的人力、物力进行 IPv6 网络的建设，我国的 IPv6 实验网络也已经开始试运行，IPv6 网络即将进入大规模实施阶段。在今后相当长的时间内 IPv4 将和 IPv6 共存，并最终过渡到 IPv6。

1. IPv6 的新增功能

IPv6 是 Internet 的新一代通信协议，在兼容了 IPv4 的所有功能的基础上，增加了一些更新的功能。相对于 IPv4，IPv6 主要做了如下改进。

（1）地址扩展。IPv6 地址空间由原来的 32 位增加到 128 位，确保加入 Internet 的每个设备的端口都可以获得一个 IP 地址，并且 IP 地址也定义了更丰富的地址层次结构和类型，增加了地址动态配置功能。IPv6 还考虑了多播通信的规模大小（IPv4 由 D 类地址表示多播通信），在多播通信地址内定义了范围字段。作为一个新的地址概念，IPv6 引入了任播地址。任播地址是指 IPv6 地址描述的同一通信组中的一个点。此外，IPv6 取消了 IPv4 中地址分类的概念。

（2）地址自动配置。IPv6 地址为 128 位，若像 IPv4 一样记忆和手工配地址，是不可想象的。IPv6 支持地址自动配置，这是一种关于 IP 地址的即插即用机制。IPv6 有两种地址配置方式：状态地址自动配置和无状态地址自动配置。状态地址自动配置的方式，需要专门的自动配置服务器，服务器保持、管理每个节点的状态信息，该方式的问题是需要保持和管理专门的服务器。在无状态地址自动配置方式下，需要配置地址的网络接口先使用邻居发现机制获得一个链路本地地址，网络接口得到这个链路本地地址之后，再接收路由器宣告的地址前缀，结合接口标识得到一个全球地址。

（3）简化了 IP 报头的格式。为了降低报文的处理开销和占用的网络带宽，IPv6 对 IPv4 的报头格式进行了简化。

（4）可扩展性。IPv6 改变了 IPv4 报头的设置方法，从而改变了操作位在长度方面的限制，使得用户可以根据新的功能要求设置不同的操作。IPv6 支持扩展选项的能力，在 IPv6 中选项不属于报头的一部分，其位置处于报头和数据域之间。由于大多数 IPv6 选项在 IP 数据报传输过程中无须路由器检查和处理，因此这样的结构提高了拥有选项的数据报通过路由器时的性能。

（5）服务质量（QoS）。IPv6 的报头结构中新增了优先级域和流标签域。优先级有 8 bit，可定义 256 个优先级，这为根据数据包的紧急程度确定其传输的优先级提供了手段。

（6）安全性。IPv6 定义了实现协议认证、数据完整性、数据加密所需的有关功能。

（7）流标号。为了处理实时服务，IPv6 报文中引入了流标号位。

（8）域名解析。IPv4 和 IPv6 两者 DNS 的体系和域名空间是一致的，即 IPv4 和 IPv6 共同拥有统一的域名空间。在向 IPv6 过渡阶段，一个域名可能对应多个 IPv4 和 IPv6 的地址。以后随着 IPv6 网络的普及，IPv4 地址将逐渐淡出。

2. IPv6 的地址结构

IPv6 用 128 个二进制位来描述一个 IP 地址，理论上有 2^{128} 个 IP 地址，即使按保守方法估算 IPv6 实际可分配的地址，地球表面的每平方厘米的面积上也可分配到数以亿计的 IP 地址。显然，在可预见的时期内，IPv6 地址耗尽的机会是很小的，其巨大的地址空间足以为所有可以想象出的网络设备提供一个全球唯一的地址。

（1）地址表示。

IPv6 的 128 位地址以 16 位为一分组，每个分组写成 4 个十六进制数，中间用冒号分隔，称为冒号分十六进制格式，以下是一个完整的 IPv6 地址：

FEAD:BA98:0054:0000:0000:00AE:7654:3210

IPv6 地址中每个分组中的前导零位可以省略，但每个分组至少要保留一位数字。如上例中，也可表示为

FEAD:BA98:54:0:0:AE:7654:3210

若地址中包含很长的零序列，还可以将相邻的连续零位合并，用双冒号"::"表示。"::"在一个地址中只能出现一次，该符号也用来压缩地址前部和尾部相邻的连续零位。

例如，地址 1080:0:0:0:8:800:200C:417A 和 0:0:0:0:0:0:0:1 分别可表示为 1080::8:800:200C:417A 和::1。

在 IPv4 和 IPv6 混合环境中，也可采用 x：x：x：x：x：x：d.d.d.d 形式来表示 IPv6 地址，x 表示用十六进制数表示的分组，d 表示用十进制数表示的分组。例如，0：0：0：0：0：0：202.1.68.8 和：：FFFF.129.144.52.38。

在 URL 中使用 IPv6 地址，要用"["和"]"来封闭，例如 http://[DC：98：：321]：8 080/index.htm。

（2）地址类型。

IPv6 地址分为三类，即单播、任意播和多播，IPv6 没有广播地址。各类分别占用不同的地址空间，所有类型的 IPv6 地址都被分配到接口，而不像 IPv4 分配到节点。一个接口可以被分配任何类型的多个 IPv6 地址，包括单播、任意播、多播或一个地址范围。IPv6 依靠地址头部的标识符识别地址的类别。

① 单播（Unicast）。单播地址是单一接口的地址，发往单播地址的包被送给该地址所标识的接口。若节点有多个接口，则任一接口的单播地址都可以标识该节点。

② 任意播（Anycast）。任意播地址是一组接口的地址标识，发往任意播地址的数据包仅被发送给该地址标识的接口之一，通常是距离最近的一个地址。任意播地址不能作为源地址，只能作为目的地址，不能分配给主机，只能分配给路由器。

③ 多播（Multicast）。多播地址是一组接口的地址标识，发往多播地址的包将被送给该地址标识的所有接口。地址开始的 11111111 标识该地址为多播地址。地址格式如图 1-5（a）所示，由于 112 bit 可标识 2^{112} 个组，数量巨大，因而 IPv6 工作组建议使用如图 1-5（b）所示的组地址格式。

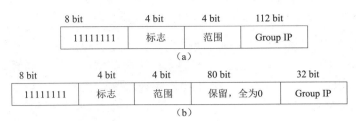

图 1-5 组播地址格式

（a）IPv6 多播地址格式；（b）IPv6 工作组建议使用的组地址格式

（3）地址分配。

IPv6 与 IPv4 的地址分配方式不同，在 IPv4 中 IP 地址是用户拥有的，即用户一旦申请到 IP 地址空间，他就可以永远使用该地址空间，而不论其从哪个 ISP 获得接入服务。这种方式使 ISP 必须在路由表中为每个用户网络号维护一条路由条目，导致随着用户数的增加，出现大量无法归纳的特殊路由条目。

IPv6 采用了和 IPv4 不同的地址分配方式，将地址从用户拥有变成了 ISP 拥有。全球网络地址由 IANA（Internet Assigned Numbers Authority，Internet 分配号码权威机构）分配给 ISP，用户的 IP 地址是 ISP 地址空间的子集。改变 ISP 时，用户要使用新 ISP 为其提供新的 IP 地址，这样能有效控制路由信息的增加，避免路由爆炸现象的出现。

根据 IPv6 工作组的规定，IPv6 地址空间的管理必须符合 Internet 团体的利益，必须通过一个中心权威机构来分配。目前这个权威机构就是 IANA。IANA 会根据 IAB（Internet Architecture Board，Internet 体系结构委员会）和 IEGS 的建议来进行 IPv6 地址的分配。

目前 IANA 已经委派三个地方组织来执行 IPv6 地址分配的任务，分别是：欧洲的 RIPE-NCC（www.ripe.net）、北美的 INTERNIC（www.internic.net）和亚太地区的 APNIC（www.apnic.net）。

1.4 IP 协 议

IP 协议是 Internet 中的通信规则，连入 Internet 中的每台计算机与路由器都必须遵守这些通信规则。发送数据的主机需要按 IP 协议装载数据，路由器需要按 IP 协议转发数据包，接收数据的主机需要按 IP 协议拆卸数据。IP 数据包携带着地址信息从发送数据的主机出发，在沿途各个路由器的转发下，到达目的主机。

1. IP 协议的特点

IP 协议主要负责为计算机之间传输数据报寻址，并管理这些数据报的分片过程。它对投递的数据报格式有规范、精确的定义。与此同时，IP 协议还负责数据报的路由，决定数据报的发送地址，以及在路由器出现问题时更换路由。总的来说，IP 协议具有以下几个特点：

（1）不可靠的数据投递服务。IP 协议本身没有能力证实发送的数据报是否能被正确接收。数据报可能在遇到延迟、路由错误、数据报分片和重组过程中受到损坏，但 IP 不检测这些错误。在发生错误时，也没有机制保证一定可以通知发送方和接收方。

（2）面向无连接的传输服务。IP 协议不管数据报沿途经过哪些节点，甚至也不管数据报起始于哪台计算机，终止于哪台计算机。数据报从源节点到目的节点可能经过不同的传输路径，而且这些数据报在传输的过程中有可能丢失，有可能正确到达。

（3）尽最大努力投递服务。IP 协议并不随意地丢失数据报，只有当系统的资源用尽、接收数据错误或网络出现故障等状态下，才不得不丢弃报文。

2. IP 数据报的格式

要进行传输的数据在 IP 层首先需要加上 IP 头信息，封装成 IP 数据报。IP 数据报包括一个报文头以及与更高层协议相关的数据。图 1-6 所示为 IP 数据报的具体格式。

版本	报头长度	服务类型	总长度	
标识符			标志	片偏移
生存周期		协议	头部校验和	
源IP地址				
目的IP地址				
IP选项				填充
数据				

图 1-6 IP 数据报的格式

3. IP 数据报的分段与重组

IP 数据报是通过封装为物理帧来传输的。由于 Internet 是通过各种不同物理网络技术互联起来的，在 Internet 的不同部分，物理帧的大小（最大传输单元 MTU）可能各不相同。为了最大限度地利用物理网络的能力，IP 模块以所在的物理网络的 MTU 作为依据，来确定 IP 数据报的大小。当 IP 数据报在两个不同 MTU 的网络之间传输时，就可能出现 IP 数据报的分段与重组操作。

在 IP 数据报头中控制分段和重组的域有三个：标识符域、标志域、片偏移域。标识是源主机赋予 IP 数据报的标识符。目的主机根据标识符域来判断收到的 IP 数据报分段属于哪一个数据报，以进行 IP 数据报重组。标志域中的第二位是 DF 位，该位标识 IP 数据报是否允许分段。当需要对 IP 数据报分段时，如果 DF 位置 1，网关将会抛弃该 IP 数据报，并向源主机发送出错信息。标志域中的第三位是 MF 位，该位标识 IP 数据报分段是否是最后一个分段。

IP 数据报在被传输过程中，一旦被分段，各段就作为独立的 IP 数据报进行传输，在到达目的主机之前可能会被再次或多次分段。但是 IP 数据报分段的重组都只在目的主机进行。

4. IP 对输入数据报的处理

IP 对输入数据报的处理分为两种：一种是主机对数据报的处理，另一种是网关对数据报的处理。

当 IP 数据报到达主机时，如果 IP 数据报的目的地址与主机地址匹配，IP 接收该数据报并将它传给高级协议软件处理；否则抛弃该 IP 数据报。

网关则不同，当 IP 数据报到达网关 IP 层后，网关首先判断本机是否是数据报到达的目的主机。如果是，网关将接收到的 IP 数据报上传给高级协议软件处理；如果不是，网关将对接收到的 IP 数据报进行寻径，并随后将其转发出去。

5. IP 对输出数据报的处理

IP 对输出数据报的处理也分为两种：一种是主机对数据报的处理；另一种是网关对数据报的处理。

对于网关来说，IP 接收到 IP 数据报后，经过寻径，找到该 IP 数据报的传输路径。该路径实际上是全路径中的下一个网关的 IP 地址。然后，该网关将该 IP 数据报和寻径到的下一个网关的地址交给网络接口软件。网络接口软件收到 IP 数据报和下一个网关地址后，首先调用 ARP 完成下一个网关 IP 地址到物理地址的映射，然后将 IP 数据报封装成帧，最后由子网完成数据报的物理传输。

1.5　ARP 与 RARP

地址解析协议（ARP）和反向地址解析协议（RARP）都是特定网络的标准协议。ARP 协议负责把 IP 地址转换为物理地址，在 RFC826 中对它进行描述。而 RARP 协议则是把物理地址转换为 IP 地址，在 RFC903 中对它进行描述。本节将对 ARP 和 RARP 的相关内容进行详细介绍。

1. 地址解析

在一个单独的物理网络上，通过物理硬件地址识别网络上的各个主机。IP 地址以符号地址的形式对目的主机进行编址。当这样的一个协议想要把一个数据报发送到目的 IP 地址时，设备驱动程序将不能理解这个目的 IP 地址。因此，必须提供这样一个模块，它能将 IP 地址转换为目的主机的物理地址。通常将一台计算机的 IP 地址转换为物理地址的过程称为地址解析。

地址解析也叫地址之间的映射，它包括两个方面的内容：一种是从 IP 地址到物理地址的映射；另一种是从物理地址到 IP 地址的映射。关于这两种地址的映射，TCP/IP 专门提供了两个协议：地址解析协议（ARP），用于从 IP 地址到物理地址的映射；反向地址解析协议（RARP），用于从物理地址到 IP 地址的映射。

2. ARP

实现从 IP 地址到物理地址的映射是非常重要的，任何一次从 IP 层以上（包括 IP 层）发起的数据传输都使用 IP 地址，一旦使用 IP 地址，必然涉及这种映射，否则物理网络不能识别地址信息，无法进行数据传输。

IP 地址到物理地址的映射有表格方式和非表格方式两种方式。

表格方式是事先在各主机中建立一张 IP 地址、物理地址映射表。这种方法很简单，但是映射表需要人工建立及人工维护，由于人的速度太慢，因此该方式不适应大规模和长距离网络或映射关系变化频繁的网络。

非表格方式采用全自动技术，地址映射完全由机器自动完成。根据物理地址类型的不同，非表格方式又分为两种，即直接映射和动态联编。

（1）直接映射。

物理地址可以分为固定物理地址和可自由配置的物理地址两类，对于可自由配置的物理地址，经过特意配置后，可以将它编入 IP 地址码中，这样，物理地址的解析就变得非常简单，即将它从 IP 地址的主机号部分取出来便是，这种方式就是直接映射。直接映射直截了当，但适用范围有限，当 IP 地址中主机号部分容纳不下物理地址时，这种方式就会失去作用。另外，像以太网这样的物理网络，其物理地址是固定的，一旦网络接口更换，物理地址随之改变，采用直接映射也会有问题。

（2）动态联编。

像以太网这样的物理网络具备广播能力。针对这种具备广播能力、物理地址固定的网络，TCP/IP 设计了一种巧妙的动态联编方式进行地址解析，并制定了相应标准，这就是 ARP。动态联编 ARP 的原理是：在广播型网络上，一台计算机 A 欲解析另一台计算机 B 的 IP 地址 BP，计算机 A 首先广播一个 ARP 请求报文，请求 IP 地址为 BP 的计算机回答其物理地址。网上所有主机都将收到该 ARP 请求，但只有 B 识别出自己的 IP 地址，并做出应答，向 A 发回一个 ARP 响应，回答自己的 IP 地址。这种解析方式就是动态联编。

为提高效率，ARP 使用了高速缓存技术，在每台使用 ARP 的主机中，都保留了一个专用的内存区（即高速缓存），存放最近获得的 IP 地址——物理地址联编。一收到 ARP 应答，主机就将信宿机的 IP 地址和物理地址存入缓存。欲发送报文时，首先去缓存中查找相应联编，若找不到，再利用 ARP 进行地址解析。这样就不必每发一个报文都要事先进行动态联编。实验表明，由于多数网络通信都需要支持发送多个报文，所以高速缓存大大提高了 ARP 的效率。

3. RARP

RARP 可以实现物理地址到 IP 地址的转换。无盘工作站在启动时，只知道自己的物理地址，而不知道自己的 IP 地址。它首先使用 RARP 得到自己的 IP 地址，然后才能和服务器通信。

一台无盘工作站启动时，首先以广播方式发出 RARP 请求。同一网络上的 RARP 服务器就会根据 RARP 请求中的物理地址为该工作站分配一个 IP 地址，生成一个 RARP 响应包发送回去。RARP 数据包和 ARP 数据包格式几乎相同。唯一的差别在于 RARP 请求包是由发送者填好源端物理地址，而源端 IP 地址为空（需要查询）。在同一个子网上的 RARP 服务器接收到请求后，填入相应的 IP 地址，然后发送回源工作站。

RARP 与 ARP 相比，有如下几个方面的改变：

ARP 只假定所有主机知道它们各自的硬件地址和协议地址之间的映射。RARP 要求网络上的一个或者多个主机来维护硬件地址和协议地址间映射的数据，以便它们能够回答客户主机的请求。

由于受限于这个数据库能够采用的最大容量，服务器的部分功能通常在适配器的微代码处实现，在微代码中有选择地实现小型缓存。然后，微代码部分仅仅负责 RARP 帧的接收和传输，RARP 映射本身由服务器软件处理，作为主机中的一个普通进程运行。

这个数据库的性质还需要用某些软件来人工建立和更新数据库。

在网络上有多个 RARP 服务器的情况下，RARP 请求只使用它的广播 RARP 请求所接收到的第一个 RARP 应答，而丢弃所有其他应答。

习 题 1

一、填空题

1. IP 地址 192.1.1.2 属于_____类地址，其默认子网掩码为_____。

2. 当前使用的 IP 协议的版本是，_____按照这个版本，IP 地址是，_____其中的 C 类网络最多可以有_____个主机。

3. _____负责把 IP 地址转换为物理地址。

4. _____是 IP 层中的协议，也被作为 IP 数据报的数据来封装，加上数据报的首部，组成 IP 数据报发送出去。

二、简答题

1. 什么是 IP 地址？假设有一个 IP 地址：200.96.96.8，请说出各部分的含义。

2. IP 地址分为几类？分别是哪几类？每一类 IP 地址的网络地址范围是什么？

3. 某 IP 地址为 129.192.252.64，子网掩码为 255.255.255.192，求它的网络地址和主机地址。

4. 某单位申请到网络地址 196.88.88.0。该单位有 5 个部门，而拥有主机数量最多的部门有 30 台主机。请选择子网掩码，使得每个部门分配到一个子网地址，并写出每个部门的子网号、网络地址、第一个可用地址、最后一个可用地址、广播地址。

5. 试比较无分类编址和分类 IP 地址的区别，并说明无分类编址带来的好处。

6. ARP 高速缓存的功能是什么？

第 2 章 路由器基础

路由器是网络中进行网间连接的关键设备。作为不同网络之间互相连接的枢纽，路由器系统构成了基于 TCP/IP 的国际互联网 Internet 的主体脉络。在园区网、地区网乃至整个 Internet 研究领域中，路由器技术始终处于核心地位。

2.1 路由器的基本用途

路由器是一种连接多个网络或网段的网络设备，它能将不同网络或网段之间的数据信息进行"翻译"，以使它们能够相互"读"懂对方的数据，从而构成一个更大的网络。路由器是互联网络的枢纽、"交通警察"。

目前，路由器已经广泛应用于各行各业，各种不同档次的产品已经成为实现各种骨干网内部连接、骨干网间互联和骨干网与互联网互联互通业务的主力军。

路由器又称为多协议转换器，是网络层的互联设备，主要用于局域网–广域网互联。路由器的每个端口分别连接不同的网络，因此每个端口有一个 IP 地址和一个物理地址。路由器中有路由表，记录着远程网络的网络地址和到达远程网络的路径信息，即下一站路由器的 IP 地址。它利用 IP 地址中的网络号部分来识别不同网络，实现网络的互联。路由器不转发广播消息，能分隔广播域，因此它也隔离了不同网络，保持了各个网络的独立性。

如图 2-1 所示，路由器的某个接口与以太网交换机的交叉介质有关接口通过直通网线连接，广域网接口则用专用的光纤线缆与互联网相连。

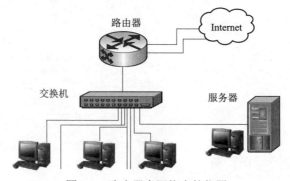

图 2-1 路由器在网络中的位置

2.1.1 路由器的功能及特点

路由器是网络中进行网间连接的关键设备，是互联网络的枢纽，路由器系统构成了基于 TCP/IP 的国际互联网络 Internet 的主体骨架，其发展历程和方向成为整个 Internet 研究的一个缩影。

路由器之所以在互联网络中处于关键地位,是因为它处于网络层,一方面能够跨越不同的物理网络类型(DDN、FDDI、以太网等);另一方面在逻辑上将整个互联网络分割成逻辑上独立的网络单位,使网络具有一定的逻辑结构。

1. 连接网络

(1)连接异构网络,即连接不同类型或不同结构的网络,如图 2-2 所示。

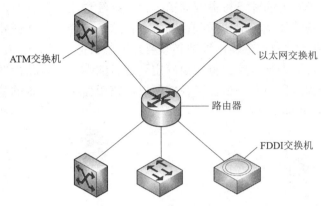

图 2-2 连接异构网络

(2)连接远程网络。路由器的主要工作就是为经过路由器的每个数据帧寻找一条最佳传输路径,并将该数据有效地传送到目的站点,如图 2-3 所示。

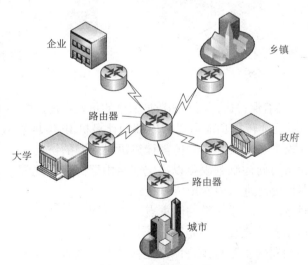

图 2-3 连接远程网络

2. 隔离广播

路由器不转发广播消息,而把广播消息限制在各自的网络内部。发送到其他网络的数据应先被送到路由器,再由路由器转发出去。

IP 路由器只转发 IP 分组,把其余的部分挡在网内(包括广播),从而保持各个网络具有相对的独立性,这样可以组成具有许多网络(子网)互联的大型网络。由于是在网络层互联,路由器可方便地连接不同类型的网络,只要网络层运行的是 IP 协议,通过路由器就可互联起来。

路由器有多个端口，用于连接多个 IP 子网。每个端口的 IP 地址的网络号要求与所连接的 IP 子网的网络号相同。不同的端口为不同的网络号，对应不同的 IP 子网，这样才能使各子网中的主机通过自己子网的 IP 地址把要求送出去的 IP 分组送到路由器上，如图 2-4 所示。

3. 路由选择

当两台连在不同子网上的计算机需要通信时，必须经过路由器转发，由路由器把信息分组通过互联网沿着一条路径从源端传送到目的端。在这条路径上可能需要通过一个或多个中间设备（路由器），所经过的每台路由器都必须要知道怎么把信息分组从源端传送到目的端，需要经过哪些中间设备。为此，路由器需要确定到达目的端下一跳路由器的地址，也就是要确定一条通过互联网到达目的端的最佳路径。所以，路由器必须具备的基本功能之一就是路由选择功能，如图 2-5 所示。

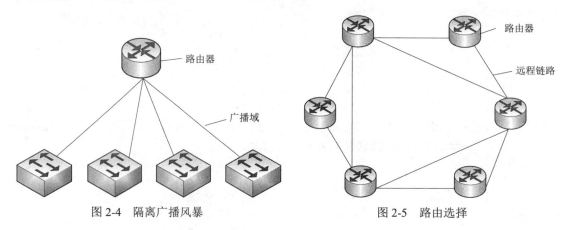

图 2-4　隔离广播风暴　　　　　　图 2-5　路由选择

4. 网络安全

路由器在工作中还担当着保护内部用户和数据安全的重要责任，主要体现在以下几种方式。

（1）地址转换：利用地址转换功能可以将内部的计算机 IP 地址隐藏在网络内部，能很好地避免来自外部的恶意攻击，但又不影响内部计算机对外网的访问。

（2）访问列表：利用访问控制列表可以决定在路由器的接口之间可以通过的数据种类或时间等，限制外网的不良信息进入内网形成干扰。

对于不同规模的网络，路由器作用的侧重点有所不同：

- 在主干网上，路由器的主要作用是路由选择；
- 在地区网中，路由器的主要作用是网络连接和路由选择；
- 在园区网内部，路由器的主要作用是分隔子网。

2.1.2　路由器的组成

1. 路由器的外观

如图 2-6 所示，路由器的前面板除了 LED 灯外没有其他东西，LED 灯主要是指示电源是否开启。后面板是路由器的各种各样的接口，其中最为关键的是 Console、Ethernet 接口。路由器的内部是一块印刷电路板，电路板上有许多大规模集成电路，还有一些插槽，用于扩充 Flash、内存（RAM）、接口、总线。实际上，路由器和计算机一样，有 4 个基本部件：CPU、内存（RAM）、接口和总线。路由器是一台特殊用途的专用计算机，它是专门用来做路由的。路由器和普通计算机的差别也是明显的，路由器没有显示器、软驱、硬盘、键盘以及多媒体部件，然而它有 NVRAM、Flash 部件。

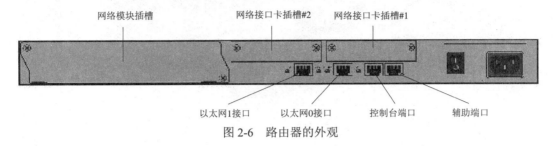

图 2-6　路由器的外观

2．路由器的主要内部组件

（1）CPU：中央处理单元，和计算机一样，它是路由器的控制和运算部件。

（2）RAM/DRAM：内存，用于存储临时的运算结果，如路由表、ARP 表、快速交换缓存、缓冲数据包、数据队列、当前配置文件。众所周知，RAM 中的数据在路由器断电后是会丢失的。

（3）Flash Memory：可擦除、可编程的 ROM，用于存放路由器的 IOS，Flash 的可擦除特性允许更新、升级 IOS 而不用更换路由器内部的芯片。路由器断电后，Flash 的内容不会丢失。Flash 容量较大时，就可以存放多个 IOS 版本。

（4）NVRAM：非易失性 RAM，用于存放路由器的配置文件，路由器断电后，NVRAM 中的内容仍然保持。

（5）ROM：只读存储器，存储了路由器的开机诊断程序、引导程序和特殊版本的 IOS 软件（用于诊断等有限用途），ROM 中软件升级需要更换芯片。ROM 中主要包含：

① 系统加电自检代码（POST），用于检测路由器中各硬件部分是否完好；

② 系统引导区代码（BootStrap），用于启动路由器并载入 IOS 操作系统；

③ 备份的 IOS 操作系统，以便在原有 IOS 操作系统被删除或破坏时使用。通常，这个 IOS 比现运行 IOS 版本低一些，但足以使路由器启动和工作。

（6）接口（Interface）：用于网络连接，路由器就是通过这些接口和不同的网络进行连接的。

3．路由器接口类型及应用

路由器作为网络之间的互联设备，因其连接的网络多种多样，所以其接口类型也很多。路由器支持多种型号的接口类型，主要包含 E1、ISDN、VOIP、V.35、异步接口类型。

1）E1 接口及应用

E1 接口在路由器这一端的表现形式主要是 DB-9 接口，而在另一端 DCE 设备（比如光纤转换器、接口转换器、协议转换器、光端机等）上的接口表现形式有两种：G.703 非平衡的 75 ohm，平衡的 120 ohm 两种接口。

路由器上的 E1 接口模块如图 2-7 所示。

应用：

● 将整个 2M 用作一条链路，如 DDN 2M。

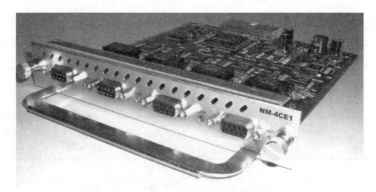

图 2-7　路由器 E1 接口模块

- 将 2M 用作若干个 64K 及其组合，如 128K、256K 等，如 CE1。
- 用作语音交换机的数字中继，这也是 E1 最本来的用法，一条 E1 可以传 30 路话音。PRI 就是其中最常用的一种接入方式。

2）V.35 接口类型及应用

路由器 V.35 同步接口模块如图 2-8 所示。

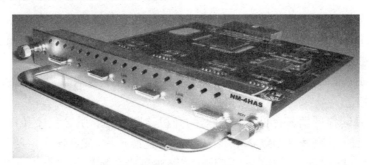

图 2-8　路由器 V.35 同步接口模块

V.35 接口在路由器一端为 DB-50 接口，外接网络端为 34 针接口。V.35 电缆用于同步方式传输数据，在接口上封装 X.25、帧中继、ppp、slip、lapb 等链路层协议，支持 IP、IPX 网络层协议。V.35 电缆传输（同步方式下）的公认最高速率是 2Mbps，传输距离与传输速率有关，在 V.35 接口上速率与接口的关系是：2 400bps-1 250m；4 800bps-625m；9 600bps-312m；19 200bps-156m；38 400bps-78m；56 000bps-60m；64 000bps-50m；2 048 000bps-30m。

应用：

V.35 接口的使用既广泛又很单一，在所有的低速同步线路（64K-128K）的线路上都使用它。

3）异步接口类型及应用

路由器异步接口模块如图 2-9 所示。

异步接口线路都遵循 EIA 指定的标准，最传统和典型的异步接口是 RS-232。目前在路由器上应用的接口类型有 RS-232、DB-25、DB-9、RJ-45 等。

应用：

- 拨号服务器中作为接入服务器的接口。

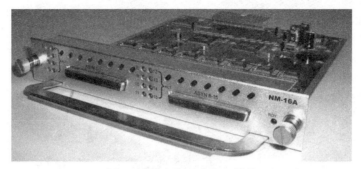

图 2-9　路由器异步接口模块

- 异步专线的接入接口，使用异步接口连接到异步专线的 Modem 上。
- 哑终端的使用方式，路由器的异步接口通过使用 Telnet 的方式，连接哑终端。
- 在实验室中使用反向 Telnet 的应用场合。
- 拨号备份的环境中，可以把异步接口连接异步专线/PSTN/ISDN 线路做备份接口。

4）ISDN 接口及应用

路由器 ISDN 接口模块如图 2-10 所示。

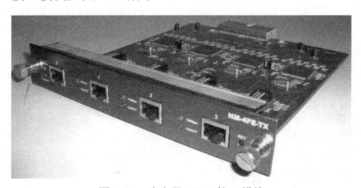

图 2-10　路由器 ISDN 接口模块

ISDN 设备包括交换机和网络终端设备。网络终端设备（NT）有 ISDN 小交换机、ISDN 适配器、ISDN 路由器、数字电话机等，一个数字电话机占用一个 B 信道。它安装于用户处，分为 NT1 和 NT2 两种，它使数字信号在普通电话线上转送和接收。

我国电话局提供的 ISDN 基群速率接口（PRI）为 30B+D。ISDN 的 PRI 提供 30 个 B 信道和 1 个 64Kbps 的 D 信道，总速率可达 2.048Mbps。B 信道速率为 64Kbps，用于传输用户数据，D 信道主要传输控制信令。我国 ISDN 使用拨号方式建立与 ISP 的连接，它可作为 DDN 或帧中继线路的备用。由于采用与电话网络不同的交换设备，ISDN 用户与电信局间的连接采用数字信号，因而 ISDN 的信道建立时间很短、线路通信质量较好、误码率和重传率低。

应用：

- 在 ADSL 普及之前做单纯的上网线路。
- 作为广域网络主线路的备份线路，由于这种线路在不使用的时候产生的费用很少，备份主线路时速度快，稳定性高，因此很容易被用户所接受。
- 可作为普通电话使用，ISDN 虽然是一种数字电子线路，但其传输的网络介质同样是公共电话网，所以在用户不上网时，可以把它作为普通电话使用。

5）VOIP 接口及应用

路由器 VOIP 接口模块如图 2-11 所示。

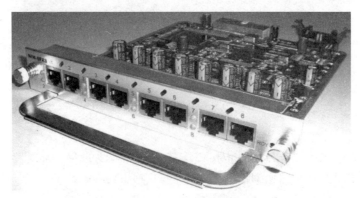

图 2-11　路由器 VOIP 接口模块

传统语音，从呼叫方到接收方完全通过 PSTN 网络相互连接，VOIP 语音与此不同，IP 语音位于公用电话网与提供传输服务的 IP 网络的接口处，用户拨打 VOIP 电话时，经程控电话交换机转接到 IP 语音网关，再由 IP 语音网关将用户话路数据转发到 IP 网络，通过 IP 网络达到被呼叫用户电话所属的 IP 网关，再由该网关将数据转到被叫用户电话所在的 PSTN 网络上，最终达到被叫用户的电话，因此可利用 IP 网络共享带宽，充分利用资源的优势。

VOIP 的语音接口共有两种型号：FXO、FXS。FXO 是一种不给它所连接的设备进行供电的接口，因此它多用来接 ISP 的中继线路。FXS 是可以给它所连接的线路进行信号和供电传输的接口，因此它可以直接连接到传真机或者电话机上。

4．路由器加电启动过程

（1）系统硬件加电自检。运行 ROM 中的硬件检测程序，检测各组件能否正常工作。完成硬件检测后，开始软件初始化工作。

（2）软件初始化过程。运行 ROM 中的 BootStrap 程序，进行初步引导工作。

（3）寻找并载入 IOS 系统文件。IOS 系统文件可以存放在多处，至于到底采用哪一个 IOS，是通过命令设置指定的。

（4）IOS 装载完毕，系统在 NVRAM 中搜索保存的 Startup-Config 文件，进行系统的配置。如果 NVRAM 中存在 Startup-Config 文件，则将该文件调入 RAM 中并逐条执行；否则，系统进入 Setup 模式，进行路由器初始配置。

2.1.3　路由器的工作原理

路由器是用来连接不同网段或网络的，在一个局域网中，如果不需与外界网络进行通信，内部网络的各工作站都能识别其他各节点，完全可以通过交换机实现目的发送，根本用不上路由器来记忆局域网的各节点 MAC 地址。路由器识别不同网络的方法是通过识别不同网络的网络 ID 号进行的，所以为了保证路由成功，每个网络都必须有一个唯一的网络编号。路由器要识别另一个网络，首先要识别的就是对方网络的路由器 IP 地址的网络 ID，看是不是与目的节点地址中的网络 ID 号相一致。如果是当然就向这个网络的路由器发送了，接收网络的路由器在接收到源网络发来的报文后，根据报文中所包括的目的节点 IP 地址中的主机 ID 号来识别是发给哪一个节点的，然后再直接发送。

为了更清楚地说明路由器的工作原理，现在假设有这样一个简单的网络。假设其中一个网段网络 ID 号为"A"，在同一网段中有 4 台终端设备连接在一起，这个网段的每个设备的 IP 地址分别假设为：A1、A2、A3 和 A4。连接在这个网段上的一台路由器是用来连接其他网段的，路由器连接于 A 网段的那个端口 IP 地址为 A5。同样，路由器连接的另一网段为 B 网段，这个网段的网络 ID 号为"B"，那么连接在 B 网段的另几台工作站设备的 IP 地址设为：B1、B2、B3、B4，同样连接于 B 网段的路由器端口的 IP 地址设为 B5，结构如图 2-12 所示。

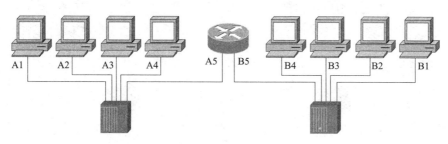

图 2-12　路由原理图

在这样一个简单的网络中同时存在着两个不同的网段，如果 A 网段中的 A1 用户想发送一个数据给 B 网段的 B2 用户，有了路由器就非常简单了。

首先 A1 用户把所发送的数据及发送报文准备好，以数据帧的形式通过集线器或交换机广播发给同一网段的所有节点（集线器都是采取广播方式，而交换机因为不能识别这个地址，也采取广播方式），路由器在侦听到 A1 发送的数据帧后，分析目的节点的 IP 地址信息（路由器在得到数据包后总是要先进行分析）。得知不是本网段的，就把数据帧接收下来，进一步根据其路由表分析得知接收节点的网络 ID 号与 B5 端口的网络 ID 号相同，这时路由器的 A5 端口就直接把数据帧发给路由器 B5 端口。B5 端口再根据数据帧中的目的节点 IP 地址信息中的主机 ID 号来确定最终目的节点为 B2，然后再发送数据到节点 B2。这样，一个完整的数据帧的路由转发过程就完成了，数据也正确、顺利地到达目的节点。

当然，实际上像以上这样的网络算是非常简单的，路由器的功能还不能从根本上体现出来，一般一个网络都会同时连接其他多个网段或网络，就像图 2-13 所示的一样，A、B、C、D 四个网络通过路由器连接在一起。

现在来看一下在图 2-8 所示的网络环境下路由器又是如何发挥其路由、数据转发作用的。现假设网络 A 中一个用户 A1 要向 C 网络中的 C3 用户发送一个请求信号，信号传递的步骤如下：

（1）用户 A1 将目的用户 C3 的地址 C3 连同数据信息，以数据帧的形式通过集线器或交换机以广播的形式发送给同一网络中的所有节点，当路由器 A5 端口侦听到这个地址后，分析得知所发目的节点不是本网段的，需要路由转发，就把数据帧接收下来。

（2）路由器 A5 端口接收到用户 A1 的数据帧后，先从报头中取出目的用户 C3 的 IP 地址，并根据路由表计算出发往用户 C3 的最佳路径。因为从分析得知到 C3 的网络 ID 号与路由器的 C5 网络 ID 号相同，所以由路由器的 A5 端口直接发向路由器的 C5 端口应是信号传递的最佳途径。

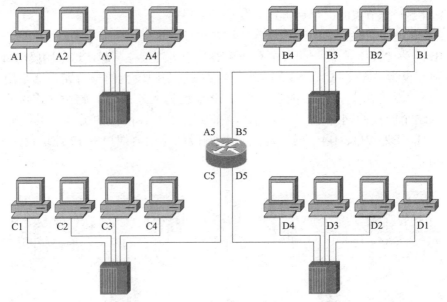

图 2-13 路由原理图

（3）路由器的 C5 端口再次取出目的用户 C3 的 IP 地址，找出 C3 的 IP 地址中的主机 ID 号，如果在网络中有交换机则可先发给交换机，由交换机根据 MAC 地址表找出具体的网络节点位置；如果没有交换机设备则根据其 IP 地址中的主机 ID 直接把数据帧发送给用户 C3，这样一个完整的数据通信转发过程就完成了。

从上面可以看出，不管网络有多么复杂，路由器所做的工作其实就是这么几步，所以整个路由器的工作原理都差不多。当然，在实际的网络中还远比图 2-8 所示的要复杂许多，实际的步骤也不会像上述那么简单，但总的过程是这样的。

2.1.4 路由器在网络中的应用

路由器在网络中的应用有以下几个方面：
（1）网络远程连接。
（2）远程网络访问。
（3）实现 VLAN 通信。
（4）Internet 连接共享。

2.2 路由器的分类

随着市场需求的不断增多，路由器发展到今天，为了满足各种应用需求，也出现过各式各样的路由器。不同的路由器可从以下几个方面进行分类。

1. 按处理能力划分

根据路由器的端口数量和类型、包处理能力和端口种类可分为：高端路由器（用于大型网络的核心，以适应复杂的网络环境）、中低端路由器（用于小型网络的 Internet 接入或企业网远程接入）。行业规则：背板交换能力＞40 Gb/s 为高端，＜25 Gb/s 为低端，居中的为中端。

当然，这只是一种宏观上的划分标准，实际上路由器档次的划分不仅是以背板带宽为依据的，是有一个综合指标的。以市场占有率最大的 Cisco 公司为例，12800 系列为高端路由器，7 500 以下系列路由器为中低端路由器。图 2-14 所示的左、中、右图分别为 Cisco 的低、中、高三种档次的路由器产品示意图。

图 2-14　各种型号的路由器

2．按结构划分

从结构上分，路由器可分为模块化结构与非模块化结构。模块化结构可以灵活地配置路由器，以适应企业不断增加的业务需求，非模块化结构就只能提供固定的端口。通常，中高端路由器为模块化结构，低端路由器为非模块化结构。图 2-15 所示的左、右图分别为模块化结构和非模块化结构路由器产品示意图。

Cisco 3800 模块化路由器　　　　　Cisco SOHO 90 固定配置路由器

图 2-15　模块化结构和非模块化结构路由器产品示意图

3．从功能上划分

从功能上划分，可将路由器分为核心层（骨干级）路由器、分发层（企业级）路由器和访问层（接入级）路由器。

4．按其通用性划分

根据路由器的通用性可分为：通用路由器、专用路由器（功能不一定齐全，但更侧重于某一方面，如网吧专用路由器、ADSL 路由器）。

5．按所处网络位置划分

如果按路由器所处的网络位置划分，则通常把路由器划分为边界路由器和中间节点路由器两类。

6．按传输性能划分

根据路由器的传输性能，路由器可分为线速路由器以及非线速路由器。所谓"线速路由器"就是完全可以按传输介质带宽进行通畅传输，基本上没有间断和延时。通常线速路由器是高端路由器，具有非常高的端口带宽和数据转发能力，能以媒体速率转发数据包；中低端路由器是非线速路由器。但是一些新的宽带接入路由器也有线速转发能力。

7. 按网络类型划分

根据路由器所连的网络类型可分为：有线路由器、无线路由器，如图 2-16 所示（传输介质是电磁波）。

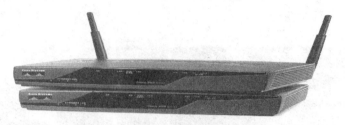

图 2-16 有线路由器和无线路由器

2.3 路由器的选购

因为路由器的价格昂贵，且配置复杂，所以绝大多数用户对路由器的选购显得非常茫然，大多数系统管理员对此也是一无所知。为此，在这里就路由器的选购方面做一个简单的说明，希望对一些读者有所帮助。路由器的选购主要从以下几个方面加以考虑：

1. 路由器的管理方式

路由器管理有本地管理和远程管理两种方式。

2. 路由器所支持的路由协议

因为路由器所连接的网络可能存在不同类型的网络，这些网络所支持的网络通信、路由协议也就有可能不一样，这时对于在网络之间起到桥梁作用的路由器来说，如果不支持一方的协议，那就无法实现它在网络之间的路由功能，为此在选购路由器时就要注意所选路由器能支持的网络路由协议有哪些，特别是在广域网中的路由器，因为广域网路由协议非常多，网络也是相当复杂，如目前电信局提供的广域网线路主要有 X.25、帧中继、DDN 等多种，但是作为用于局域网之间的路由器来说相对就较为简单。因此选购的路由器要考虑目前及将来的企业实际需求，以决定所选路由器要支持何种协议。

3. 路由器的安全性保障

现在网络安全越来越受到用户的重视，无论是个人还是单位用户，而路由器作为个人、事业单位内部网和外部进行连接的设备，能否提供高要求的安全保障就显得极其重要。目前许多厂家的路由器可以设置访问权限列表，达到控制哪些数据才可以进出路由器，实现防火墙的功能，防止非法用户的入侵。另一个就是路由器的 NAT（网络地址转换）功能，使用路由器的这种功能，就能够屏蔽公司内部局域网的网络地址，利用地址转换功能统一转换成电信局提供的广域网地址，这样网络上的外部用户就无法了解到公司内部网的网络地址，进一步防止了非法用户的入侵。

4. 丢包率

路由器作为数据转发的网络设备存在一个丢包率的概念。丢包率就是在一定的数据流量下路由器不能正确进行数据转发的数据包在总的数据包中所占的比例。丢包率的大小会影响路由器线路的实际工作速度，严重时甚至会使线路中断。对于小型企业来说，网络流量一般不会很大，所以出现丢包现象的机会也很小，在此方面小型企业不必做太多考虑，而且路由器在此方面还是可以接受的。

5. 背板能力

背板能力通常是指路由器背板容量或者总线带宽能力，这个性能对于保证整个网络之间的连接速度是非常重要的。如果所连接的两个网络速率都较快，而由于路由器的带宽限制，这将直接影响整个网络之间的通信速度。所以，如果是连接两个较大的网络，网络流量较大时应格外注意路由器的背板容量，但是如果在小型企业网之间这个参数是不用特别在意的，因为路由器在这方面都能满足小型企业网之间的通信带宽要求。

6. 吞吐量

路由器的吞吐量是指路由器对数据包的转发能力，如较高档的路由器可以对较大的数据包进行正确快速转发，而较低档的路由器则只能转发小的数据包，对于较大的数据包需要拆分成许多小的数据包来分开转发，这种路由器的数据包转发能力就差了，其实这与上面所讲的背板容量是有非常紧密的关系的。

7. 转发时延

转发时延指需转发的数据包最后一比特进入路由器端口到该数据包第一比特出现在端口链路上的时间间隔，这与上面的背板容量、吞吐量参数也是紧密相关的。

8. 路由表容量

路由表容量是指路由器运行中可以容纳的路由数量。一般来说，越是高档的路由器路由表容量越大，因为它可能要面对非常庞大的网络。这一参数与路由器自身所带的缓存大小有关，一般的路由器不需太注重这一参数，因为一般来说都能满足网络需求。

9. 可靠性

可靠性是指路由器的可用性、无故障工作时间和故障恢复时间等指标，当然这一指标只能凭开发商单方面描述了，新买的路由器暂时无法验证。不过，这可以通过选购信誉较好、技术先进的品牌来保障。

2.4 路由器的接口以及连接方式和配置

路由器具有非常强大的网络连接和路由功能，它可以与各种各样的网络进行物理连接，这就决定了路由器的接口技术非常复杂，越是高档的路由器其接口种类也就越多。不同接口之间使用的配置线也不相同，使用合理的配置线才能正确地配置路由器。

2.4.1 路由器的物理接口与逻辑接口

1. 路由器的物理接口

固定配置式路由器的接口由连接类型和编号进行标识。例如，Cisco2500 系列路由器上第一个 Ethernet 接口标识为 Ethernet0，第二个 Ethernet 接口标识为 Ethernet1。串口也以相同的方式编号，如第一个高速同步串口的编号由 0 开始，标识为 Serial0，简称 S0。有专用的异步接口的路由器如 2509、2511，其 AUX 标识为 async0，其他所有 Cisco2500 系列路由器上编号为 async1。其他系列的路由器专用的异步口由 1 开始编号。Console 口的标识为 con。

模块化路由器的各种接口通常由接口类型加上插槽号和单元号进行标识。常用接口类型：通用串行接口（RS232、V.35 和 X.21 类型的 DTE/DCE 接口）；10 Mb/s、10/100 Mb/s、1 000 Mb/s 以太网接口；SFP 接口；ATM 接口；VOIP 语音接口。

如图 2-17 所示为常见的几个物理接口。RJ-45 端口是常见的双绞线以太网端口。因为在快速以太网中也主要采用双绞线作为传输介质，所以根据端口的通信速率不同 RJ-45 端口又可分为 10Base-T 网 RJ-45 端口和 100Base-TX 网 RJ-45 端口两类。AUI 端口就是用来与粗同轴电缆连接的接口，它是一种"D"型 15 针接口，这在令牌环网或总线型网络中是一种比较常见的端口之一。光纤端口用于与光纤的连接。光纤端口通常不直接用光纤连接至工作站，而是通过光纤连接到快速以太网或千兆以太网等具有光纤端口的交换机。这种端口一般在高档路由器上才具有，都以"100 b FX"标注。

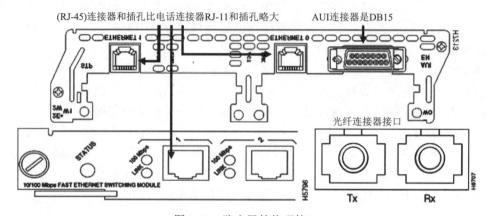

图 2-17　路由器的物理接口

2. 路由器的逻辑接口

路由器的逻辑接口并不是实际的硬件接口，它是一种虚拟接口，是用路由器的操作系统 IOS 的一系列软件命令创建的。这些虚拟接口可被网络设备当成物理的接口（如串行接口）来使用，以提供路由器与特定类型的网络介质之间的连接。在路由器上可配置不同的逻辑接口，主要有 Loopback 接口、Null 接口以及子接口等。在高端路由器上，有时作为一种很灵活的方式，使用逻辑接口来访问或限制某一部分的数据。

（1）Loopback 接口配置。

Loopback（回环）接口是完全软件模拟的路由器本地接口，它永远都处于 Up 状态。发往 Loopback 接口的数据包将会在路由器本地处理，包括路由信息。Loopback 接口的 IP 地址可以用来作为 OSPF 路由协议的路由器标识、实施发向 Telnet 或者作为远程 Telnet 访问的网络接口等。配置一个 Loopback 接口类似于配置一个以太网接口，可以把它看作一个虚拟的以太网接口。（nsrjgc 为路由器名称）

设置 Loopback 接口：

nsrjgc(config)#interface loopback loopback-interface-number

删除 Loopback 接口：

nsrjgc(config)#no interface loopback loopback-interface-number

显示 Loopback 接口状态：

nsrjgc#show loopback loopback-interface-number

(2) Null 接口配置。

路由器还提供了 Null（空）的虚拟接口。该虚拟接口仅仅相当于一个可用的系统设备。Null（空）永远都处于 Up 状态并且永远都不会主动发送或者接收网络数据，任何发往 Null 接口的数据包都会被丢弃，在 Null 接口上任何链路层协议封装的企图都不会成功。

进入 Null 接口配置：

`nsrjgc(config)#interface null 0`

允许 Null 接口发送 ICMP 的 unreachable 消息：

`nsrjgc(config-if)#ip unreachables`

禁止 Null 接口发送 ICMP 的 unreachable 消息：

`nsrjgc(config-if)no #ip unreachables`

Null 接口更多地用于网络数据流的过滤。如果使用空接口，可以通过将不希望处理的网络数据流路由给 Null 接口，而不必使用访问控制列表，如：

`nsrjgc(config)#ip route 127.0.0.0 255.0.0.0 null 0`

(3) Tunnel 接口配置。

Tunnel（隧道）接口也是系统虚拟的接口。Tunnel 接口并不特别指定传输协议或者负载协议，它提供的是一个用来实现标准的点对点传输的模式。由于 Tunnel 实现的是点对点的传输链路，所以，对于每一个单独的链路都必须设置一个 Tunnel 接口。

Tunnel 传输适用于以下情况：

第一，允许运行非 IP 协议的本地网络之间通过一个单一网络（IP 网络）通信，因为 Tunnel 支持多种不同的负载协议；

第二，允许通过单一的网络（IP 网络）连接间断子网；

第三，允许在广域网上提供 VPN（Virtual Private Network）功能。

(4) Dialer 接口配置。

Dialer 接口即拨号接口。路由器支持拨号的物理接口有同步串口与异步串口。路由器中通过逻辑接口 Dialer 实现了 DDR（按需拨号路由）功能。

进入 Dialer 接口配置模式：

`nsrjgc(config)#interface dialer dialer-number`

删除已创建的 Dialer 接口：

`nsrjgc(config)#no interface dialer dialer-number`

(5) 子接口配置。

子接口是一种特殊的逻辑接口，它绑定在物理接口上，并作为一个独立的接口来引用，子接口有自己的第 3 属性，例如 IP 地址或者 IPX 编号。

子接口名由物理接口的类型、编号、英文句点和另一个编号组成。例如，F0/0.1 是 F0/0 的一个子接口。

`nsrjgc(config)#int f0/0.1`

`nsrjgc(config-subif)#`

2.4.2 设备的连接方式

常见设备的连接一般使用直连线（平行线）和交叉线。同种设备用交叉线；异种设备用直连线。路由器/PC 可以看作同种设备，交换机/集线器可以看作同种设备，图 2-18 所示表明了各设备之间的连线情况。

图 2-18　直通电缆和交叉电缆

对于已知设备可以根据上述来选择连线，但是对于未知的设备那又如何呢？对于这个问题厂商也提供了判别方法，设备上都有相应的标识。如图 2-19 所示，有且仅有一个端口标记有"X"时使用直连线；如图 2-20 所示，两个端口均标有或均没标有"X"时用交叉线。

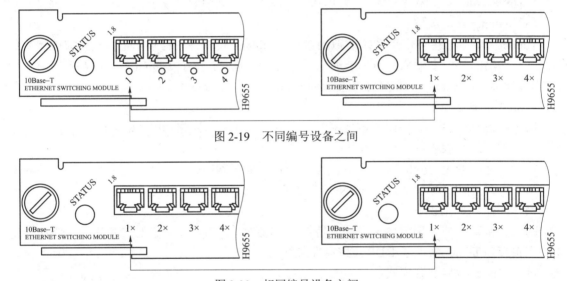

图 2-19　不同编号设备之间

图 2-20　相同编号设备之间

2.4.3　配置路由器的常用方法

由于路由器没有自己的输入设备，所以在对路由器进行配置时，一般都是通过另一台计算机连接到路由器的各种接口上进行配置。又因为路由器所连接的网络情况可能千变万化，为了方便对路由器的管理，必须为路由器提供比较灵活的配置方法。一般来说，对路由器的配置可以通过以下几种方法来进行。

1. 通过 Console 口配置路由器

用 Console 口对路由器进行配置是工作中对路由器进行配置最基本的方法，在第一次配置路由器时必须采用 Console 口配置方式。用 Console 口配置交换机时需要如图 2-21 所示专用的串口配置电缆连接路由器的 Console 口和主机的串口。把路由器和计算机连接好后，就可以使用超级终端这一通信程序对路由器进行配置了。选择"开始"→"程序"→"附件"→"通信"→"超级终端"命令，将出现如图 2-22 所示的界面。

第 2 章 路由器基础

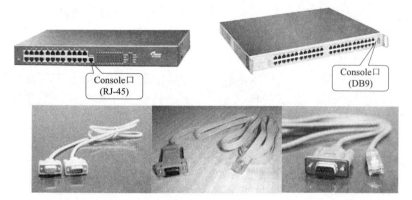

图 2-21 专用线缆

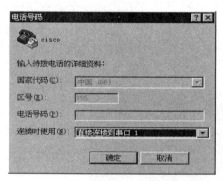
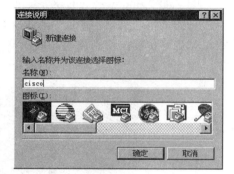

图 2-22 超级终端界面

在主机上运行 Windows 系统附件中附带的超级终端软件，并注意串口的配置参数设置（默认值），单击"确定"按钮即可正常建立与路由器的通信。如果路由器已经启动，按"Enter"键即可进入路由器的普通用户模式。若还没有启动，打开路由器的电源会看到如图 2-23 所示的路由器的启动过程，启动完成后同样进入普通用户模式。

图 2-23 路由器启动过程

路由器的启动过程：
```
System Bootstrap, Version 12.1(3r)T2, RELEASE SOFTWARE(fc1)
Copyright(c)2000 by cisco Systems, Inc.
```

```
cisco 2620(MPC860)processor(revision 0x200)with 60416K/5120K bytes of memory
Self decompressing the image:
################################################################################ [OK]
```

如果路由器是出厂后第一次被使用，或者路由器中的 NVRAM 没有存储配置文件，路由器开机后进入一种称为 setup 模式的特殊配置模式。该模式提供快速、简单地设置路由器的一种途径。

```
--- System Configuration Dialog ---
Continue with configuration dialog? [yes/no]:
```

对于初学者，建议先不要使用该模式，所以上面直接选"no"。

2. Telnet 配置

在本地或者远程使用 Telnet 登录到路由器上进行配置，这是通过操作系统自带的 Telnet 程序进行配置的（如 Windows、UNIX、Linux 等系统都自带有这样一个远程访问程序）。如果路由器已有一些基本配置，至少有一个有效的普通端口，就可通过运行远程登录（Telnet）程序的计算机作为路由器的虚拟终端与路由器建立通信，完成路由器的配置，和使用 Console 口配置的界面完全相同。图 2-24 所示是用 Telnet 连接路由器的界面。

图 2-24　Telnet 远程连接路由器

- 连接方法：用交叉双绞线一端与路由器的 flash 0 口相连，另一端接计算机网卡。
- 前提条件：路由器的 flash 0 口配置了 IP 地址，路由器的 flash 0 口已启用。

3. AUX 口配置

AUX 口接 Modem，通过电话线与远程的终端或运行终端仿真软件与 PC 相连，如图 2-25 所示。

4. 网管工作站方式

路由器除了可以通过以上两种方式进行配置外，一般还提供一个网管工作站配置方式，它是通过 SNMP 网管工作站来进行的。这种方式是通过运行路由器厂家提供的网络管理软件来进行路由器的配置，如 Cisco 的 CiscoWorks；也有一些是第三方的网管软件，如 HP 的

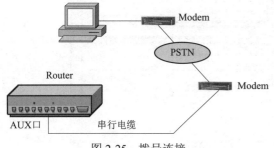

图 2-25　拨号连接

OpenView 等。这种方式一般是路由器已经在网络上的情况下，只不过想对路由器的配置进行修改时采用。

5. TFTP 配置

这是通过网络服务器中的 TFTP 服务器来进行配置的，TFTP（Trivial File Transfer

Protocol）是一个 TCP/IP 简单文件传输协议，可将配置文件从路由器传送到 TFTP 服务器上，也可将配置文件从 TFTP 服务器传送到路由器上。TFTP 不需要用户名和口令，使用非常简单，如图 2-26 所示。

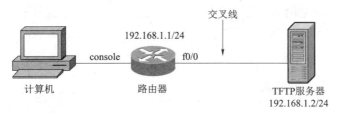

图 2-26　利用 TFTP 服务器配置路由器

2.4.4　setup 配置模式

setup 这个模式可以对路由器进行快速配置。当路由器启动时，如果无法从 NVRAM 中调用 startup-config 或者 NVRAM 为空，就进入该模式。

项目一：setup 模式配置

```
--- System Configuration Dialog ---
Continue with configuration dialog? [yes/no]:yes    // 回答 yes 进入该模式
setup? [yes/no]:yes    //回答 yes 表示进入基本管理设置
Enter host name [Router]:nsrjgc    //设置路由器名称
Enter enable secret:123         //设置特权用户密码
The enable password is used when you do not specify an
enable secret password,with some older software versions,and
some boot images.
Enter enable password:456     //设置非特权用户密码即一般用户密码
The virtual terminal password is used to protect
access to the router over a network interface.
Enter virtual terminal password:789    //设置远程登录密码
management network from the above interface summary:fastEthernet0/0    //设置管理用的接口名称
Configure IP on this interface? [yes]:yes     //回答 yes 表示继续在该端口设置 IP 地址
IP address for this interface:192.168.1.1    //设置 IP 地址
Subnet mask for this interface [255.255.255.0]://设置子网掩码,不设置表示默认
[0] Go to the IOS command prompt without saving this config.
[1] Return back to the setup without saving this config.
[2] Save this configuration to nvram and exit.
Enter your selection [2]:2    // 0 表示不保存直接进入 IOS;1 表示回到开始重新配置;2 表示保存配置到 NVRAM 中并退出到 IOS 界面
```

教学视频扫一扫

- 35 -

2.5　CLI 命令行配置路由器

路由器初始配置（setup）可以完成大部分的配置工作，但是某些端口无法用 setup 命令进行配置，此时可使用 CLI 命令行界面进行手工配置。CLI 命令行界面，就是路由器 IOS 与用户的接口，它允许用户在路由器的提示符下直接输入 Cisco IOS 操作命令。一般来说，这种配置方式更为灵活、有效。

2.5.1　路由器的工作模式

CLI 采用多种命令模式以此保障系统的安全性。操作路由器的命令称为 EXEC 命令，使用 EXEC 命令之前必须先登录路由器。为保证路由器的安全，EXEC 指令具有二级保护，即用户模式及特权模式。在用户模式下只能执行部分指令，在特权模式下可以执行所有指令。

1. 普通用户（User EXEC）模式

路由器启动后直接进入该模式，在此模式下，用户只能查看路由器的部分系统和配置信息，但不能配置。只能输入一些有限的命令，这些命令通常对路由器的正常工作没有什么影响。（nsrjgc 是路由器的名称）

普通用户模式的提示符：nsrjgc＞

2. 特权用户（Priviledge EXEC）模式

在该模式下可以配置口令保护，可以查看路由器的配置信息和调试信息，保存或删除配置文件等。而且特权模式是进入其他模式的关口，欲进入其他模式必须先进入特权模式。在普通用户模式下输入 enable 命令即可进入特权用户模式，也可以输入"en"，IOS 就会自动识别该命令为"enable"。

```
nsrjgc>en
Password://输入特权用户密码,如果没有就输入非特权用户密码,而且它们都不显示输入的内容
nsrjgc#
```

3. 全局配置（Global Configuration）模式

在特权用户模式下输入 configure terminal 命令即可进入全局配置模式，在该模式下主要完成全局参数的配置，如设置路由器名、修改特权用户密码、配置静态路由、进入一些专项配置状态（如端口配置、动态路由配置）等。

```
nsrjgc#config terminal
Enter configuration commands,one per line. End with CNTL/Z.
nsrjgc（config)#
```

4. 接口配置（Interface Configuration）模式

接口模式可以对路由器的各种接口进行配置，如配置 IP 地址、数据传输速率、封装协议等。在全局模式下输入 interface interface-type 命令，即可进入接口配置模式，其中 interface interface-type 为具体某个端口的名称，如 FastEthernet0/0、serial0/0。

```
nsrjgc(config)#int fastEthernet0/0
nsrjgc(config-if)#
```

不管在任何模式，用 Exit 命令可返回上一级模式，按"Ctrl+Z"键可返回特权用户模式。

2.5.2　路由器常用命令

路由器的操作系统是一个功能非常强大的系统，特别是在一些高档的路由器中，它具有相当丰富的操作命令，就像 DOS 系统一样。正确掌握这些命令对于配置路由器是最为关键的一步，否则根本无从谈起，因为一般来说都是以命令的方式对路由器进行配置的。下面就仍以 Cisco 路由器为例讲一下路由器的常用操作命令。路由器的 IOS 操作命令较多，下面分类介绍。

1. 帮助命令

在 IOS 操作中，无论任何状态和位置，都可以通过输入“？”得到系统的帮助，所以说“？”就是路由器的帮助命令，如图 2-27 所示。

```
nsrjgc>?
Exec commands:
  <1-99>       Session number to resume
  connect      Open a terminal connection
  disconnect   Disconnect an existing network connection
  enable       Turn on privileged commands
  exit         Exit from the EXEC
  ipv6         ipv6
  logout       Exit from the EXEC
  ping         Send echo messages
  resume       Resume an active network connection
  show         Show running system information
  ssh          Open a secure shell client connection
  telnet       Open a telnet connection
  terminal     Set terminal line parameters
  traceroute   Trace route to destination
```

图 2-27　帮助命令的用法

2. 命令不区分大小写，可以使用简写

命令中的每个单词只需要输入前几个字母。要求输入的字母个数足够与其他命令相区分即可，如 configure terminal 命令可简写为 conf t。

3. 用“Tab”键可简化命令的输入

如果不喜欢简写的命令，可以用“Tab”键输入单词的剩余部分。每个单词只需要输入前几个字母，当它足够与其他命令相区分时，用“Tab”键可得到完整单词。如输入 conf（Tab）t（Tab）命令可得到 configure terminal；nsrjgc>en 按"Tab"键得到完整的 nsrjgc>enable；nsrjgc#conf t 按"Tab"键得到完整的 nsrjgc#conf terminal。

4. 改变设置状态的命令

因为路由器有许多不同权限和选项的设置，所以也就必须有相应的命令来进入相应的设置状态，这些改变设置状态的命令如表 2-1 所示。

表 2-1　路由器改变设置状态命令列表

命　　令	功能描述
enable	进入特权命令状态
disable	退出特权命令状态
setup	进入设置对话状态
config terminal	进入全局设置状态

续表

命　　令	功能描述
end	退出全局设置状态
interface type	进入端口设置状态
exit	退出局部设置状态

根据上述命令完成项目二：路由器的基本命令使用。

项目二：基本命令

```
nsrjgc>enable
Password:****          //从用户模式到特权模式
nsrjgc#config terminal     //从特权模式进入全局模式
nsrjgc(config)#hostname nsrjgc    //改变路由器的名称为"nsrjgc"；设置后立即生效
nsrjgc(config)#int fastEthernet 0/0   //进入快速以太网 0/0 接口
nsrjgc(config-if)#ip add 192.168.1.1 255.255.255.0  //给以太网接口设置 IP 地址
192.168.1.1,子网掩码 255.255.255.0
nsrjgc(config-if)#no shutdown   //开启该端口,因为默认各接口是关闭的
nsrjgc(config-if)#exit   //退回到上一级
nsrjgc(config)#exit
nsrjgc#copy running-config startup-config  //把当前文件保存成启动配置文件
Destination filename [startup-config]?
Building configuration...
[OK]
nsrjgc#erase startup-config   //清除配置信息
Erasing the nvram filesystem will remove all configuration files!
Continue? [confirm]
[OK]
Erase of nvram:complete
%SYS-7-NV_BLOCK_INIT:Initialized the geometry of nvram
```

教学视频扫一扫

5. 显示命令

显示命令就是用于显示某些特定需要的命令，以方便用户查看某些特定设置信息。表 2-2 所示就是常见的信息显示命令。

表 2-2　路由器显示命令列表

命　　令	功能描述
show version	查看版本及引导信息
show running-config	查看运行设置
show startup-config	查看开机设置
show interface	显示端口信息
show ip router	显示路由信息

项目三：配置 Telnet 登录口令

```
router>enable                                 //进入特权模式
router#config terminal                        //进入全局配置模式
router(config)#hostname nsrjgc                //设置路由器的主机名为 nsrjgc
nsrjgc(config)#enable secret 123              //设置特权加密口令为 123
nsrjgc(config)#enable password 456            //设置特权非加密口令为 456
nsrjgc(config)#line console 0                 //进入控制台口
nsrjgc(config-line)#line vty 0 4              //进入虚拟终端
nsrjgc(config-line)#login                     //要求口令验证
nsrjgc(config-line)#password 789              //设置登录口令为 789
```

教学视频扫一扫

验证：

从主机 ping 路由器，验证连通性，如图 2-28 所示。

```
PC>ping 192.168.1.1

Pinging 192.168.1.1 with 32 bytes of data:

Reply from 192.168.1.1: bytes=32 time=62ms TTL=255
Reply from 192.168.1.1: bytes=32 time=0ms TTL=255
Reply from 192.168.1.1: bytes=32 time=0ms TTL=255
Reply from 192.168.1.1: bytes=32 time=32ms TTL=255

Ping statistics for 192.168.1.1:
    Packets: Sent = 4, Received = 4, Lost = 0 (0% loss)
Approximate round trip times in milli-seconds:
    Minimum = 0ms, Maximum = 62ms, Average = 23ms
```

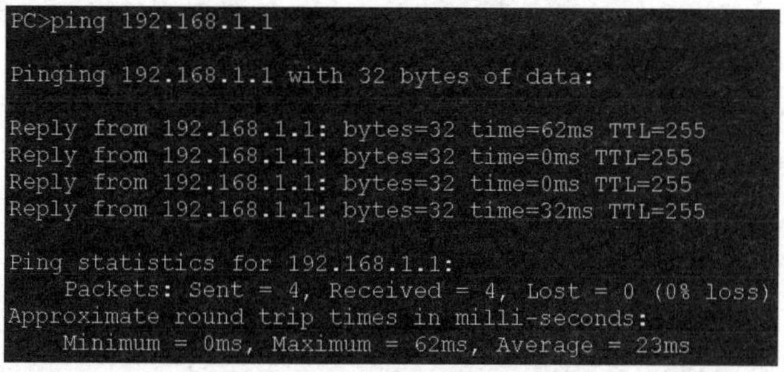

图 2-28　测试连通与否

从主机 Telnet 路由器，验证远程登录，如图 2-29 所示。

注意：远程登录密码和特权密码并不会显示出来。

```
PC>telnet 192.168.1.1
Trying 192.168.1.1 ...Open


User Access Verification

Password:
Router>enable
Password:
Router#
```

图 2-29　远程登录

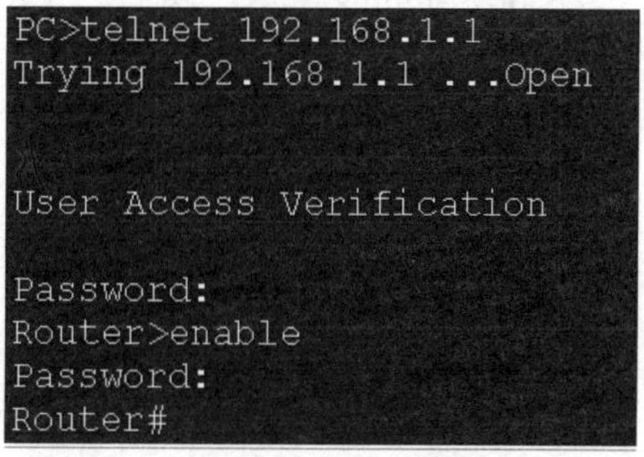

6. 路由器口令清除

如果不慎忘记了特权用户口令或者刚接手工作，那么必须对口令进行恢复，可用以下两种方法恢复路由器口令。

路由器 2621 的配置文件不允许删除和改名，需要采用设置寄存器开关的方法实现。方法 1：在路由器加电 60 s 内，在超级终端下，同时按“Ctrl+Break”键 3～5 s；方法 2：在全局配置模式下，输入 config register 0x0，然后关闭电源重新启动。现以方法 1 为例进行讲解。

```
System Bootstrap,Version 12.1(3r)T2,RELEASE SOFTWARE(fc1)
Copyright(c)2 000 by cisco Systems,Inc.
cisco 2 621(MPC860)processor(revision 0x200)with 60 416 K/5 120 K bytes of memory
Self decompressing the image:
###############
monitor:command "boot" aborted due to user interrupt
```

```
rommon 1>confreg 0x2 142
```
改变配置寄存器的值为 0x2 142，绕过正常时的 0x2 102 寄存器，从而绕过 NVROM 中的 enable 口令，使得路由器不读取 startup-config。

然后利用 reset 命令重新引导，等效于重开机，由于配置寄存器被修改，路由器重启后不读取配置文件而进入 setup 模式，这样就可以重新对路由器初始配置了。

● 2500/2600 系列路由器口令恢复。

要破解路由器的密码而不改变原来配置的步骤：

（1）启动路由器，在 60 s 内按"Ctrl+Break"键进入 RomMonitor 模式：＞。

（2）按"0"键显示寄存器每一位的含义：＞0。

（3）把寄存器的值改为 0x2 142，使路由器在启动过程中忽略 NVRAM 中的配置文件＞o/r 0x2 142 或者 confreg 0x2 142（2500、2600……系列）。

（4）初始化路由器：＞i 或者 reload（2500、2600……系列）。

（5）询问是否进入 setup 模式时，选择 no，会进入用户模式，然后输入命令 enable 进入特权模式。

（6）Router#copy startup-config　running-config：把 NVRAM 中的配置文件装入 RAM。

（7）Router（config）#config-register 0x2 102：把寄存器恢复成正常的默认值。

（8）Router#show running-config：查看路由器的密码。

（9）如果路由器的密码是密文形式，则可以用 enable password/enable secret 命令来设置新密码 Router（config）#enable password/enable secret password。

（10）Router#copy running-config startup-config：保存经过修改的配置。

（11）Router#reload：重新启动路由器。

7. 文件管理命令

Copy running Start：该命令用于保存配置文件到 NVRAM。

Copy Start running：该命令用于将配置文件从 NVRAM 中调入内存。

Copy running tftp：保存配置文件到 TFTP 服务器。

Copy tftp running：将配置文件从 TFTP 服务器调入内存。

Copy Start tftp：保存 NVRAM 的配置文件到 TFTP 服务器。

Copy tftp Start：将配置文件从 TFTP 服务器中复制到 NVRAM 中。

Copy tftp flash：将配置文件或 IOS 软件从 TFTP 服务器复制到 Flash 中。

Copy flash tftp：将配置文件或 IOS 软件从 Flash 复制到 TFTP 服务器中。

Erase Start：删除当前配置文件。

项目四：TFTP 服务器配置路由器（图 2-30）

具体配置步骤如下：

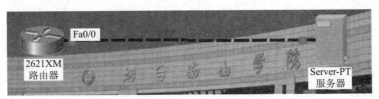

图 2-30　TFTP 配置路由

```
Router (config) #hostname nsrjgc
nsrjgc# (config) #int f0/0
nsrjgc (config-if) #ip add 192.168.1.1 255.255.255.0  //设置好端口地址
nsrjgc (config-if) #no shut
nsrjgc (config-if) #end
nsrjgc#ping 192.168.1.2       // 测试与 TFTP 服务器的连通性
Type escape sequence to abort.
Sending 5, 100-byte ICMP Echos to 192.168.1.2, timeout is 2 seconds:
.!!!!     //点表示未通，感叹号表示通
Success rate is 80 percent (4/5), round-trip min/avg/max = 31/31/32 ms
nsrjgc#copy  running-config tftp:
Address or name of remote host []? 192.168.1.2    //输入 TFTP 服务器的地址
Destination filename [nsrjgc-confg]? nsrjgc     //输入保存到 TFTP 服务器的文件名称
!!
[OK - 327 bytes]
327 bytes copied in 0.062 secs (5 000 bytes/sec) //传送成功
```

如图 2-31 所示，在 TFTP 服务器中存在 nsrjgc 这个文件。

● 使用 no 和 default 选项。

很多命令都有 no 选项和 default 选项。

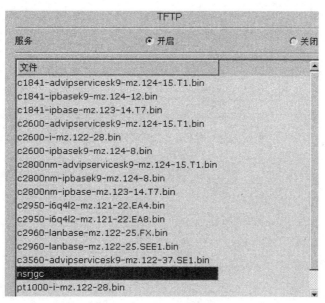

图 2-31　保存到 TFTP 服务器中的文件

no 选项可用来禁止某个功能，或者删除某项配置。

default 选项用来将设置恢复为默认值。

由于大多数命令的默认值是禁止此项功能，这时 default 选项的作用和 no 选项是相同的。但部分命令的默认值是允许，这时 default 选项的作用和 no 选项的作用是相反的。

习 题 2

1. 路由器的工作流程是怎样的？
2. 路由器的功能是什么？
3. 路由器是如何分类的？有哪些方式？有哪些性能指标？
4. 路由器有几种常见的配置方式？
5. 简述路由器使用 Console 口配置的过程。

第 3 章
直连路由和静态路由

路由是指对到达目标网络的地址的路径做出选择,也指被选出的路径本身。路由器中的路由表就像一张"网络地图",记录有到达各个目标网络的路径。路由器接口所连接的子网的路由方式或者路由器自动添加和自己直接连接的网络的路由称为直连路由;对路由表中"记录"的填写可以采用人工方式,也可以由路由协议自动进行,这分别称为静态路由配置和动态路由配置。

3.1 IP 路由

路由器的最基本功能就是路由,对一个具体的路由器来说,路由就是将从一个接口接收到的数据包,转发到另外一个接口的过程,该过程类似交换机的交换功能,只不过在链路层称之为交换,而在 IP 层称之为路由;而对于一个网络来说,路由就是将包从一个端点(主机)传输到另外一个端点(主机)的过程。

IP 路由是指在 IP 网络中,选择一条或者数条从源地址到目标地址的最佳路径的方法或者过程,有时候也指这条路径本身。IP 路由配置,就是在路由器上进行某些操作,使其能够完成在网络选择路径的工作。

3.1.1 路由过程

按将信息从源主机发送到目标主机的递交方式可以分为:直接递交和间接递交,如图 3-1 所示,描述了递交过程。

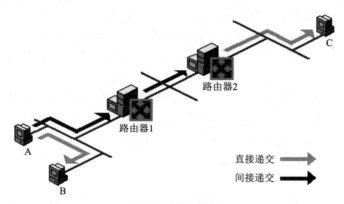

图 3-1 路由递交

直接递交:当目标主机所在的网络与源主机或者路由器所在的网络相同时,使用直接递交,数据包直接发送给目标主机。数据包的 Header 中目标 IP 地址与目标 MAC 地址指向同一台主机。

间接递交：当目标主机所在的网络与源主机或者路由器所在的网络不同时，使用间接递交，数据包发送给相应的路由器。数据包的 Header 中目标 IP 地址与目标 MAC 地址不指向同一台主机。

（1）路由器要实现路由并且互相学习可以路由数据包，必须至少知道以下状况：

① 目标地址（Destination Address）；
② 可以学习到远端网络状态的邻居路由器；
③ 到达远端网络的所有路线；
④ 到达远端网络的最佳路径；
⑤ 如何保持和验证路由信息。

（2）当 IP 子网中的一台主机发送 IP 包给同一 IP 子网的另一台主机时，它直接把 IP 包送到网络上，对方能够收到，这就是前面所说的直接递交。而要送给不同 IP 子网上的主机时，它要选择一个能到达目的子网上的路由器，把 IP 包送给该路由器，由它负责把 IP 包送到目的地，这就是间接递交的过程。如果没有找到这样的路由器，主机就把 IP 包送给一个称为默认网关（Default Gateway）的路由器上。默认网关是每台主机上的一个配置参数，它是接在同一个网络上的某个路由器接口的 IP 地址。

路由器在转发 IP 包时，只根据 IP 包目的 IP 地址的网络号部分，选择合适的接口，把 IP 包送出去。同主机一样，路由器也要判定接口所接的是否是目的子网，如果是，就直接把 IP 包通过接口送到网络上，否则，也要选择下一个路由器来传送 IP 包。路由器也有它的默认网关，用来传送不知道往哪儿送的 IP 包。这样，通过路由器把知道如何传送的 IP 包正确转发出去，不知道如何传送的 IP 包送给默认网关，这样一级级地传送，IP 包最终将送到目的地，送不到目的地的 IP 包则被网络丢弃。

3.1.2 路由查询

源主机将目标主机名解析为 IP 地址，源主机将目标 IP 地址与自己的 IP 地址进行比较，若为本地网络，直接递交；若为远程网络，查询本地路由表是否有相应的记录。

首先查询相应的主机路由，再次查询相应的网络路由。若无相应记录，递交给默认路由。在路由器上进行相同的查询，若无，则递交给下一个路由器直到 TTL 为零，返回错误。

TTL（生存时间），设置 TTL 字段的目的是防止无法投递的数据包无休止地在网络中来回传输。

TTL 字段工作方式：TTL 字段包含一个数字值，每经过一台路由器，TTL 的值就会减一，如果在到达目的地之前 TTL 字段的值减为零，则路由器将丢弃该数据包并向该 IP 数据包的源地址发送 Internet 控制消息协议（ICMP）错误消息。

3.1.3 路由表

路由器为执行数据转发路径选择所需要的信息被包含在路由器的一个表项中，称为"路由表"。当路由器检查到包的目的 IP 地址时，它就可以根据路由表的内容决定包应该转发到哪个下一跳地址上去，路由表被存放在路由器的 RAM 上。

路由器转发数据包的关键是路由表。每个路由器中都保存着一张路由表，表中的每条路由项都指明数据包到某子网或某主机应通过路由器的哪个物理端口发送，通过此端口可到达该路径的下一个路由器或者传送到直接相连的网络中的目的主机。

路由表的构成如下。

- 目的网络地址（Destination）：用来标识 IP 包的目的地址或目的网络。
- 网络掩码（Mask）：与目的地址一起来标识目的主机或路由器所在的网段的地址。
- 下一跳地址（Gateway）：说明 IP 包所经由的下一个路由器。
- 发送的物理端口（Interface）：说明 IP 包将从该路由器哪个接口转发。
- 路由信息的来源（Owner）：每个路由表项的第一个字段，表示该路由的来源。
- 路由优先级（Pri）：路由表项管理距离。
- 度量值（Metric）：指明路由的困难程度，由 Hop Count（跳数，即数据分组从来源端传送到目的端途中所经过的路由器的数目）、网络延迟、网络流量、网络可靠性等因素决定。

路由表是路由器能够进行路由选择的关键。利用 show ip route 来查看路由表信息，如图 3-2 和图 3-3 所示。

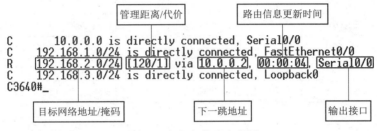

图 3-2 路由表的路由条目

图 3-3 路由表示例

1. Windows 系统中的 IP 路由表

每一个 Windows 系统中都有一个 IP 路由表，它存储了本地计算机可以到达的目的网络及如何到达的相关路由信息。

在 CMD 方式下用命令 route print 或 netstat -r 都能显示本地计算机上的 IP 路由表：

```
C:\>route print
===========================================================================
Interface List
0x1 ........................... MS TCP Loopback interface
0x10003 ...00 1f c6 6a a3 c5 ...... Realtek RTL8 139/810x Family Fast Ethernet
NIC
===========================================================================
Active Routes:
```

	Network Destination	Netmask	Gateway	Interface	Metric
1	0.0.0.0	0.0.0.0	192.168.6.1	192.168.6.6	30
2	127.0.0.0	255.0.0.0	127.0.0.1	127.0.0.1	1
3	192.168.6.0	255.255.255.0	192.168.6.6	192.168.6.6	30
4	192.168.6.240	255.255.255.240	192.168.6.8	192.168.6.6	20
5	192.168.6.240	255.255.255.240	192.168.6.7	192.168.6.6	15
6	192.168.6.6	255.255.255.255	127.0.0.1	127.0.0.1	30
7	192.168.6.255	255.255.255.255	192.168.6.6	192.168.6.6	30
8	224.0.0.0	240.0.0.0	192.168.6.6	192.168.6.6	30
9	255.255.255.255	255.255.255.255	192.168.6.6	192.168.6.6	1

```
    Default Gateway: 192.168.6.1
===========================================================================
Persistent Routes:
None
```

以上路由表中有 5 列，分为以下 4 个部分。

（1）Network Destination（目标网络）、Netmask（子网掩码）：用目标网络和子网掩码"与"的结果定义本地计算机可以到达的目标网络。通常情况下，目标网络有以下 4 种特例。

● 主机地址：某个特定主机的 IP 地址，其子网掩码为 255.255.255.255，如路由表中的第 6、7、9 行；

● 子网地址：某个特定子网的网络地址，如路由表中的第 4、5 行；

● 网络地址：某个特定网络的网络地址，如路由表中的第 2、3、8 行；

● 默认路由：所有未在路由表中指定的网络地址，均发往默认路由所指定的地址，如路由表中的第 1 行。

（2）Gateway（网关）：在发送 IP 数据包时，网关定义了针对特定网络的目的地址，即数据包发送的下一跳地址。如果是本地计算机直接连接的网络，网关通常是本地计算机对应的网络接口，此时其接口列与网关列保持一致；如果是远程网络或默认路由，网关通常是本地计算机所连接到的网络上的路由器接口地址或服务器网卡 IP 地址。

（3）Interface（接口）：接口定义了要到达目标网络所要经过的本地网卡的 IP 地址。

（4）Metric（跃点数）：跃点数用于指出路由的成本，通常情况下代表到达目标地址所需要经过的跃点数量,一个跃点代表经过一个路由器。跃点数越低,代表路由成本越低;跃点数越高,代表路由成本越高。当具有多条到达相同目标网络的路由表项时,TCP/IP 会选择具有更低跃点数的路由项。

2．路由决策

当 PC 向某个目标 IP 地址发起 TCP/IP 通信时,它将选择一条最佳路由,步骤如下:

(1)将目标 IP 地址和路由表中每一个路由表项中的子网掩码进行"与"计算,如果相"与"后的结果匹配对应路由表项中的目标网络地址,则记录下此路由表项。

(2)当计算完路由表中所有的路由表项后,TCP/IP 选择记录下的路由表项中的最长匹配的路由(子网掩码中具有最多"1"位的路由表项)来和此目的 IP 地址进行通信。如果有多条最长匹配路由,那么选择具有最低跃点数的路由表项;如果有多个具有最低跃点数的最长匹配路由,那么

● 如果是发送响应数据包,并且数据包的源 IP 地址是某个最长匹配路由的接口的 IP 地址,那么选择此最长匹配路由;

● 其他情况下均根据最长匹配路由所对应的网络接口在网络连接的高级设置中的绑定优先级来决定。

3．选择网关和接口

在确定使用的路由项后,网关和接口通过以下方式确定。

(1)如果路由项中的网关地址为空或者网关地址为本地计算机上的某个网络接口,那么通过路由项中对应的网络接口发送数据包,成包情况如下:

● 源 IP 地址为此网络接口的 IP 地址,目的 IP 地址为接收此数据包的目的主机的 IP 地址;

● 源 MAC 地址为此网络接口的 MAC 地址,目的 MAC 地址为接收此数据包的目的主机的 MAC 地址。

(2)如果路由项中的网关地址并不属于本地计算机上的任何网络接口地址,那么通过路由项中对应的网络接口发送数据包,成包情况如下:

● 源 IP 地址为路由项中对应网络接口的 IP 地址,目的 IP 地址为接收此数据包的目的主机的 IP 地址;

● 源 MAC 地址为路由项中对应网络接口的 MAC 地址,目的 MAC 地址为网关的 MAC 地址。

以上面的路由表为基础,举例进行说明。

● 和单播 IP 地址 192.168.6.8 的通信:在进行相"与"计算时,1、3 项匹配,但是 3 项为最长匹配路由,因此选择 3 项。3 项的网关地址为本地计算机的网络接口 192.168.6.6,因此发送数据包时,目的 IP 地址为 192.168.6.8,目的 MAC 地址为 192.168.6.8 的 MAC 地址(通过 ARP 解析获得)。

● 和单播 IP 地址 192.168.6.6 的通信:在进行相"与"计算时,1、3、6 项匹配,但是 6 项为最长匹配路由,因此选择 6 项。6 项的网关地址为本地环回地址 127.0.0.1,因此直接将数据包发送至本地环回地址。

● 和单播 IP 地址 192.168.6.245 的通信:在进行相"与"计算时,1、3、4、5 项匹配,但是 4、5 项均为最长匹配路由,所以此时根据跃点数进行选择,5 项具有更低的跃点数,因此选择 5 项。在发送数据包时,目的 IP 地址为 192.168.6.254,目的 MAC 地址为 192.168.6.7

的 MAC 地址（通过 ARP 解析获得）。

- 和单播 IP 地址 10.1.1.1 的通信：在进行相"与"计算时，只有 1 项匹配。在发送数据包时，目的 IP 地址为 10.1.1.1，目的 MAC 地址为 192.168.6.1 的 MAC 地址（通过 ARP 解析获得）。
- 和子网广播地址 192.168.6.255 的通信：在进行相"与"计算时，1、3、4、5、7 项匹配，但是 7 项为最长匹配路由，因此选择 7 项。7 项的网关地址为本地计算机的网络接口，因此在发送数据包时，目的 IP 地址为 192.168.6.255，目的 MAC 地址为以太网广播地址 FF：FF：FF：FF：FF：FF。

3.1.4 路由器的 IP 配置

路由器是网络层的设备，它的每个端口都连接着网络，其端口通常也要用网络地址来标识：一般在 IP 网络中都用 IP 地址来标识。

路由器的某端口连接到某网络上，则其 IP 地址的网络号和所连接网络的网络号应该相同。详细来说，要遵循如下规则：

① 路由器的物理网络接口一般情况下要有一个 IP 地址。
② 同一路由器的不同接口的 IP 地址通常在不同的子网上。
③ 相邻路由器的相邻接口地址必须在同一子网上。
④ 除了相邻路由器的相邻接口外，相邻路由器的非相邻接口的地址都不允许在同一个子网上。
⑤ 无论是什么网络，IP 地址的配置方式都是相同的。

路由器中最基础的配置就是对端口配置 IP 地址。常见的是为某个接口设置 IP 地址，首先要进入接口配置模式：

Router（config）#interface 端口标识

（1）如下是为某一个接口 FastEthernet0/0 配置 IP 地址。

Router（config）#interface FastEthernet0/0

Router（config-if）# ip address {ip address} {mask}

其中，ip address 为固定格式；{ip address}为具体的某个 IP 地址；{mask}为子网掩码，用来标识 IP 地址中网络地址的位数。

（2）给某一个端口划分多个地址利用设定子接口。如下就是为 f0/0 接口设置子接口 0.1 和 0.2。在图 3-4 中显示出给路由器配置好地址后的信息。

nsrjgc（config）#int f0/0

nsrjgc（config-if）#no shut

nsrjgc（config-if）#int f0/0.1

%LINK-5-CHANGED：Interface FastEthernet0/0.1，changed state to upnsrjgc（config-subif）#

nsrjgc（config-subif）#encapsulation dot1Q 2

nsrjgc（config-subif）#ip add 192.168.1.1 255.255.255.0

nsrjgc（config-subif）#exit

nsrjgc（config）#int f0/0.2

nsrjgc(config-subif)#no shut

%LINK-5-CHANGED：Interface FastEthernet0/0.2，changed state to upnsrjgc(config-subif)#

nsrjgc(config-subif)#encapsulation dot1Q 3

nsrjgc(config-subif)#ip add 192.168.2.2 255.255.255.0

nsrjgc(config-subif)#no shut

```
端口                    链路    VLAN    IP地址              MAC 地址
FastEthernet0/0         Up      --      <没有设置>          00D0.D396.6A0:
FastEthernet0/0.1       Up      --      192.168.1.1/24      00D0.D396.6A01
FastEthernet0/0.2       Up      --      192.168.2.2/24      00D0.D396.6A01
```

图 3-4 配置的子接口

除了配置子接口，还可以通过设置计算机的 Secondary IP 实现在一个物理网络上两个具有不同网段 IP 计算机的互通。

nsrjgc(config)#int f0/0

nsrjgc(config-if)#ip address 10.65.1.2 255.255.0.0

nsrjgc(config-if)#ip address 10.66.1.2 255.255.0.0 secondary

其中，secondary 参数使每一个端口可以支持多个 IP 地址。可以重复使用该命令指定多个 secondary 地址，Secondary IP 地址可以用在多种情况下。例如，在同一端口上配置两个以上的子网的 IP，可以用路由器的一个端口来实现连接在同一个局域网上的不同子网之间的通信。不过因为 Cisco 路由器默认情况下，IP 数据包的重定向功能是禁用的，所以这个功能一般不予使用，除非是启用 IP 重定向功能。

（3）需要配置时钟频率的端口。路由器提供广域网接口（Serial 高速同步串口），用于连接 DDN、FR、X.25、PSTN（模拟电话线路）等广域网。路由器的串口直接对接的时候，须有一个路由器充当 DCE（数据通信设备，如 Modem），另一个路由器充当 DTE（数据终端设备，如计算机）。实验环境中没有专门的线路控制设备，所以由其中一台路由器的 Serial 接口来提供时钟频率。DCE 一端的确定是由路由器之间的 Cable 的线序来决定的，所以 back to back 的 Cable 都标明 DCE 和 DTE。只有标明 DCE 一端的才需要设置时钟频率。DTE 是针头（俗称公头），DCE 是孔头（俗称母头），这样两种接口才能接在一起。如下列出了配置时钟频率的步骤。

nsrjgc(config)#int s0/0/1

nsrjgc(config-if)#ip add 1.1.1.1 255.255.255.0

nsrjgc(config-if)#clock rate 64 000   配置时钟频率为 64 000（Serial 端口才需要设置）

nsrjgc(config-if)#no shut

3.2 CDP 概述

Cisco 发现协议（Cisco Discovery Protocol）是由 Cisco 设计的专用协议，能够帮助管理员收集关于本地连接和远程连接设备的相关信息。通过使用 CDP 可以收集相邻设备的硬件和协议信息，此信息对于故障诊断和网络文件归档非常有用。

1. 获取 CDP 定时器和保持时间信息

通过输入 show cdp 可以显示两个全局参数的信息，这两个参数可以在 Cisco 的设备上进行配置。

（1）CDP 定时器的意思指多长时间 CDP 会将分组传输到所有活动接口的时间量。

（2）CDP 保持时间是指该信息将从已经接收到该信息的设备上存留多少时间。

通过 show cdp 命令默认在路由器上将显示如下内容：

```
R1#show cdp
Global CDP information:
Sending CDP packets every 60 seconds    //每 60s 发送一次 CDP 更新信息包
Sending a holdtime value of 180 seconds  //此信息保持时间为 180s
```

2. 修改 CDP 定时器与保持时间信息

在全局模式下使用命令 cdp timer 和 cdp holdtime 在路由器上配置 CDP 定时器和保持时间。

3. 启动与关闭 CDP

在路由器的全局配置模式下可以使用 no cdp run 命令来关闭 CDP。若要在路由器接口上关闭或打开 CDP，使用 no cdp enable 或 cdp enable 命令。

4. 收集邻居信息

show cdp neighbor 命令可以显示有关直连设备的信息。要记住 CDP 分组不经过 Cisco 交换机，这非常重要，它只能看到与它直接相连的设备。在连接到交换机的路由器上，不会看到连接到交换机上的其他设备，如图 3-5 所示。

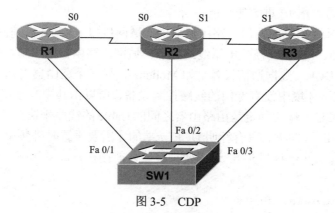

图 3-5　CDP

R1 分别与 R2 和 SW1 直连，此时在 R1 上使用 show cdp neighbor 命令后的输出如下所示。

```
R1#show cdp nei
Capability Codes: R - Router, T - Trans Bridge, B - Source Route Bridge
                  S - Switch, H - Host, I - IGMP, r - Repeater
Device ID        Local Intrfce     Holdtme    Capability  Platform  Port ID
SW1              Eth 0             154        T S         WS-C2912-XFas 0/1
R2               Ser 0             161        R           2500      Ser 0
```

如结果所示，路由器 R1 只显示出与它直连的路由器 R2 和交换机 SW1，而不会显示与交换机 SW1 直接相连的 R3 的路由信息。

下面列出 show cdp neighbor 命令为每个设备显示的信息。

（1）Device ID：直连设备的主机名。

（2）Local Interface：要接收 CDP 分组的端口或接口（直接控制的本地设备）。

（3）Holdtime：如果没有接收到其他 CDP 分组，路由器在丢弃接收到的信息之前将要保存的时间量。

（4）Capability：邻居设备的类型，如路由器、交换机或中继器。

（5）Platform：Cisco 设备类型。在上面的输出中，Cisco 2500 和 Catalyst 2912 是直连在路由器 R1 上的设备。

（6）Port ID：与路由器 R1 直接相连的设备在发送更新时所用的接口。

5．收集端口和接口信息

show cdp interface 命令可显示路由器接口或者交换机、路由器端口的状态。

使用 show cdp interface 命令可以显示每个接口的 CDP 信息，包括每个接口的线路封装类型、定时器和保持时间。

6．保持时间是如何计时与清除超时信息的

知道 CDP 过了保持时间以后会自动被清除，那么保持时间是如何被清除的，可见如下实验。

首先先到交换机 SW1 上关闭交换机与路由器 R1 的直连端口 FastEthernet 0/1：

```
SW1#conf t
Enter configuration commands, one per line. End with CNTL/Z.
SW1(config)#int fa 0/1
SW1(config-if)#no cdp enable
SW1(config-if)#exi
```

然后到路由器 R1 上查看保持时间：

```
R1#show cdp nei
Capability Codes: R - Router, T - Trans Bridge, B - Source Route Bridge
                  S - Switch, H - Host, I - IGMP, r - Repeater
Device ID   Local Intrfce    Holdtme   Capability   Platform   Port ID
SW1         Eth 0            6         T S          WS-C2912-XFas 0/1
R2          Ser 0            136       R            2500       Ser 0
R1#show cdp nei
Capability Codes: R - Router, T - Trans Bridge, B - Source Route Bridge
                  S - Switch, H - Host, I - IGMP, r - Repeater
Device ID   Local Intrfce    Holdtme   Capability   Platform   Port ID
SW1         Eth 0            0         T S          WS-C2912-XFas 0/1
R2          Ser 0            130       R            2500       Ser 0
R1#show cdp nei
Capability Codes: R - Router, T - Trans Bridge, B - Source Route Bridge
                  S - Switch, H - Host, I - IGMP, r - Repeater
```

```
Device ID    Local Intrfce    Holdtme    Capability    Platform    Port ID
R2           Ser 0            126        R             2500        Ser 0
```

从中可以看到 SW1 保持时间的变化规律，通过连续的三个 show cdp neighbor 命令，看到保持时间是逐步递减的，一直减到零，一秒不差，然后从列表中消失。

7. 如何查看单台直连设备的 CDP 信息

可以通过如下两条命令来查看邻接设备的相应信息。如 R1 直连 R2，从 R1 上输入命令：show cdp entry R2 pro 与 show cdp entry R2 ver 分别可以查看设备 R2 的协议与 IOS 版本信息，实验步骤与调试如下：

```
R1#show cdp entry R2 pro
    Protocol information for R2:
    IP address: 10.10.10.2
R1#show cdp entry R2 ver
    Version information for R2:
    Cisco Internetwork Operating System Software
    IOS (tm) 3 000 Software (IGS-I-L), Version 11.0(3), RELEASE SOFTWARE (fc1)
    Copyright (c) 1986-1995 by cisco Systems, Inc.
    Compiled Tue 07-Nov-95 15: 04 by deannaw
```

8. CDP 事件调试

当启动了 CDP 事件调试命令时，CDP 即会对所发生的事件做出反应。启动 CDP 事件调试：

```
R1#debug cdp events
CDP events debugging is on
```

当邻居设备启动 CDP 时，启动事件调试的一端会出现 R1# CDP-EV：Bad version number in header 的提示信息，而在计时器到达更新的时候也会同样发出 R1# CDP-EV：Bad version number in header 的提示信息。

3.3 直连路由

路由器各网络接口所直连的网络之间使用直连路由进行通信。路由器中的路由有两种：直连路由和非直连路由。接口所直连的网络之间就可以直接通信。由两个或多个路由器互联的网络之间的通信使用非直连路由。非直连路由是指人工配置的静态路由或通过运行路由器协议而获得的动态路由。其中，静态路由比动态路由具有更高的可操作性和安全性。IP 网络已经逐渐成为现代网络的标准，用路由器协议组建网络时，必须使用路由设备将各个 IP 子网互联起来，并且在 IP 子网间使用路由机制，通过 IP 网关互联形成层次性的网际网。

直连路由是指路由器各网络接口所直接相连的网络之间的通信。直连路由是在配置完路由器网络接口的 IP 地址后自动生成的。如果不对这些接口进行特殊限制，这些接口所直连的网络之间就可以直接通信。

当接口配置了网络协议地址并状态正常时，即物理连接正常，并且可以正常检测到数据链路层协议的 keepalive 信息时，接口上配置的网段地址自动出现在路由表中并与接口关联。其中，产生方式（owner）为直连（direct），路由优先级为 0，拥有最高路由优先级。其 metric

值为 0，表示拥有最小 metric 值。

直连路由会随接口的状态变化在路由表中自动变化，当接口的物理层与数据链路层状态正常时，此直连路由会自动出现在路由表中，当路由器检测到此接口关掉后，此条路由会自动在路由表中消失。

路由器到直连网络的路由（称为直连路由）条目由路由器自动生成，不需用户参与。如图 3-6 所示的物理连接及参数配置。

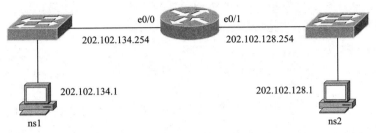

图 3-6 物理连接及参数配置

```
nsrjgc#sh ip route
Codes: C - connected, S - static, I - IGRP, R - RIP, M - mobile, B - BGP
......
Gateway of last resort is not set
C    202.102.128.0/24 is directly connected, Ethernet0/1
C    202.102.134.0/24 is directly connected, Ethernet0/0
```

C 表示直连路由。目的地址属于对应子网的 IP 包将被分别转发至对应的端口：

202.102.128.0/24   Ethernet0/1 口
202.102.134.0/24   Ethernet0/0 口

项目一：如图 3-7 所示，实现直连路由。

说明：ns1   IP：192.168.1.2/24   GW：192.168.1.1
　　　ns2   IP：192.168.2.2/24   GW：192.168.2.1
　　　路由器 f0/0：192.168.1.1 f0/1：192.168.2.1

图 3-7 直连路由

```
Router(config)#hostname nsrjgc
nsrjgc(config)#int f0/0
nsrjgc(config-if)#ip add 192.168.1.1 255.255.255.0
nsrjgc(config)#int f0/1
nsrjgc(config-if)#ip add 192.168.2.1 255.255.255.0
nsrjgc(config-if)#no shut
nsrjgc(config)#ip routing  //开启路由功能，三层交换机支持该命令
```

直连路由是由链路层协议发现的，一般指去往路由器的接口地址所在网段的路径，该路径信息不需要网络管理员维护，也不需要路由器通过某种算法进行计算获得，只要该接口处于活动状态，路由器就会把通往该网段的路由信息填写到路由表中，直连路由无法使路由器获取与其不直连的路由信息。

直连路由经常用在三层交换机连接几个 VLAN 时，通过设置直连 VLAN 间就能够直接通信而不需要设置其他路由方式。例如，一个三层交换机划分为两个 VLAN：VLAN2 和 VLAN3，假如这两个不同 VLAN 之间想通信，因为 VLAN2 和 VLAN3 都是与三层交换机直连，所以它们之间可以直接通信，而不需要设置其他路由协议。

3.4 路由配置

路由的完成离不开两个最基本的步骤：第一个步骤为选径，路由器根据到达数据包的目标地址和路由表的内容，进行路径选择；第二个步骤为包转发，根据选择的路径，将包从某个接口转发出去。配置路由一般有三种方式，分别为静态路由（Static Routing）、默认路由（Default Routing）、动态路由（Dynamic Routing）。

3.4.1 静态路由

1. 静态路由的用途

静态路由是指由网络管理员手工配置的路由信息。当网络的拓扑结构或链路的状态发生变化时，网络管理员需要手工去修改路由表中相关的静态路由信息。静态路由信息在默认情况下是私有的，不会传递给其他的路由器。当然，网络管理员也可以通过对路由器进行设置使之成为共享的。静态路由一般适用于比较简单的网络环境，在这样的环境中，网络管理员易于清楚地了解网络的拓扑结构，便于设置正确的路由信息。

通过配置静态路由，网络管理员可以人为地指定对某一网络访问时所要经过的路径。在通常情况下，不会为网络中所有的路由器配置静态路由，然而在一些特殊的情况下静态路由是非常有效的。例如：

● 网络规模很小，而且变化很少，或者没有冗余链路。
● 公司网有很多小的分支机构，并且只有一条路径到达网络的其他部分。
● 公司想要将数据包发送到互联网的主机上，而不是公司网络的主机上。

静态路由有如下优点：
① 没有额外的路由器的 CPU 负担和 RAM。
② 节约带宽。
③ 不需交换路由信息，不会把网络拓扑暴露出去，所以安全性好。
④ 静态路由适合于网络拓扑结构比较简单和网络流量可以预测的情况。

静态路由的缺点如下：
① 网络管理员必须了解网络的整个拓扑结构。
② 静态路由一经配置，便不自动改动，除非由管理员来改变。
③ 静态路由灵活性低，无法根据网络情况的变化来改变路由情况，所以不适合于在规模较大、较复杂或者易变化的网络环境中使用。

④ 不能容错。如果路由器或链接宕机，静态路由器不能感知故障并将故障通知到其他路由器。这事关大型的公司网际网络，而小型办公室（在 LAN 链接基础上的两个路由器和三个网络）不会经常宕机，也不用因此而配置多路径拓扑和路由协议。

⑤ 管理开销较大。如果对网际网络添加或删除一个网络，则必须手动添加或删除与该网络连通的路由。如果添加新路由器，则必须针对网际网络的路由对其进行正确配置，因而维护较为麻烦。

2. 静态路由的设置

静态路由的配置命令如下：

`ip route [network] [mask] {address | interface}[distance] [permanent]`

ip route：创建静态路由。

network：目标网络号。

mask：目标子网掩码。

address：下一跳的地址或是相邻路由器相邻接口地址。

interface：本地物理接口号。如果愿意可以用它来替换 address，但是这个是用于点对点（point-to-point）连接的，比如广域网（WAN）连接，这个命令不会工作在 LAN 上。

distance：默认情况下，静态路由的管理距离是 1，如果用 interface 代替 address，那么管理距离是 0。

permanent：如果接口被关掉了或者路由器不能和下一跳路由器通信，这条路由线路将自动从路由表中删除。使用这个参数能够保证即使出现上述情况，这条线路仍然保持在路由表中。

例：`ip route 192.168.10.0 255.255.255.0 serial 0` 或
　　`ip route 192.168.10.0 255.255.255.0 10.1.2.32`

以上就是配置一条到达 192.168.10.0/24 的路由。要删除一个路由，只要在"ip route"命令前加"no"即可，如：

`no ip route 192.168.10.0 255.255.255.0 serial 0`

图 3-8 所示为静态路由实例。

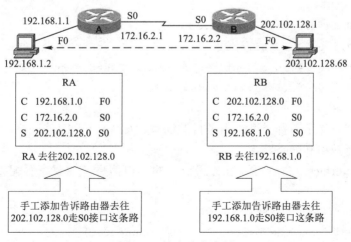

图 3-8　静态路由实例

项目二：静态路由配置如图 3-9 所示。

R1 路由器的配置过程如下：

```
R1(config)#ip route 192.168.3.0 255.255.255.0 1.1.1.1
R1(config)#ip route 192.168.4.0 255.255.255.0 1.1.1.1
```

此时，R1 充当 DCE，所以在 R1 方配置时钟频率，在 R1 上配置了两条静态路由分别到达 ns3 和 ns4 主机。

教学视频扫一扫

R2 路由器的配置过程如下：

```
R2(config)#ip route 192.168.1.0 255.255.255.0 1.1.1.2
R2(config)#ip route 192.168.2.0 255.255.255.0 1.1.1.2
```

配置一条到达 ns1 和 ns2 的静态路由，因为静态路由是单向的，所以必须两边全部配置好，才能实现完全互通。

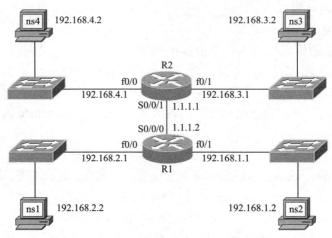

图 3-9　静态路由

在上述项目中可以用 show ip route 来查看路由表，该命令是非常重要的一条命令，网络不能正常通信时常用它来查看路由表。如下所示：

```
R1#show ip route
C    1.1.1.0 is directly connected, Serial0/0/0
C    192.168.1.0/24 is directly connected, FastEthernet0/1
C    192.168.2.0/24 is directly connected, FastEthernet0/0
S    192.168.3.0/24 [1/0] via 1.1.1.1
S    192.168.4.0/24 [1/0] via 1.1.1.1
```

在输出中，首先显示各种类型路由条目的简写，如"C"为直连网络，"S"为静态路由。在项目中只有直连网络和静态路由。

利用 show interfaces 命令可以查看想查看的端口信息，如要查看配置时钟频率的串口信息：

```
R1#show interfaces serial 0/0/0
Serial0/0/0 is up,line protocol is up(connected)
    Hardware is HD64570
    Internet address is 1.1.1.2/24
```

```
    MTU 1 500 bytes,BW 1 544 Kbit,DLY 20 000 usec,rely 255/255,load 1/255
    Encapsulation HDLC,loopback not set,keepalive set(10 sec)
    Last input never,output never,output hang never
    Last clearing of "show interface" counters never
    Input queue:0/75/0(size/max/drops);Total output drops:0
    Queueing strategy:weighted fair
    Output queue:0/1000/64/0(size/max total/threshold/drops)
         Conversations  0/0/256(active/max active/max total)
         Reserved Conversations 0/0(allocated/max allocated)
5 minute input rate 0 bits/sec,0 packets/sec
5 minute output rate 0 bits/sec,0 packets/sec
         18 packets input,720 bytes,0 no buffer
         Received 0 broadcasts,0 runts,0 giants,0 throttles
         0 input errors,0 CRC,0 frame,0 overrun,0 ignored,0 abort
         20 packets output,800 bytes,0 underruns
         0 output errors,0 collisions,1 interface resets
         0 output buffer failures,0 output buffers swapped out
         0 carrier transitions
         DCD=up  DSR=up  DTR=up  RTS=up  CTS=up
```

总结一下，静态路由的一般配置步骤如下：
① 为路由器每个接口配置 IP 地址。
② 确定本路由器有哪些直连网段的路由信息。
③ 确定网络中有哪些属于本路由器的非直连网段。
④ 添加本路由器的非直连网段相关的路由信息。

3.4.2 默认路由

默认路由，若路由器不知如何到达接收站，则使用默认路由指定的路径。不是所有的路由器都有一张完整的全网路由表，为了使每台路由器能够处理所有包的路由转发，通常的做法是功能强大的网络核心路由器具有完整的路由表，其余的路由器将默认路由指向核心路由器。默认路由可以通过动态路由协议进行传播，也可以在每台路由器上进行手工配置。Internet 上大约 99.99%的路由器上都存在一条默认路由。

默认路由的产生有两种方法：① 手工配置默认静态路由，具体配置参见 3.4.1 节静态路由配置；② 手工配置默认网络。

当路由器在路由表中找不到目标网络时，将会默认递交给下一个路由器，如图 3-10 所示。

默认静态路由的写法：Router（config）#ip route 0.0.0.0 0.0.0.0 [转发路由器的 IP 地址/本地接口]

给图 3-10 写一条默认路由，如下所示：

`NS2(config)#ip route 0.0.0.0 0.0.0.0 1.1.1.1`

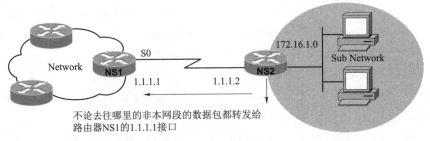

图 3-10 默认路由递交

再查看配置好的默认路由：

```
NS2#sh ip route
（略）
S* 0.0.0.0/0 [1/0] via 1.1.1.1
```

S*代表默认路由。0.0.0.0/0 可以匹配所有的 IP 地址，属于最不精确的匹配。默认路由可以看作是静态路由的一种特殊情况。当所有已知路由信息都查不到数据包如何转发时，按默认路由的信息进行转发。

默认路由的使用如图 3-11 所示。

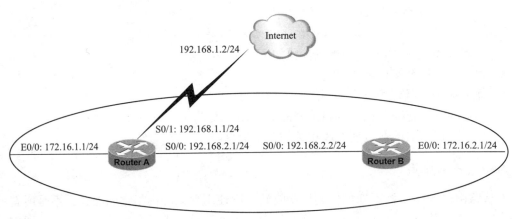

图 3-11 默认路由的使用

ip route 0.0.0.0 0.0.0.0 serial 0/1 或者 ip route 0.0.0.0 0.0.0.0 192.168.1.2

说明：（1）通过 default-network 产生默认路由只要满足以下条件即可：该默认网络不是直连接口网络，但在路由表中可到达。

（2）同样的条件下，RIP 也可以传播默认路由，但是 RIP 传播默认路由还有另外一个办法，那就是配置默认静态路由，或者通过其他路由协议学到了 0.0.0.0/0 的路由。

当路由器有默认路由时，不管是动态路由协议学习的还是手工配置产生的，show ip route 时，路由表中的"gateway of last resort"会显示该最后网关的信息。一个路由表可能会有多条网络路由为候选默认路由，但只有最好的默认路由才能成为"gateway of last resort"，如图 3-12 所示。

```
1.  C3640#show ip route
2.  Codes: C - connected, S - static, I - IGRP, R - RIP, M - mobile, B - BGP
3.         D - EIGRP, EX - EIGRP external, O - OSPF, IA - OSPF inter area
4.         N1 - OSPF NSSA external type 1, N2 - OSPF NSSA external type 2
5.         E1 - OSPF external type 1, E2 - OSPF external type 2, E - EGP
6.         i - IS-IS, L1 - IS-IS level-1, L2 - IS-IS level-2, ia - IS-IS inter area
7.         * - candidate default, U - per-user static route, o - ODR
8.         P - periodic downloaded static route
9.
10. Gateway of last resort is 192.168.1.2 to network 0.0.0.0
11.
12.      169.254.0.0/24 is subnetted, 1 subnets
13. C       169.254.0.0 is directly connected, FastEthernet1/0
14. S    192.168.4.0/24 [1/0] via 10.0.0.2
15.      10.0.0.0/24 is subnetted, 1 subnets
16. C       10.0.0.0 is directly connected, Serial0/0
17.      11.0.0.0/24 is subnetted, 1 subnets
18. C       11.0.0.0 is directly connected, Serial0/1
19. C    192.168.1.0/24 is directly connected, FastEthernet0/0
20. R    192.168.2.0/24 [120/1] via 10.0.0.2, 00:00:18, Serial0/0
21. C    192.168.3.0/24 is directly connected, Loopback0
22. S*   0.0.0.0/0 [1/0] via 192.168.1.2
23. C3640#_
```

最后求助网关 / 默认路由条目

图 3-12 最后网关和默认路由

简单地讲，默认路由是在没有找到匹配的路由表入口项时所使用的路由，也就是说，路由器将所有目的网络号在路由表中不存在的报文全部根据默认路由发送到某个网络或者路由器中去。在路由表中，默认路由是以到网络 0.0.0.0 的形式出现的。默认路由在实际的路由器的配置中是非常有用的。对于项目二中的静态路由实现全网通总计需要 4 条静态路由，而对于同样的要求采用两条默认路由就能实现全网互通。这种设置方法简化了对路由器的设置，而且是非常有效的。所以相对静态路由，默认路由更容易实现。但不管是哪种它们都无法自动创建路由表，定时更新。

项目三：默认静态路由的配置，还是以图 3-9 所示为例。

R1 和 R2 路由器的配置过程和项目二中是一样的。

Router（config）#hostname R1

R1（config）#int f0/0

R1（config-if）#ip add 192.168.2.1 255.255.255.0

R1（config）# no shut

.......（参照项目二）

R1（config）#ip route 0.0.0.0 255.255.255.0 1.1.1.1 //配置默认静态路由，默认静态路由也是单向的

Router（config）#ho

Router（config）#hostname R2

R2（config）#int f0/0

R2（config-if）#ip add 192.168.4.1 255.255.255.0

R2（config-if）#no shut

.......（参照项目二）

R2（config-if）#exit

R2（config）#ip route 0.0.0.0 255.255.255.0 1.1.1.2   //配置默认静态路由

教学视频扫一扫

3.4.3 管理距离

管理距离（AD）：代表一个路由协议的可信度。如果一个路由器同时启用了多个路由协议，而这多个路由协议都发现了到达同一个目标的路径，则只有距离值大的路由协议发现的路由才会被加入路由表中 0 到 255 之间的 1 个数，它表示一条路由选择信息源的可信性值。该值越小，可信性级别越高。0 为最信任，255 为最不信任，即这条线路将没有任何流量通过。假如 1 个路由器收到远端的两条路由更新，路由器将检查 AD，AD 值低的将被选为新线路存放于路由表中。假如它们拥有相同的 AD，将比较它们的度（metric）。度低的将作为新线路。假如它们的 AD 和度都一样，那么将在两条线路做均衡负载。表 3-1 中为一些常用路由协议默认的 AD。

表 3-1 常用路由协议 AD

路由协议	AD
直接连接	0
静态路由	1（可以修改的）
EIGRP	90
IGRP	100
OSPF	110
RIP	120

3.4.4 浮动静态路由

浮动静态路由是一种定义管理距离的静态路由。当两台路由器之间有两条冗余链路时，为使某一链路作为备份链路，采用浮动静态路由的方法。

由于静态路由相对于动态路由更能够在路由选择行为上进行控制，可以人为地控制数据的行走路线，因而在对冗余链路进行可控选择时必须使用。

由于默认静态路由的管理距离最小，所以在定义静态路由时，给一个管理距离的值。

为使某一静态路由仅作为备份路由，通过配置一个比主路由的管理距离更大的静态路由，以保证当网络中主路由失效时，提供一条备份路由。而在主路由存在的情况下，此备份路由不会出现在路由表中。所以不同于其他的静态路由，浮动静态路由不会永久地保留在路由选择表中，它仅仅在一条首选路由发生故障（连接失败）的时候才会出现在路由表中。

（1）浮动路由用于备份链路中，使我们在正常的情况下使用主链路，当主链路出现故障的时候，自动启用备份链路。

（2）按照图 3-13 所示的拓扑图，如果使用静态路由，要想实现浮动路由，我们可以更改静态路由的管理距离。

（3）静态路由默认的管理距离是 1，通过增加备份线路上管理距离的值，使路由器在正常的情况下选择主链路，在主链路出现故障的时候，自动启用备份链路。

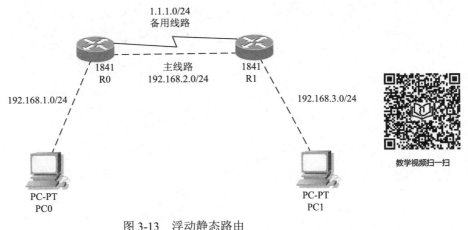

图 3-13 浮动静态路由

配 R0 的路由器：

Router（config）#ip route 192.168.3.0 255.255.255.0 192.168.2.2 //配置到 PC1 的静态路由，其管理距离为默认管理距离 1，作为主要线路

Router（config）#ip route 192.168.3.0 255.255.255.0 1.1.1.2 120 //配置到 PC1 的静态路由，其管理距离为修改后的 120，作为备用线路

配 R1 的路由器：

Router（config）#ip route 192.168.1.0 255.255.255.0 192.168.2.1 //配置到 PC0 的静态路由，其管理距离为默认管理距离 1，作为主要线路

Router（config）#ip route 192.168.1.0 255.255.255.0 1.1.1.1 120 //配置到 PC0 的静态路由，其管理距离为修改后的 120，作为备用线路

如图 3-14 所示，查看 R0 的路由表，可以发现虽然配置了两条静态路由，但是生效的就只有主要线路的路由表条目，表明备用线路没有启用。

```
Router#show ip route
Codes: C - connected, S - static, I - IGRP, R - RIP, M - mobile, B - BGP
       D - EIGRP, EX - EIGRP external, O - OSPF, IA - OSPF inter area
       N1 - OSPF NSSA external type 1, N2 - OSPF NSSA external type 2
       E1 - OSPF external type 1, E2 - OSPF external type 2, E - EGP
       i - IS-IS, L1 - IS-IS level-1, L2 - IS-IS level-2, ia - IS-IS inter area
       * - candidate default, U - per-user static route, o - ODR
       P - periodic downloaded static route

Gateway of last resort is not set

     1.0.0.0/24 is subnetted, 1 subnets
C       1.1.1.0 is directly connected, Serial0/1/0
C    192.168.1.0/24 is directly connected, FastEthernet0/0
C    192.168.2.0/24 is directly connected, FastEthernet0/1
S    192.168.3.0/24 [1/0] via 192.168.2.2
```

图 3-14 R0 的路由表

现在做一个小的变动，如果主要线路因为某些原因突然断开了，如图 3-15 所示，我们验证一下网络的连通性，看看 PC0 和 PC1 还能否 ping 通。如图 3-16 所示，发现网络依然畅通。

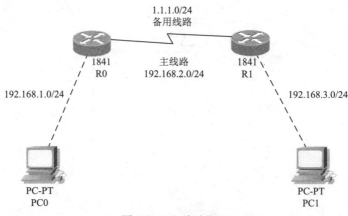

图 3-15 主线路断开

```
PC>ping 192.168.3.2

Pinging 192.168.3.2 with 32 bytes of data:

Reply from 192.168.3.2: bytes=32 time=31ms TTL=126
Reply from 192.168.3.2: bytes=32 time=31ms TTL=126
Reply from 192.168.3.2: bytes=32 time=31ms TTL=126
Reply from 192.168.3.2: bytes=32 time=31ms TTL=126

Ping statistics for 192.168.3.2:
    Packets: Sent = 4, Received = 4, Lost = 0 (0% loss),
Approximate round trip times in milli-seconds:
    Minimum = 31ms, Maximum = 31ms, Average = 31ms
```

图 3-16 与 PC1 的连通性测试

再次查看一下 R0 的路由表，如图 3-17 所示，新产生的路由表发生了变化，备用路由被启用了。

```
Router#show ip route
Codes: C - connected, S - static, I - IGRP, R - RIP, M - mobile, B -
       D - EIGRP, EX - EIGRP external, O - OSPF, IA - OSPF inter are
       N1 - OSPF NSSA external type 1, N2 - OSPF NSSA external type
       E1 - OSPF external type 1, E2 - OSPF external type 2, E - EGP
       i - IS-IS, L1 - IS-IS level-1, L2 - IS-IS level-2, ia - IS-IS
       * - candidate default, U - per-user static route, o - ODR
       P - periodic downloaded static route

Gateway of last resort is not set

     1.0.0.0/24 is subnetted, 1 subnets
C       1.1.1.0 is directly connected, Serial0/1/0
C    192.168.1.0/24 is directly connected, FastEthernet0/0
S    192.168.3.0/24 [120/0] via 1.1.1.2
```

图 3-17 新的路由表

浮动静态路由是浮动路由的一个方面，在日后学习动态路由中依然可以使用。

3.4.5 静态路由汇总

如果可以通过汇总的方式把多个目的网络汇总成一个大的网络，就可以使用静态路由汇总的方法以减少路由表的大小。

比如，目的网络有：

192.168.0.0/24
192.168.1.0/24
192.168.2.0/24
192.168.3.0/24

在这种情况下,将目的网络汇总成 192.168.0.0/22。原本要添加 4 条路由条目,现在只要 1 条就可以完成了:

```
ip route 192.168.0.0 255.255.252.0 next_hop
```

静态路由汇总一方面可以减小路由表的大小,另一方面可以起到备份的作用。

3.4.6 路由黑洞问题

如果在上面的浮动静态路由中,路由器之间连接加入两台交换机,拓扑图如 3-18 所示,那么按照浮动静态路由的思想继续配置会发现什么问题呢,这就是本章要研究的浮动路由的路由黑洞问题。

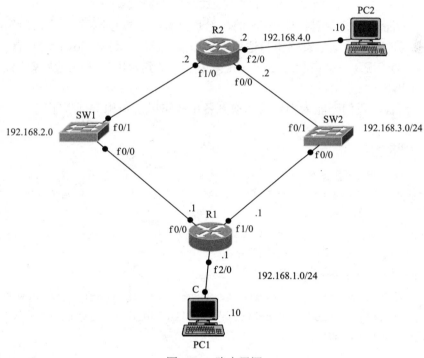

图 3-18 路由黑洞

本节深入剖析浮动静态路由路由黑洞问题产生的原因以及如何解决该问题。

```
R1(config)#ip route 192.168.4.0 255.255.255.0 192.168.2.2        //默认情况下,PC1
去往 PC2 走 R1-SW1-R2
R1(config)#ip route 192.168.4.0 255.255.255.0 192.168.3.2 100    //期待当主链
路失效后,路由走 R1-SW2-R3
```

事实真会如此吗?

现在在 R2 上关闭接口 f1/0,会发生什么情况?路由会启用备用链路吗?

R2（config-if）#int f1/0

R2（config-if）#shutdown

查看路由器 R1 的路由表：

show ip route

S　　192.168.4.0/24 [1/0] via 192.168.2.2　//此处可知，路由器并未启用备用链路

查看网络连通性：

R1#ping 192.168.4.10

Type escape sequence to abort.

Sending 5, 100-byte ICMP Echos to 192.168.4.10, timeout is 2 seconds:

Success rate is 0 percent（0/5）//由此出现了路由黑洞问题

查看 R1 接口状态：

R1#show ip int b

Interface	IP-Address	OK? Method Status	Protocol
FastEthernet0/0	192.168.2.1	YES manual up	up

//此处为 up/up 状态，尽管链路是 up 的，但是没有办法抵达网关（下一跳路由器地址）。分析可知，普通情况下浮动静态路由只适用于接口 up/down、down/down 的状态。在 R1、R2 中间没有 SW1 的情况下，接口状态 up/down 会正常切换到备用链路——大家都知道的，这里就不再实验证明。

就本拓扑而言，我们无能为力使其切换到备用链路以避免黑洞问题了吗？cisco ip sla 是工程师的首选！

继续下面的配置：

R1（config）#ip sla monitor 10

R1（config-sla-monitor）#$ type echo ipicmpecho protocol ipicmpecho 192.168.2.2 source-ip 192.168.2.1

R1（config-sla-monitor-echo）#timeout 1000

R1（config-sla-monitor-echo）#frequency 3

R1（config-sla-monitor-echo）#exit

R1（config）#ip sla monitor schedule 10 life forever start-time now

R1（config）#track 20 rtr 10 reachability　　// 以上的配置可以追踪 track 的状态，当有 ping 包返回时 track 结果为 up，否则为 down。

R1#show track

Track 20

Response Time Reporter 10 reachability

Reachability is Down

　　4 changes, last change 00: 03: 43

Latest operation return code: Timeout

Tracked by:

　　STATIC-IP-ROUTING 0

　　R1（config）#no ip route 192.168.4.0 255.255.255.0 192.168.2.2　//这个命令一定

要删除！

R1（config）#ip route 192.168.4.0 255.255.255.0 192.168.2.2 track 20

//根据对象 20 的状态决定是否启用备用链路，track 20 表示该静态路由只有 track 状态为 up 的时候才建立。如果为 down，则启用第二条备用链路。

R1（config）#ip route 192.168.4.0 255.255.255.0 192.168.3.2 100

关闭 R2 接口 f1/0：

R2（config）#int f1/0

R2（config-if）#shutdown

检查 R1 路由表：

S   192.168.4.0/24 [100/0] via 192.168.3.2 //注意此处变化

检查路由路径：

R1#traceroute 192.168.4.10

Type escape sequence to abort.

Tracing the route to 192.168.4.10

  1 192.168.3.2 160 msec 12 msec 116 msec

2 192.168.4.10 12 msec 64 msec 68 msec   //备用链路启用成功，路由黑洞问题解决

3.4.7 动态路由

动态路由协议能够动态地反映网络的状态，当网络发生变化时，各路由器会更新自己的路由表，所以动态路由要有两个基本功能：维护路由表，以路由更新的形式将路由信息及时发布给其他路由器。动态路由协议是一种机制，也是一系列规则，路由器和邻居路由器通信时就使用这些规则交换自己的路由表。

1. 路由协议的内容

一个路由协议主要包括以下几个内容：

（1）如何发送路由更新信息（即怎么发送）。

（2）更新信息包含哪些内容（即发送什么）。

（3）什么时候发送这些更新信息（即何时发送）。

（4）如何确定更新信息的接收者（即发送给谁）。

2. 度量值

路由协议是如何衡量路由的好坏的呢？这就是路由的度量值。值越小，这条路径越佳，度量值可以基于路由的某一个特征，也可以把多个特征结合在一起计算。

路由器常用的度量值如下。

- 跳数（Hop count）：分组在到达目的地前所必须经过的路由器的数量。
- 带宽（Bandwidth）：固定的时间可传输的数据数量。
- 负载（Load）：网络资源（如路由器或链路）上的活动量。
- 时延（Delay）：从信号源到目的地所需要的时间长度。
- 可靠性（Reliability）：通常指每个网络链路的出错率。
- 代价（Cost）：一个任意的值，通常以带宽、金钱的花销或其他衡量标准为基础。

动态路由协议有很多优点，比如灵活等，但是也有缺点，比如占用了额外的带宽、CPU

负荷高等。

习 题 3

1. 简述路由表的作用及构成。
2. 什么是直连路由？直连路由是如何配置的？
3. 什么是静态路由？静态路由是如何配置的？
4. 什么是默认静态路由？默认静态路由是如何配置的？
5. 简述动态路由包括的内容以及常用度量值。

第 4 章
路由协议之 RIP

在动态路由中，管理员不再需要如静态配置一样，手工对路由器上的路由表进行维护，而是在每台路由器上运行一个路由表的管理程序。这个路由表的管理程序会根据路由器上接口的配置及所连接的链路状态，生成路由表中的路由表项。在 IP 网络中使用动态路由配置时，路由表的管理程序也就是所说的动态路由协议。采用动态路由协议管理路由表对大规模网络是十分有效的，它可以极大地减小管理员的工作量。每个路由器上的路由表都是路由协议通过互相协商自动生成的，管理员不需要再去操心每台路由器上的路由表，只是需要简单地在每台路由器上运行动态路由协议，其他工作都由路由协议自动完成，如路径的选择。

4.1 路由协议概述

4.1.1 路由协议和可路由协议

路由协议是指路由器之间运行路由协议，通过动态学习产生全网相应的路由信息，从而实现数据包的转发，如 RIP、OSPF。

可路由协议是指能够在网络层地址中提供足够的信息，使得一个分组能够基于该寻址方案从一台主机转发到另外一台主机，根据可路由协议里的标识信息进行数据的转发，如 IP、IPX。

在 TCP/IP 协议栈中，Routed Protocol（IP）工作在网络层，而 Routing Protocol 工作在传输层或者应用层，它们之间的关系为：Routing Protocol 负责学习最佳路径，而 Routed Protocol 根据最佳路径将来自上层的信息封装在 IP 包里传输。

不同的路由协议采用不同的路由算法来完成选路工作。当选择使用哪个路由协议时，一般需要考虑以下因素：网络的规模和复杂性；是否要支持 VLSM（可变长子网掩码）；网络流量大小；安全考虑；可靠性考虑；互联延迟特性；组织的路由策略。

路由协议的基本原理：
- 要求网络中运行相同的路由协议；
- 所有运行了路由协议的路由器会将本机相关路由信息发送给网络中其他的路由器；
- 所有路由器会根据所学的信息产生相应网段的路由信息；
- 所有路由器会每隔一段时间向邻居通告本机的状态（路由更新）。

4.1.2 路由协议的分类

对动态路由协议的分类可采用以下不同标准。
1. 根据作用范围

组网利用到的两种路由协议：内部网关协议（Interior Gateway Protocols，IGPs）和外部网关协议（Exterior Gateway Protocols，EGPs）。

注明：许多路由协议在定义的时候，将路由器（Router）称为网关（Gateway），所以网关经常作为路由协议命名的一部分。然而，路由器通常在第3层互联设备中定义，而协议转换网关通常在第7层设备中定义。必须注意，不管路由协议名称是否包括网关的字样，在开放系统互联（Open System Interconnection）参考模型中，路由协议总是工作在第3层。

自治系统（Autonomous System，AS）：一个自治系统就是处于一个管理机构控制之下的路由器和网络群组或集合，那么就意味着在这里面的所有路由器共享相同的路由表信息。

内部网关协议应用在同属一个网络管理机构管理的路由网络中，即是运行在同一个自治系统中，进行路由信息交换。所有的 IGPs 必须定义其关心的网络，一个路由进程在这些网络中侦听其他路由器发送的路由更新报文，同时往这些网络接口传播本身的路由信息更新报文。常用的内部网关协议有 OSPF、RIP、IGRP、EIGRP、IS-IS。

2．根据使用算法

根据使用的算法，路由协议可分为：距离向量路由协议、链路状态路由协议、混合路由协议。

距离向量路由协议：用于根据距离来判断最佳路径，当1个数据包每经过1个路由器时，被称为经过1跳，经过跳数最少的则作为最佳路径。这类协议的例子有 RIP 和 IGRP，它们将整个路由表发送给与它们直接相连的相邻路由器。

链路状态路由协议：有 OSPF、IS-IS 等。执行该算法的路由器不是简单地从相邻的路由器学习路由，而是把路由器分成区域，收集区域内所有路由器的链路状态信息，根据链路状态信息生成网络拓扑结构，每一个路由器再根据拓扑结构图计算出路由。这类协议典型有 OSPF，也叫最短路径优先（shortest-path-first）协议。每个路由器创建3张单独的表，1张用来跟踪与它直接相连的相邻路由器，1张用来决定网络的整个拓扑结构，另外1张作为路由表。所以，这种协议对网络的了解程度要比距离向量高。

混合路由协议：综合了前两者的特征，这类协议的例子有 EIGRP。

外部网关协议应用在属于不同网络管理机构的网络之间，即是属于不同的 AS 之间，进行路由信息交换。EGPs 目前得到比较广泛使用的为 Border Gateway Protocol（BGP）路由协议。图4-1 所示为不同自治域之间通信。

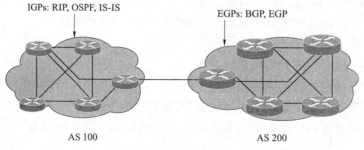

图 4-1 IGP 和 EGP

3．根据目的地址类型

根据目的地址的类型，路由协议可分成：单播路由协议（Unicast Routing Protocol），包括 RIP、OSPF、BGP 和 IS-IS 等；组播路由协议（Multicast Routing Protocol），包括 PIM-SM、

PIM-DM 等。

一个路由器可以既使用距离向量路由协议，又使用链接状态路由协议吗？答案当然是肯定的。一台路由器可以配置运行多种路由协议进程，实现与运行不同路由协议的网络连接。比如，一个子网配置 RIP，另一个子网配置 OSPF，并且两个路由进程之间需要交换路由信息。

但是，不同的路由协议没有实现互操作，每个路由协议都按照其自己独特的方式，进行路由信息的采集和对网络拓扑变化的响应。比如，RIP 路由信息采用跳数量度，而 OSPF 路由信息是采用复杂的复合量度。所以，在不同路由协议进程交换路由信息，必须通过配置选项进行适当的控制。

4.2 路由决策原则

路由器根据路由表中的信息选择一条最佳的路径，将数据转发出去。

如何确定最佳路径是路由选择的关键。路由决策原则按以下次序。

1. 按最长掩码匹配原则

当有多条路径到达目标时，以其 IP 地址或网络号最长匹配的作为最佳路由。例如：10.1.1.1/8，10.1.1.1/16，10.1.1.1/24，10.1.1.1/32，将选 10.1.1.1/32（具体 IP 地址），如图 4-2 所示。

```
R    10.1.1.1/32  [120/1] via 192.168.3.1，00:00:16，Serial 1/1
R    10.1.1.0/24  [120/1] via 192.168.2.1，00:00:21，Serial 1/0
R    10.1.0.0/16  [120/1] via 192.168.1.1，00:00:13，Serial 0/1
R    10.0.0.0/8   [120/1] via 192.168.0.1，00:00:03，Serial 0/0
S    0.0.0.0/0    [120/1] via 172.167.9.2，00:00:03，Serial 2/0
```

图 4-2 最长掩码匹配原则

2. 按最小管理距离优先原则

在相同匹配长度的情况下，按照路由的管理距离：管理距离越小，路由越优先。例如：S 10.1.1.1/8 为静态路由， R 10.1.1.1/8 为 RIP 产生的动态路由，静态路由的缺省管理距离值为 1，而 RIP 缺省管理距离值为 120，因而选 S 10.1.1.1/8。

常用的路由信息源的缺省管理距离值如表 4-1 所示。

表 4-1 缺省管理距离值

路由信息源	缺省管理距离值
直连路由	0
静态路由（出口为本地接口）	0
静态路由（出口为下一跳）	1
EIGRP 汇总路由	5
外部边界网关协议（e BGP）	20
EIGRP（内部）	90

续表

路由信息源	缺省管理距离值
IGRP	100
OSPF	110
IS-IS	115
RIP V1，V2	120
EIGRP（外部）	170
内部边界网关协议（iBGP）	200
未知	255

3. 按度量值最小优先原则

当匹配长度、管理距离都相同时，比较路由的度量值（metric），度量值越小越优先。例如：S 10.1.1.1/8 [1/20]，其度量值为 20；S 10.1.1.1/8 [1/40]，其度量值为 40，因而选 S 10.1.1.1/8 [1/20]。

度量值是度量路由好坏的一个值，有些路由选择协议只使用一个因子来计算度量标准，如 RIP 使用跳数一个因子来决定路由的度量标准，而另一些协议的度量标准则基于跳数、带宽、延时、负载、可靠性、代价等。表 4-2 列出了路由度量标准的说明。

表 4-2 路由度量标准说明

度量标准	说明
跳数	到达目标网络所经过的路由器个数，首选跳数值最小的路径
带宽	链路的速度。首选带宽值最大的路径
延时	分组在链路上传输的时间。首选延时值最小的路径
负载	链路的有效负荷。取值范围 1～255；1 表示负载最小。首选负载最小的路径
可靠性	链路的差错率。取值范围 1～255；255 表示链路的可靠性最高。首选可靠性最高的路径
代价	管理配置时自定义的度量值。首选代价值最小的路径

4.3 路由回环

路由收敛，指网络的拓扑结构发生变化后，路由表重新建立到发送再到学习直至稳定，并通告网络中所有相关路由器都得知该变化的过程。收敛时间是指从网络的拓扑结构发生变化到网络上所有的相关路由器都得知这一变化，并且相应地做出改变所需要的时间。

由于发生改变的网络路由收敛过慢、静态路由配置错误或者路由重新分布等原因会造成环路的形成，路由环路是指在网络中数据包在一系列路由器之间不断传输却始终无法到达其预期目的地的一种现象。

如图 4-3 所示，由于 192.4.0.0 这个网络收敛过慢所以造成信息不一致。

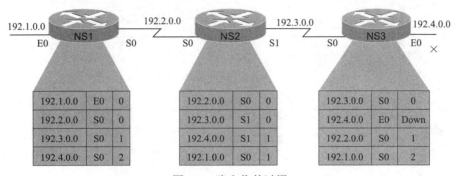

图 4-3 路由收敛过慢

路由器 NS3 推断到达 192.4.0.0 网络的最好路径是通过路由器 NS2，一段时间后路由器 NS2 将到 192.4.0.0 跳数为 1 的路由信息向外发布，路由器据此将自己的路由表进行更新，通过路由 NS2 可到达 192.4.0.0，跳数为 2，如图 4-4 所示。

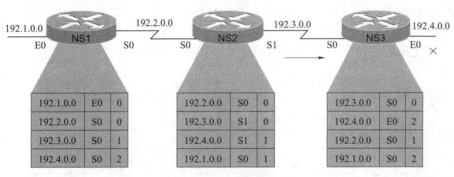

图 4-4 假设后的路由表

再过一段时间后，路由器 NS3 反过来又将自己的路由信息发布给路由器，影响路由 NS2 的路由信息更新，路由器 NS1 也更新自己的路由表，但是反映的是错误的信息，如图 4-5 所示。

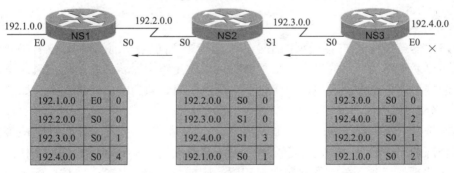

图 4-5 更新后的路由表

如此循环往复，互相影响。去网络 192.4.0.0 的包将在路由器 NS1、NS2、NS3 之间来回传送。去网络 192.4.0.0 的跳数不断增大，直至无穷大。路由信息更新环路，如图 4-6 所示，再次发生回环。

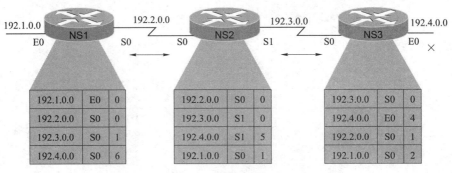

图 4-6 环路再次发生

为了防止形成环路路由，RIP 采用了以下手段。

1. 定义最大跳数

路由循环的问题也可以描述为跳数无限。其中的一个解决办法就是定义最大跳数（Maximum Hop Count）。如图 4-7 所示，RIP 是这样定义最大跳数的：最大跳数为 15，第 16 跳为不可达，但是这样不能根本性地解决路由循环的问题，而且 16 作为一种不可达的标记，从路由自环产生的后果角度来考虑问题，缺点是限制了网络的规模。

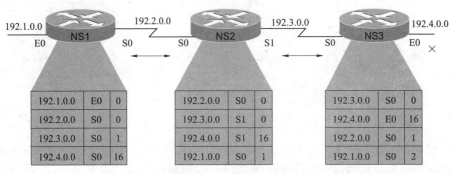

图 4-7 定义最大跳数

2. 水平分割

多台路由器连接在 IP 广播类型网络上，又运行距离向量路由协议时，就有必要采用水平分割的机制以避免路由环路的形成。水平分割可以防止路由器将某些路由信息从学习到这些路由信息的接口通告出去，这种行为优化了多个路由器之间的路由信息交换。如图 4-8 所示就是对水平分割的图例。

然而对于非广播多路访问网络（如帧中继、X.25 网络），水平分割可能造成部分路由器学习不到全部的路由信息。在这种情况下，可能需要关闭水平分割。如果一个接口配置了次 IP 地址，也需要注意水平分割的问题。要配置关闭或打开水平分割，在接口配置模式中执行以下命令：

```
Router(config-if)#no ip split-horizon     关闭水平分割
Router(config-if)#ip split-horizon        打开水平分割
```

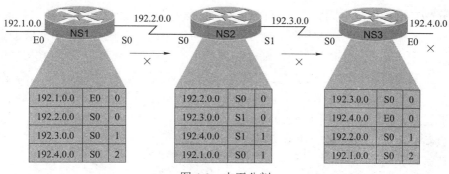

图 4-8 水平分割

3. 毒性反转（poison reverse）

当一条路径信息变为无效之后，路由器并不立即将它从路由表中删除，而是用 16 即不可达的度量值将它广播出去，即可清除相邻路由器之间的任何环路，它可以超越水平分割。

它的缺点是增加了路由表的大小，如图 4-9 所示。

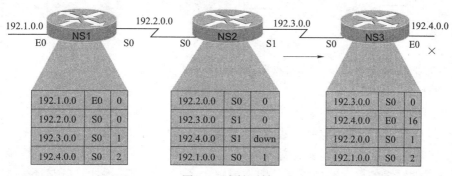

图 4-9 毒性反转

4. 触发更新

在图 4-10 中有三个网关连到路由器 NS1，它们是 NS3、NS2 和 NS4。在路由器 NS1 发生故障的情况下，路由器 NS3 可能相信路由器 NS4 仍可以访问路由器 NS1，路由器 NS4 可能相信路由器 NS2 仍可以访问路由器 NS1，而路由器 NS2 可能相信路由器 NS3 仍可以访问路由器 NS1，结果形成了一个无限路由环。

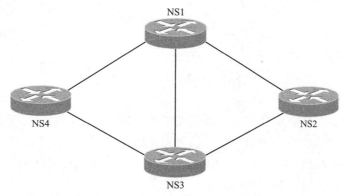

图 4-10 三个通向 NS1 路由器的网关

水平分割在这种情况下因路由作废前的延时而丧失作用。RIP 使用一种不同的技术来加速收敛过程，这种技术称为触发更新。触发更新是协议中的一个规则，它和一般的更新不同，当路由表发生变化时，更新报文立即广播给相邻的所有路由器，而不是等待 30 s 的更新周期。同样，当一个路由器刚启动 RIP 时，它广播请求报文。收到此广播的相邻路由器立即应答一个更新报文，而不必等到下一个更新周期。这样，网络拓扑的变化会最快地在网络上传播开，大大减少了收敛的时间，减少了路由循环产生的可能性。图 4-11 所示为触发更新图例。

触发更新重新设定计时器的几个情况：

（1）计时器超时。

（2）收到一个拥有更好的度的更新。

（3）刷新时间。

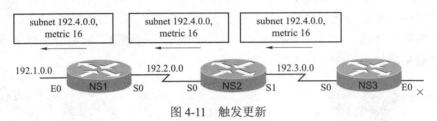

图 4-11　触发更新

触发更新把延迟减到最小，从而克服了路由协议的脆弱性。

5．抑制计时

一条路由信息无效之后，一段时间内这条路由都处于抑制状态，即在一定时间内不再接收关于同一目的地址的路由更新。路由器在抑制计时时间内将该条记录标记为"possibly down"，以使其他路由器能够重新计算网络结构的变化。例如图 4-12 中，路由器 NS2 不再接收关于同一目的网络的更远路由更新，即如果路由器从一个网络得知一条路径失效后，立即在另一个网段上得知这个路由有效，这条有效的信息往往是不正确的，是没有及时更新的结果。

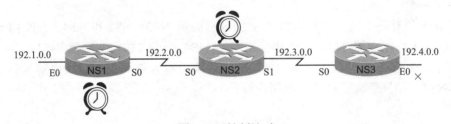

图 4-12　抑制计时

4.4　RIP 配 置

距离向量路由算法将完整的路由表传给相邻路由器，路由能够核查所有已知路由，然后这个路由器再把收到的表的选项加上自己的表来完成整个路由表。解决路由问题的距离矢量法有时被称为"传闻路由（routing by rumor）"。因为这个 router 是从相邻 router 接受更新而非自己去发现网络的变化。

距离矢量协议运行的特征是周期性发送全部的路由更新，更新中只包括子网和各自的距离,即度量值。除了邻居路由器之外,路由器不了解网络拓扑的细节;像所有的路由协议一样,如果到达相同的子网有多条路由时,路由器选择具有最低度量值的路由。使用距离矢量算法的优点是简单,只需要占用很小的带宽。

RIP (Routing Information Protocol) 路由协议是一种相对古老,在小型以及同介质网络中得到了广泛应用的一种路由协议。RIP 采用距离向量算法,是一种距离向量协议。RIP 在 RFC 1058 文档中定义。RIP 使用跳数来决定最佳路径,假如到达 1 个网络有 2 条跳数相同的链路,那么将均衡负载在这 2 条链路上,平均分配。

RIP 协议是通过广播 UDP 报文来交换信息的协议,使用 RIP 的每个主机在 UDP 的 520 端口上发送和接收数据报。RIP 每隔 30 s 向外发送一次更新报文,如果路由器经过 180 s 没有收到来自对端的路由更新报文,则将所有来自此路由器的路由信息标志为不可达,若在 240 s 内仍未收到更新报文就将这些路由从路由表中删除。RIP 提供跳跃计数(Hop Count)作为尺度来衡量到达目的地的距离,跳跃计数是一个包到达目标所有必须经过的路由器的数目。如果相同目标有 2 个不等速或不同带宽的路由器,但跳数相同,RIP 认为两个路由是等距离的。RIP 最多支持 15 跳,在 RIP 中,路由器到与它直接相连网络的跳数为 0;通过一个路由器可达的网络的跳数为 1,其余依此类推;不可达网络的跳数为 16。

配置路由协议是路由器配置中最重要的项目之一。通过启用某种路由协议,完成相应的配置项目,路由器就能自动生成和维护路由表。

4.4.1 RIP 配置步骤和常用命令

① 启动 RIP 路由协议:

router(config)# router rip

② 设置本路由器参加动态路由的网络,其格式为:

network <与本路由器直连的网络号>

注意:该命令中的直连网络号不能包含子网号,而应是主类网络号,例如输入命令 router (config-router)# nework 172.16.16.0 就不正确,IOS 会自动改成主网络号 172.16.0.0。

③ 允许在非广播网络中进行 RIP 路由广播(可选),其格式为:

neighbor <相邻路由器相邻接口的 IP 地址>

④ 路由汇总,其格式为:

auto-summary

⑤ 验证 RIP 的配置:

Router#show ip protocols

⑥ 清除 IP 路由表的信息:

Router#clear ip route

⑦ 查看 IP 路由协议统计信息;

show ip protocols

⑧ 去除 RIP 协议:

Router (config)#no route rip

⑨ 在网络上去除路由器所直接连接的网段的命令:

Router (config-router)#no network 网段

```
Router1（config-router）# no  timers  basic
```
恢复各定时器到默认值。
```
Router（config-if）# no ip split-horizon
```
抑制水平分割。
```
Router（config-router）# passive-interface serial  1/2
```
定义路由器的 s1/2 口为被动接口。被动接口将抑制动态更新，禁止路由器的路由选择更新信息通过 s1/2 发送到另一个路由器。
```
Router（config-router）# neighbor network-number
```
配置向邻居路由器用单播发送路由更新信息，即此路由为单播路由。

注意：单播路由不受被动接口的影响，也不受水平分割的影响。
```
Router1（config-router）# no auto-summary
```
关闭自动汇总，RIP 默认时打开自动汇总，且在第一版本中无法关闭。

相关调试命令如下：
```
Router#   show ip protocol
```
显示与路由协议有关的信息（基于思科设备，其显示的信息更全面），如图 4-13 所示。

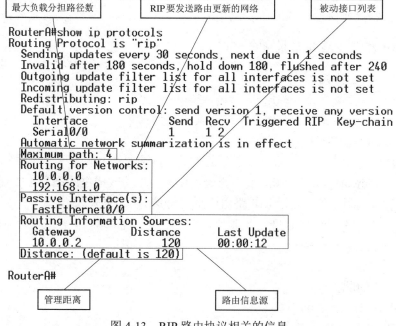

图 4-13 RIP 路由协议相关的信息

4.4.2 RIP 实例

具体如项目一：RIP 配置网络，如图 4-14 所示。

主机 rj1 192.168.1.2/24 gw 192.168.1.1   主机 rj2 192.168.2.2/24 gw 192.168.2.1

主机 rj3 192.168.3.2/24 gw 192.168.3.1

教学视频扫一扫

路由器 NS1 f0/0 192.168.1.1/24   s0/0 1.1.1.1/24

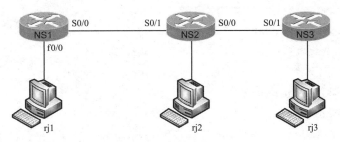

图 4-14 RIP 配置网络图

路由器 NS2 f0/0 192.168.2.1/24   s0/1 1.1.1.1/24   s0/0 2.2.2.1/24
路由器 NS3 f0/0 192.168.2.1/24   s0/1 2.2.2.2/24

NS1 路由器具体配置如下：

```
NS1(config)#int f0/0
NS1(config-if)#ip add 192.168.1.1 255.255.255.0
NS1(config-if)#no shut
NS1(config-if)#exit
NS1(config)#int s0/0
NS1(config-if)#ip add 1.1.1.1 255.255.255.0
NS1(config-if)#clock rate 64000
NS1(config-if)#no shut
NS1(config-if)#exit
NS1(config)#route rip
NS1(config-router)#network 192.168.1.0
NS1(config-router)#network 1.0.0.0
```

NS2 路由器具体配置如下：

```
NS2(config)#int f0/0
NS2(config-if)#ip add 192.168.2.1 255.255.255.0
NS2(config-if)#no shut
NS2(config-if)#exit
NS2(config)#int s0/1
NS2(config-if)#ip add 1.1.1.2 255.255.255.0
NS2(config-if)#no shut
NS2(config-if)#exit
NS2(config)#int s0/0
NS2(config-if)#ip add 2.2.2.1 255.255.255.0
NS2(config-if)#clock rate 64000
NS2(config-if)#no shut
```

```
NS2(config-if)#exit
NS2(config)#route rip
NS2(config-router)#network 192.168.2.0
NS2(config-router)#network 1.0.0.0
NS2(config-router)#network 2.0.0.0
```

NS3 路由器具体配置如下：

```
NS3(config)#int f0/0
NS3(config-if)#ip add 192.168.3.1 255.255.255.0
NS3(config-if)#no shut
NS3(config-if)#exit
NS3(config)#int s0/1
NS3(config-if)#ip add 2.2.2.2 255.255.255.0
NS3(config-if)#no shut
NS3(config-if)#exit
NS3(config)#route rip
NS3(config-router)#network 192.168.3.0
NS3(config-router)#network 2.0.0.0
```

使用 network 命令时，注意配置的网络号是直接相连的网络，而通告非直接相连的网络任务就交给 RIP 来做。还要注意 RIPv1 是有类别路由，意思是假如使用 B 类 172.16.0.0/24，子网 172.16.10.0，172.16.20.0 和 172.16.30.0，在配置 RIP 时，只能把网络号配置成网络 172.16.0.0。那么一个路由器有多少个直连的网络，其最多就有多少条 RIP。

使用 show ip protocols 可以查看 RIP 的一些信息，如

```
NS1#show ip protocols
Routing Protocol is "rip"
Sending updates every 30 seconds, next due in 3 seconds
Invalid after 180 seconds, hold down 180, flushed after 240
Outgoing update filter list for all interfaces is not set
Incoming update filter list for all interfaces is not set
Redistributing: rip
Default version control: send version 1, receive any version
  Interface            Send  Recv  Triggered RIP  Key-chain
  Serial0/0             1     2 1
Automatic network summarization is in effect
Maximum path: 4
Routing for Networks:
                        1.0.0.0
                        192.168.1.0
Passive Interface(s):
```

```
Routing Information Sources:
                        Gateway         Distance        Last Update
                        1.1.1.2         120             00:00:20
Distance: (default is 120)
```

使用 show ip route 可以查看路由器的路由，如

```
NS2#show ip route
Codes: C - connected, S - static, I - IGRP, R - RIP, M - mobile, B - BGP
       D - EIGRP, EX - EIGRP external, O - OSPF, IA - OSPF inter area
       N1 - OSPF NSSA external type 1, N2 - OSPF NSSA external type 2
       E1 - OSPF external type 1, E2 - OSPF external type 2, E - EGP
       i - IS-IS, L1 - IS-IS level-1, L2 - IS-IS level-2, ia - IS-IS inter area
       * - candidate default, U - per-user static route, o - ODR
       P - periodic downloaded static route


Gateway of last resort is not set

     1.0.0.0/24 is subnetted, 1 subnets
C       1.1.1.0 is directly connected, Serial0/1
     2.0.0.0/24 is subnetted, 1 subnets
C       2.2.2.0 is directly connected, Serial0/0
R    192.168.1.0/24 [120/1] via 1.1.1.1, 00:00:18, Serial0/1
C    192.168.2.0/24 is directly connected, FastEthernet0/0
R    192.168.3.0/24 [120/1] via 2.2.2.2, 00:00:17, Serial0/0
```

如下为一个路由表表达路由可信度的条目：

```
R   192.168.3.0/24 [120/1] via 2.2.2.2, 00:00:17, Serial0/0
R                    —— 路由信息的来源（RIP）
192.168.3.0          —— 目标网络（或子网）
[120                 —— 管理距离（路由的可信度）
/1]                  —— 度量值（路由的可到达性）
via 2.2.2.2          —— 下一跳地址（下一个路由器）
00:00:17             —— 路由的存活时间（时分秒）（收到此路由信息后经过的时间）
Serial0/0            —— 出站接口（输出接口）
```

RIP 的版本如下：

RIP 目前有两个版本，第一版 RIPv1 和第二版 RIPv2；RIPv1 不支持 CIDR（无类域间路由选择）地址解析，而 RIPv2 支持。RIPv1 使用广播发送路由信息，RIPv2 使用多播技术。

RIPv1 是有类别的距离矢量路由选择协议，当它收到一个路由更新分组时，按下面两种方式中一种判定地址的网络前缀：

（1）如果收到的网络信息与接收接口属于同一网络，则选用配置在接收接口上的子网掩

码；

(2) 如果收到的网络信息与接收接口不属于同一网络，则选用类别子网掩码，如 A 类：255.0.0.0，B 类：255.255.0.0，C 类：255.255.255.0。

RIP v1、RIPv2 共有以下一些主要特性：

(1) RIP 以到达目的网络的最小跳数作为路由选择度量标准，而不是以链路带宽和延迟进行选择；

(2) RIP 最大跳数为 15 跳，这限制了网络的规模；

(3) RIP 默认路由更新周期为 30 s，并使用 UDP 协议的 520 端口；

(4) RIP 的管理距离为 120；

(5) 支持等价路径（在等价路径上负载均衡），默认 4 条，最大为 6 条。

RIPv1、RIPv2 的对比如表 4-3 所示。

表 4-3 RIPv1、RIPv2 的对比

RIPv1	RIPv2
在路由更新中不包含子网掩码信息，是一个有类别路由协议	在路由更新中包含了子网掩码信息，是一个无类别路由协议，支持不连续子网设计
不支持 VLSM 和 CIDR	支持 VLSM 和 CIDR
采用广播地址 255.255.255.255 发送路由更新	采用组播地址 224.0.0.9 发送路由更新
不提供认证	提供明文和 MD5 认证
在路由选择更新信息中包含下一网关信息	在路由选择更新信息中包含下一跳路由器的 IP 地址
缺省自动汇总，且不能关闭自动汇总。子网掩码按接收接口所定义的子网掩码或大类子网掩码	缺省自动汇总，且能用命令关闭自动汇总，从而得到路由表中的子网掩码信息，区分不同长度掩码的子网络
	加上 RIPv1 所有的功能

RIP 的缺点：

(1) 以跳数作为度量值，会选出非最优路由；

(2) 度量值最大为 16，限制了网络的规模；

(3) 可靠性差，它接受来自任何设备的更新；

(4) 收敛速度慢，通常要 5 min 左右；

(5) 因发送全部路由表中的信息，RIP 协议占用太多的带宽。

4.4.3 RIP 操作过程及限制

1. RIP 的操作过程

RIP 从每个启动 RIP 协议的接口，广播出带有请求的数据包。

(1) 进入监听状态（请求/应答）。

(2) 收到消息后，检查并更新 RT。

（3）如果是新条目，写入 RT。

（4）如果条目存在，比较 HOP。

（5）如果收到的 HOP 大于存在的 HOP，那么进入 Hold-Down period（抑制时间段）。180 s=30×6 的时间过后，如果仍然收到同样信息，就使用 HOP 大的（LOOP 就可能产生了）。

2. RIP 限制

虽然 RIP 有很长的历史，但它还是有自身的限制。它非常适合于为早期的网络互联计算路由；然而，技术进步已极大地改变了互联网络建造和使用的方式，因此，RIP 会被以后的互联网络所淘汰。RIP 的一些限制如下。

（1）不能支持长于 15 跳的路径。

RIP 设计用于相对小的自治系统。这样一来，它强制规定了一个严格的跳数限制为 15 跳。当报文由路由设备转发时，它们的跳数计数器会加上其要被转发的链路的耗费。如果跳数计值到 15 之后，报文仍没到达它寻址的目的地，那个目的地就被认为是不可达的，并且报文被丢弃。如此一来，如果要建造的网络具有很多特性但又不是非常小，那么，RIP 可能不是正确的选择。

（2）依赖于固定的度量来计算路由。

花费度量是由管理员配置的，所以它们本质上是静态的。RIP 不能实时地更新它们以适应网络中遇到的变化，除非手动更新。所以，RIP 不适合于高度动态的网络，在这种环境中，路由必须实时计算以反映网络条件的变化。

（3）对路由更新反应强烈。

RIP 节点会每隔 30 s 无向地广播其路由表。在具有许多节点的大型网络中，这会消耗掉相当数量的带宽，而且很多都是重复的信息。与此同时，给网络的安全也带来一定的问题。

（4）收敛相对较慢。

180 s 后才通告无效，240 s 后才删除条目，6～8 次交换路由信息后，才能完成全网拓扑收敛。RIP 路由器收敛速度慢会创造许多机会，使得无效路由仍被错误地作为有效路由进行广播。显然，这样会降低网络性能，容易形成回环。

（5）不支持不连续的子网。

由于 RIP 是有类别路由协议，在通告路由的时候不包含子网掩码，故不能很好地支持不连续的子网 RIP。

（6）RIP 以广播的形式发送更新路由。

有些网络是非广播多路访问（Non-Broadcast Multi Access，NBMA）的，即网络上不允许广播传送数据。对于这种网络，RIP 就不能依赖广播传递路由表了。解决方法有很多，最简单的是指定邻居，即指定将路由表发送给某一台特定的路由器。

RIP 易于配置、灵活和容易使用的特点使其成为非常成功的路由协议。从 RIP 开发以来，它在计算、组网和互联技术等方面已有了长足进步。这些进步的积累效应使 RIP 成为流行协议。实际上，在今天有许多使用中的路由协议比 RIP 先进。虽然这些协议取得成功，但 RIP 仍是非常有用的路由协议，当然，前提是理解了其不足的实际含义并能正确地使用它。

4.4.4 路由汇总概述

1. 路由汇总的概念

路由汇总也被称为路由聚合（Route Aggregation）或超网（Supernetting），因为它是一种用单个汇总地址代表一系列网络号的方法，所以可以减少路由器必须维护的路由数。路由汇聚的最终结果和最明显的好处是缩小网络上的路由表尺寸。这样将减少与每一个路由跳有关的延迟，由于减少了路由登录项数量，查询路由表的平均时间将加快。由于路由登录项广播的数量减少，路由协议的开销也将显著减少。随着整个网络（以及子网的数量）的扩大，路由汇聚将变得更加重要。路由汇总减小了路由选择表的尺寸，同时保持了网络中到目的地址的所有路由。因此，路由汇总可以提高路由选择的效率，节省路由器的内存；同时还缩短了收敛时间，原因是路由器在汇总路由后无须通告各个子网的状态变化。通过仅通告整个汇总路由是激活还是关闭，拥有这样汇总路由的路由器，无须在各个子网发生变化时都要重新收敛。

除了缩小路由表的尺寸之外，路由汇聚还能通过在网络连接断开之后限制路由通信的传播来提高网络的稳定性。如果一台路由器仅向下一个下游的路由器发送汇聚的路由，那么，它就不会广播与汇聚的范围内包含的具体子网有关的变化。例如，如果一台路由器仅向其临近的路由器广播汇聚路由地址 172.16.0.0/16，那么，如果它检测到 172.16.10.0/24 局域网网段中的一个故障，它将不更新临近的路由器。

这个原则在网络拓扑结构发生变化之后，能够显著减少任何不必要的路由更新。实际上，这将加快汇聚，使网络更加稳定。为了执行能够强制设置的路由汇总，需要一个无类路由协议。不过，无类路由协议本身还是不够的。制订这个 IP 地址管理计划是必不可少的，这样就可以在网络的战略点实施没有冲突的路由汇聚。

2. 路由汇总计算示例

路由选择表中存储了如下网络：

172.16.12.0/24

172.16.13.0/24

172.16.14.0/24

172.16.15.0/24

要计算路由器的汇总路由，需判断这些地址最左边的多少位是相同的。计算汇总路由的步骤如下：

（1）将地址转换为二进制格式，并将它们对齐。

（2）找到所有地址中都相同的最后一位。在它后面划一条竖线可能会有所帮助。

（3）计算有多少位是相同的。汇总路由为第 1 个 IP 地址加上斜线可能会有所帮助。

```
172.16.12.0/24       = 172. 16. 000011 00.00000000
172.16.13.0/24       = 172. 16. 000011 01.00000000
172.16.14.0/24       = 172. 16. 000011 10.00000000
172.16.15.0/24       = 172. 16. 000011 11.00000000
172.16.15.255/24     = 172. 16. 000011 11.11111111
```

IP 地址 172.16.12.0～172.16.15.255 的前 22 位相同，因此最佳的汇总路由为

172.16.12.0/22。

3．路由汇总的实现

使用路由汇总，可以减少接收汇总路由的路由器中的路由选择条目，从而降低了占用的路由器内存和路由选择协议生成的网络流量。为支持路由汇总，必须满足下述要求：

（1）多个 IP 地址的最左边几位必须相同。

（2）路由选择协议必须根据 32 位的 IP 地址和最大为 32 位的前缀长度来做出路由选择决策。

（3）路由选择更新中必须包含 32 位的 IP 地址和前缀长度（子网掩码）。

4.4.5 配置 RIPv2 路由聚合

如果路由表里有 10.1.1.0/24、10.1.2.0/24、10.1.3.0/24 三条路由，可以通过配置把它们聚合成一条路由 10.1.1.0/16 向外发送，这样邻居路由器只接收到一条路由 10.1.1.0/16，从而减小了路由表的规模以及网络上的传输流量。

在大型网络中，通过配置路由聚合，可以提高网络的可扩展性以及路由器的处理速度。RIPv2 将多条路由聚合成一条路由时，聚合路由的 Metric 值将取所有路由 Metric 的最小值。在 RIPv2 中，有两种路由聚合方式：自动路由聚合和手动配置发布一条聚合路由。

1．配置 RIPv2 自动路由聚合功能

自动聚合是指 RIPv2 将同一自然网段内的不同子网的路由聚合成一条自然掩码的路由向外发送。例如，假设路由表里有 10.1.1.0/24、10.1.2.0/24、10.1.3.0/24 三条路由，使用 RIPv2 自动路由聚合功能后，这三条路由聚合成一条自然掩码的路由 10.0.0.0/8 向外发送。

2．关闭 RIPv2 自动路由聚合功能

默认情况下，RIPv2 的路由将按照自然掩码自动聚合，如果路由表里的路由子网不连续，则需要取消自动路由聚合功能，使得 RIPv2 能够向外发布子网路由和主机路由。

3．配置发布一条聚合路由

用户可在指定接口配置 RIPv2 发布一条聚合路由。聚合路由的目的地址和掩码进行与运算得到一个网络地址，RIPv2 将对落入该网段内的路由进行聚合，接口只发布聚合后的路由。例如，假设路由表里有 10.1.1.0/24、10.1.2.0/24、10.1.3.0/24 三条子网连续的路由，在接口 Ethernet1/0 配置发布一条聚合路由 10.1.0.0/16 后，这三条路由聚合成一条路由 10.1.0.0/16 向外发送。

默认情况下，RIPv2 的路由将按照自然掩码自动聚合，如果用户在指定接口配置发布一条聚合路由，则必须先关闭自动聚合功能。

项目二：RIPv2 关闭自动汇总

项目如图 4-1 所示，这张拓扑图使用的是 RIP 路由协议，我们知道 RIPv1 不支持不连续子网，而且协议中自动汇总，如果使用 RIPv1 来做，可能会出现网络不稳定的情况，这里使用 RIPv2 做，并且关闭自动汇总功能。实验过程如下：

实验设备：3 台 PC、3 台路由设备。

基本参数：

```
PC0 10.1.1.2 / 24
PC1 10.2.2.2 / 24
```

教学视频扫一扫

```
PC2 10.3.3.2 / 24
R1  fa0/0      10.1.1.1 / 24
    ser0/1/0   1.1.1.1 / 24
R2  fa0/0      10.2.2.1 / 24
    ser0/1/1   1.1.1.2 / 24
    ser0/1/0   2.2.2.1 / 24
R3  fa0/0      10.3.3.1 / 24
    ser0/1/0   2.2.2.2 / 24
```

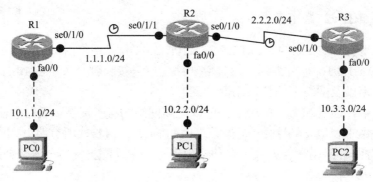

图 4-15 关闭自动汇总

R1 的配置：

```
Router>en
Router#conf t
Router(config)#hostname R1
R1(config)#int fa 0/0
R1(config-if)#ip add 10.1.1.1 255.255.255.0
R1(config-if)#no shut
R1(config-if)#int ser 0/1/0
R1(config-if)#ip add 1.1.1.1 255.255.255.0
R1(config-if)#no shut
R1(config-if)#exit
R1(config)#router rip
R1(config-router)#ver 2
R1(config-router)#no auto
R1(config-router)#network 10.0.0.0
R1(config-router)#network 1.0.0.0
```

R2 的配置：

```
Router>en
Router#conf t
Router(config)#host R2
```

```
R2(config)#int fa 0/0
R2(config-if)#ip add 10.2.2.1 255.255.255.0
R2(config-if)#no shut
R2(config-if)#int ser 0/1/1
R2(config-if)#ip add 1.1.1.2 255.255.255.0
R2(config-if)#clock rate 64000
R2(config-if)#no shut
R2(config-if)#int ser 0/1/0
R2(config-if)#ip add 2.2.2.1 255.255.255.0
R2(config-if)#no shut
R2(config-if)#exit
R2(config)#router rip
R2(config-router)#ver 2
R2(config-router)#no auto
R2(config-router)#network 1.0.0.0
R2(config-router)#network 10.0.0.0
R2(config-router)#network 2.0.0.0
R2(config-router)#
en
conf t
host R3
int fa 0/0
ip add 10.3.3.1 255.255.255.0
no shut
int ser 0/1/0
ip add 2.2.2.2 255.255.255.0
clock rate 64000
no shut
router rip
ver 2
no auto
network 2.0.0.0
network 10.0.0.0
```

4.5 有类别和无类别路由协议

前面已经对路由选择协议进行了综述，那么针对路由选择协议，我们可以把它分为有类别和无类别两种来进行学习。首先，来了解一下有类别路由选择的概念。

1. 有类别路由选择

不随各网络地址发送子网掩码信息的路由选择协议被称为有类别的选择协议（RIPv1、IGRP）。有类别路由协议在进行路由信息传递时，不包含路由的掩码信息，路由器按照标准 A、B、C 类进行汇总处理。当与外部网络交换路由信息时，接收方路由器将不会知道子网，因为子网掩码信息没有被包括在路由更新数据包中。

有类别路由协议在同一个主类网络里能够区分子网，是因为

● 如果路由更新信息是关于在接收接口上所配置的同一主类网络的，那么路由器将采用配置在本地接口上的子网掩码。

● 如果路由更新信息是关于在接收 Interface 上所配置的不同主类网络的，那么路由器将根据其所属地址类别采用默认的子网掩码。

有类查询是首先查找目标 IP 所在的主网络，若路由表中有该主网络的任何一个子网路由，就必须精确匹配其中的子网路由；如果没有找到精确匹配的子网路由，它不会选择最后的默认路由，而是丢弃报文。若路由表中不存在该主网络的任何一个子网路由，则最终选择默认路由。简单概括就是先查找主类，再查明细，如果不匹配就删除。

2. 无类别路由选择

无类别路由选择协议包括开放最短路径优先（OSPF）、EIGRP、RIPv2、中间系统到中间系统（IS-IS）和边界网关协议版本 4（BGP4），在同一主类网络中使用不同的掩码长度被称为可变长度的子网掩码（VLSM）。

无类别路由选择协议支持 VLSM，因此可以更为有效地设置子网掩码，以满足不同子网对不同主机数目的需求，可以更充分地利用主机地址。多数距离矢量型路由选择协议产生的定期的、例行的路由更新只传输到直接相连的路由设备，在纯距离矢量型路由环境中，路由更新包括一个完整的路由表，通过接收相邻设备的全路由表，路由能够核查所有已知路由，然后根据所接收到的更新信息修改本地路由表。无类路由查询过程简单说就是：直接查找最佳匹配（支持 CIDR）。

4.6 浮动静态路由和 RIP

浮动静态路由是一种定义管理距离的静态路由。当两台路由器之间有两条冗余链路时，为使某一链路作为备份链路，采用浮动静态路由的方法。

浮动静态路由是一种特殊的静态路由。由于浮动静态路由的优先级很低，在路由表中，它属于候补人员，仅仅在首选路由失败时才发生作用，即在一条首选路由发生失败的时候，浮动静态路由才起作用，因此浮动静态路由主要考虑链路的冗余性能。

浮动静态路由通过配置一个比主路由的管理距离更大的静态路由，保证网络中主路由失效的情况下，提供备份路由。但在主路由存在的情况下它不会出现在路由表中。浮动静态路由主要用于拨号备份。

浮动静态路由的配置方法与静态路由相同,要注意 preference-value 为该路由的优先级别，即管理距离，可以根据实际情况指定，范围为 0～255。

管理距离是指一种路由协议的路由可信度。每一种路由协议按可靠性从高到低，依次分配一个信任等级，这个信任等级就叫管理距离。对于两种不同的路由协议到一个目的地的路

由信息，路由器首先根据管理距离决定相信哪一个协议。

一般管理距离是一个 0～255 的数字，值越大，则优先级越小。一般优先级顺序为：直连路由＞静态路由＞动态路由协议，不同协议的管理距离不一样，同一协议生成的路由管理距离也可能不一样，例如几种 OSPF 协议的管理距离就不同，区域内路由＞区域间路由＞区域外路由，在 RIP 中也可以使用浮动静态路由，方法和前面第 3 章中一样，这里就不再赘述。

4.7 被动接口与单播更新

如果不希望内部子网信息传播出去，但又想能接收外网的路由更新信息，有很多方法，其中一种就是指定被动接口。

被动接口只接收路由更新但不发送路由更新，在不同的路由协议中被动接口的工作方式也不相同。RIP：只接收路由更新不发送路由更新；EIGRP 和 OSPF：不发送 Hello 分组，不能建立邻居关系。

被动接口能接收外面的路由更新，但不能以广播或组播的方式发送路由更新，但可以以单播的方式发送路由更新，此时可以单独过滤一个路由条目，而将此路由更新发送到某个路由，这就是单播更新。

配置单播更新的命令为：

R1(config-router)#neighbor A.B.C.D

单播更新的应用：

（1）当某企业的广域网络是一个 NBMA 网（非广播多路访问网，如帧中继），如果网络上配置的路由协议是 RIP，由于 RIP 一般是采用广播或组播方式发送路由更新信息，但在非广播网和非广播多路访问网（NBMA 网）上，默认是不能发送广播或组播包的，此时，网络管理员只能采用单播方式向跨地区企业内部的其他子网通告 RIP 路由更新信息。在被动接口的前提下，可以配置单播更新实现非广播多路访问网络中点对点的路由更新信息。

（2）由于以太网是一个广播型的网络，为使一台路由器把自己的路由信息发送到某台路由器上，而不是将路由更新发送给以太网上的每一个设备，首先将此路由器的接口配置成被动接口，再采用单播更新，将自己的路由信息发送到以太网上某一路由器上。如图 4-16 所示。路由器 R1 只想把路由更新送到路由器 R3 上，为了防止路由更新发送给以太网上的其他设备如 R2，先把路由器 R1 的 g0/0 口配置成被动接口，并采用单播更新，把路由更新发送给 R3，R2 将不会收到 R1 的路由更新信息。

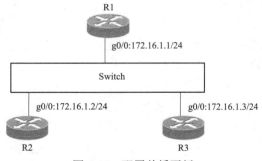

图 4-16 配置单播更新

路由器 R1 具体的配置如下：

R1(config)#router rip

R1(config-router)#passive-interface GigabitEthernet0/0

R1(config-router)#neighbor 172.16.1.3

4.8　RIPv2 认证和触发更新

随着网络应用的日益广泛和深入，企业对网络安全越来越关心和重视，路由器设备的安全是网络安全的一个重要组成部分，为了防止攻击者利用路由更新对路由器进行攻击和破坏，可以配置 RIPv2 路由邻居认证，以加强网络的安全性。

有关认证，有以下说明。

（1）在配置密钥的接收/发送时间前，应该先校正路由器的时钟。

（2）RIPv1 不支持路由认证。

（3）RIPv2 支持两种认证方式：明文认证和 MD5 认证。默认不进行认证。

（4）在认证的过程中，可以配置多个密钥，在不同的时间应用不同的密钥。

（5）如果定义多个 Key ID，明文认证和 MD5 认证的匹配原则是不同的。

① 明文认证的匹配原则是：

a. 发送方发送最小 Key ID 的密钥。

b. 不携带 Key ID 号码。

c. 接收方会和所有 Key Chain 中的密钥进行匹配，如果匹配成功，则通过认证。

例如，路由器 R1 有一个 Key ID，key1=cisco；路由器 R2 有两个 Key ID，key1=ccie，key2=cisco。根据上面的原则，R1 认证失败，R2 认证成功，所以在 RIP 中，出现单边路由并不稀奇。

② MD5 认证的匹配原则是：

a. 发送方发送最小 Key ID 的密钥。

b. 携带 Key ID 号码。

c. 接收方首先会查找是否有相同的 Key ID，如果有，只匹配一次，决定认证是否成功。如果没有该 Key ID，只向下查找下一跳，匹配，认证成功；不匹配，认证失败。

例如，路由器 R1 有三个 Key ID，key1=cisco，key3=ccie，key5=cisco；路由器 R2 有一个 Key ID，key2=cisco。根据上面的原则，R1 认证失败，R2 认证成功。

有关触发更新，有以下说明。

（1）在以太网接口下，不支持触发更新。

（2）触发更新需要协商，链路的两端都需要配置。

RIPv2 的基本配置（略）。

现在配置认证和触发更新：

RA(config)#key chain test　　　//配置钥匙链

RA(config-keychain)#key 1　　　//配置 Key ID

RA(config-keychain-key)#key-string cisco　　　//配置 Key ID 密钥

RA(config-keychain-key)#int s2/1

```
RA（config-if）#ip rip authentication mode text    //在接口上启用明文验证
RA（config-if）#ip rip authentication key-chain test    //在接口上调用钥匙链
RA（config-if）#ip rip triggered    //在接口上启用触发更新
RA（config-if）#end
RA#clear ip route *
RA#sh ip route    //可见没有学到任何路由，只有直连
```

当 RB 做以上配置，并在 S1/2 上启用验证后，重新学到路由。

习 题 4

1. 选择题

（1）禁止 RIP 协议的路由聚合功能的命令是（   ）。

A. no route rip   B. auto-summary

C. no auto-summary   D. no network 10.0.0.0

（2）关于 RIPv1 和 RIPv2，下列说法不正确的是（   ）。

A. RIPv1 报文支持子网掩码

B. RIPv2 报文支持子网掩码

C. RIPv2 默认使用路由聚合功能

D. RIPv1 只支持报文的简单口令认证，而 RIPv2 支持 MD5 认证

（3）RIP 协议在收到某一邻居网关发布而来的路由信息后，下述对度量值的不正确处理是（   ）。

A. 对本路由表中没有的路由项，只在度量值少于不可达时增加该路由项

B. 对本路由表中已有的路由项，当发送报文的网关相同时，只在度量值减少时更新该路由项的度量值

C. 对本路由表中已有的路由项，当发送报文的网关不同时，只在度量值减少时更新该路由项的度量值

D. 对本路由表中已有的路由项，当发送报文的网关相同时，只要度量值有改变，一定会更新该路由项的度量值

（4）以下哪个是 RIPv1 和 RIPv2 不具备的共同点？（   ）

A. 定期通告整个路由表

B. 以跳数来计算路由权

C. 最大跳数为 15

D. 支持协议报文的验证

（5）当使用 RIP 路由协议到达某个目标地址有两条跳数相等，但带宽不等的链路时，默认情况下在路由表中这两条链路会（   ）。

A. 只出现带宽大的那条链路的路由

B. 只出现带宽小的那条链路的路由

C. 同时出现两条路由，两条链路负载分担

D. 带宽大的链路作为主要链路，带宽小的链路作为备份链路出现

2. 简答题

（1）什么是路由协议？什么是可路由协议？二者的区别是什么？

（2）常见的路由协议有哪些？它们的管理距离分别是多少？

（3）路由回环是什么？形成路由回环的原因是什么？解决方法有哪些？

（4）简述 RIP 协议的特点。

第 5 章
路由协议之 OSPF

前面已经介绍过距离矢量路由协议和链路状态路由协议的区别了，这一部分将进一步讨论链路状态路由协议的工作原理。链路状态路由协议包括 OSPF、IS-IS。

中间系统到中间系统（Intermediate System to Intermediate System，IS-IS）是基于 OSI 参考模型开发出来的路由协议，它支持不同协议的网络，如 IP、IPX。对于 IS-IS 路由协议我们只做了解，这部分重点放在 OSPF 的学习中。

5.1　OSPF 的基本概念

OSPF（Open Shortest Path First，OSPF）即开放最短路径优先，是一种典型的链路状态路由协议，启用 OSPF 协议的路由器彼此交换并保存整个网络的链路信息，从而掌握全网的拓扑结构，再通过 SPF 算法计算出到达每一个网络的最佳路由。

OSPF 作为一种内部网关协议（Interior Gateway Protocol，IGP，其网关和路由器都在同一个自治系统内部），用于在同一个自治域（AS）中的路由器之间发布路由信息。运行 OSPF 的每一台路由器中都维护一个描述自治系统拓扑结构的统一的数据库，该数据库由每一个路由器的链路状态信息（该路由器可用的接口信息、邻居信息等）、路由器相连的网络状态信息（该网络所连接的路由器）、外部状态信息（该自治系统的外部路由信息）等组成。所有的路由器并行运行着同样的算法（最短路径优先算法 SPF），根据该路由器的拓扑数据库，构造出以它自己为根节点的最短路径树，该最短路径树的叶子节点是自治系统内部的其他路由器。当到达同一目的路由器存在多条相同代价的路由时，OSPF 能够在多条路径上分配流量，实现负载均衡。

OSPF 协议是 IETF 开发的路由选择协议，这是一种 IGP 协议。正如它的命名所述，它使用 Dijkstra 的最短路径优先（SPF）算法，是一种开放协议，也就是说，它不是任何一个厂商私有的。OSPF 目前有 3 个版本，其中版本 1 从来没有离开过实验室，版本 2 就是目前我们使用的 IPv4 版本。

OSPF 不同于距离矢量协议（RIP），它有如下特性：
- 支持大型网络，路由收敛快，占用网络资源少。
- 无路由环路。
- 支持 VLSM 和 CIDR。
- 支持等价路由。
- 支持区域划分，构成结构化的网络，提供路由分级管理。

注意，路由收敛速度跟路由选择协议的实现有关，跟设计原理没有关系，如 Cisco 私有的 EIGRP 就是一种距离矢量路由协议，它的收敛速度是 IGP 中最快的。

术语部分

想象一下,如果你只有一张地图和指南针,但是不知道东南西北、地图的某些标记,这样的冒险将多么具有挑战性,所以在这部分我们将用几个实验来讨论 OSPF 的关键术语。

1. Router ID

Router ID 在 OSPF 区域内唯一标识一台路由器,所以它在一个区域中不能跟其他 Router ID 重复。在同一台路由器的不同进程中也不能使用同一个 Router ID。路由器可以通过如下方法(顺序不可变,满足一条即可)得到它们的 Router ID:

(1)通过 router-id 命令指定的路由器 ID 最为优先。

`Router(config-router)# router-id 1.1.1.1`

(2)如果没有手工配置路由器,就选取它的 Loopback 口上数值最高的 IP 地址,选择具有最高 IP 地址的环回接口。

`Router(config)# int loopback 0`
`Router(config)# ip addr 10.1.1.1 255.255.255.255`

(3)如果路由器没有配置 Loopback 口的 IP 地址,那么路由器将选取它所有的物理接口上数值最高的 IP 地址。如果没有物理接口 IP 地址,则不能开启 OSPF 进程。

用作 Router ID 的接口不一定非要运行 OSPF 协议。

2. 邻居

邻居至少是两台路由器,它们共用同一个物理传输介质,如两台路由器通过点到点连接在一起,或者几台路由器连接在一个以太网中,并且它们互相协商成功其他路由器指定的 Hello 包参数,这时可以说它们是邻居。在示例 1 中,R1 和 R2 就可以说是邻居了。

3. 邻接

这种关系是从一些邻居路由器之间构成的。OSPF 定义了一些网络类型,不同的网络类型成为邻接关系的实现方法不同,这将在后面的部分进行讨论,OSPF 只与建立了邻接关系的邻居共享路由信息。在示例 1 中,R1 与 R2 就是邻接关系。

4. 三张表

链路状态数据库(Link State Database)包含有来自所有从某个地区接收到的链路状态通告数据包中的信息。路由器使用这些信息,作为 SPF 算法的输入,并算出最短路径。

邻居表(Neighbor Table)是一个 OSPF 路由器的列表,这些路由器发送的 Hello 包可以被互相看见,每台路由器上的邻居表都包含邻居路由器的详细信息。

路由表(Router Table)用来存放到达其他网络所用的下一跳地址,路由器可以结合路由表通过递归的方式找到最佳路径。

5. 五种包

Hello:每台开启了 OSPF 进程的路由器都监听 224.0.0.5 这个组播地址,并且把含有本地路由器信息的 Hello 包发送到这个组播地址中,这样其他运行着 OSPF 进程的路由器就可以收到 Hello 包,并且建立邻居关系。

Database Description:数据库描述,简称 DBD,该数据包包含了始发路由器链路状态数据库中的每一个 LSA 的一个简要描述,类似于一本书的目录。路由器通过交互 DBD 发现缺少哪些 LSA。

Link State Request：链路状态请求，如果本地路由器发现它的邻居路由器有一条 LSA 不在自己的链路状态数据库中，将发送一个链路状态请求数据包去请求这条 LSA。

Link State Update：链路状态更新，当路由器收到 LSU 将发送这些被请求的 LSA 信息。

Link State Acknowledgement：链路状态确认，收到邻接路由器发送的 LSU，本端必须做一个确认，否则邻接路由器隔一段时间会再次发送这条 LSA 信息。

6. 七种状态

Down：如果路由器还没有收到 Hello 包，说明它还没有 OSPF 的邻居。

Init：路由器收到了来自邻居路由器的 Hello 包，但 Hello 包中邻居字段中没有自己的 Router ID，它们即将把邻居的 Router ID 填充在下一个发送的 Hello 包中。

2-Way：从邻居收到的 Hello 包中有自己的 Router ID，如果在 Init 状态下收到邻居路由器发送的 DBD 包，也可以将邻居状态直接转换到 2-Way。

Exstart：在这一状态下，本地路由器和它的邻居路由器将建立主从关系，并确定 DBD 的序列号，Router ID 值最高的路由器是主路由器。

Exchange：邻居路由器间交互 DBD 包，同时也会发送 LSR 给邻居路由器。

Loading：路由器将在这个状态下继续发送 LSR 给其他邻居路由器，以便学到整网的 LSA 信息，虽然在 Exchange 状态下已经发送过 LSR，但是路由器没有收到相应的 LSA 通告。

Full：这种状态邻居路由器将完全邻接。

7. 链路开销

OSPF 路由协议通过计算链路的带宽来计算最佳路径的选择。每条链路根据带宽不同具有不同的度量值，这个度量值在 OSPF 路由协议中称作"开销（Cost）"。通常，10 Mb/s 的以太网的链路开销是 10，16 Mb/s 令牌环网的链路开销是 6，FDDI 或快速以太网的开销是 1，2 Mb/s 的串行链路的开销是 48。

两台路由器之间路径开销之和的最小值为最佳路径。

8. 指定路由器（Designative Router，DR）

在接口所连接的各毗邻路由器之间具有最高优先级的路由器作为 DR。端口的优先权值从 0 到 255，在优先级相同的情况下，选最高路由器 ID 作为 DR。因此，DR 具有：接口最高优先级 + 最高路由器 ID。

9. 备份指定路由器（Backup Designative Router，BDR）

在各毗邻路由器之间有次高优先级的路由器 + 次高路由器 ID 作为 BDR。

10. OSPF 网络类型

根据路由器所连接的物理网络不同，OSPF 将网络划分为 4 种类型：广播多路访问型、非广播多路访问型、点到点型、点到多点型。

广播多路访问型网络，如以太网 Ethernet、令牌环网 Token Ring、FDDI。选举 DR 和 BDR。

非广播多路访问型网络，如帧中继 Frame Relay、X.25、SMDS。选举 DR 和 BDR。

点到点型网络，如 PPP、HDLC。

11. 区域

OSPF 引入"分层路由"的概念，将网络分割成一个"主干"连接的一组相互独立的部分，这些相互独立的部分被称为"区域"（Area），"主干"的部分称为"主干区域"。每个区域就如同一个独立的网络，该区域的 OSPF 路由器只保存该区域的链路状态，同一区域的链路状态数据库保持同步，使得每个路由器的链路状态数据库都可以保持合理的大小，路由计算的时间、报文数量都不会过大。

多区域的 OSPF 必须存在一个主干区域（Area 0），主干区域负责收集非主干区域发出的汇总路由信息，并将这些信息返还给各区域。

OSPF 区域不能随意划分，应该合理地选择区域边界，使不同区域之间的通信量最小。在实际应用中，区域的划分往往不是根据通信模式而是根据地理或政治因素来完成的。分区域的好处：

（1）减少路由更新；
（2）加速收敛；
（3）限制不稳定到一个区域；
（4）提高网络性能。

12. 路由器的类型

根据路由器在区域中的位置不同，分为 4 种类型的路由器，如图 5-1 所示。

（1）内部路由器（IR）：所有端口都在同一区域的路由器，它们都维护着一个相同的链路状态数据库。

（2）主干路由器：至少有一个连接主干区域端口的路由器。

（3）区域边界路由器（ABR）：具有连接多区域端口的路由器，一般作为一个区域的出口。ABR 为每一个所连接的区域单独建立链路状态数据库，负责将所连接区域的路由摘要信息发送到主干区域，而主干区域上的 ABR 则负责将这些信息发送到所连接的所有其他区域。

（4）自治系统边界路由器（ASBR）：至少拥有一个连接外部自治区域网络（如非 OSPF 的网络）端口的路由器，负责将非 OSPF 网络信息传入 OSPF 网络。

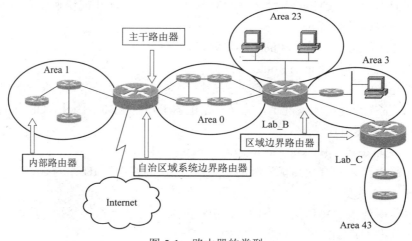

图 5-1　路由器的类型

5.2　OSPF 的工作流程

5.2.1　路由器启动的状态与 LSA 的运作原理

运行 OSPF 协议的路由器通过发送 Hello 数据包建立邻居关系，并彼此交换链路状态信息,链路状态信息被加载在 LSA(Link State Advertisement)中,以 LSU(Link State Update)的形式在网络中进行洪泛。OSPF 把这些链路状态信息存放在本地链路状态数据库中。在掌握了整个网络区域的所有链路状态后,每一个 OSPF 路由器以自己为根节点,用 Dijkstra 算法构造到其他节点的最短路径树(SPF),从而构造路由表。具体步骤如下:

(1)建立路由器的邻居关系;
(2)进行必要的 DR/BDR 选举;
(3)链路状态数据库的同步;
(4)产生路由表;
(5)维护路由信息。

现在结合图 5-2,把图中 R1 与 R2 建立邻接关系的过程分解一下,加强我们对 OSPF 的理解。

图 5-2 初始状态

当路由器已经确定自己的 Router ID,就开始从运行了 OSPF 的接口发送 Hello 包。图 5-2 中,R1 与 R2 是同时往外发送 Hello 包的,当 R1 收到了 R2 发出的 Hello 包,它就进入了 Init 状态,我们把它称为初始状态,然后它把 R2 的 Router ID 记录下来,表示 R2 就是自己的邻居了,这种用来记录邻居的数据结构就是邻居表,同样 R2 也是这样操作的。下一过程 R1 把邻居 R2 的 Router ID 填写进自己即将发送的 Hello 包的邻居字段中。当 R2 收到这个包含有自己 Router ID 的 Hello 包,它将进入下一种状态 2-Way。在图 6-2 这种点到点的链路中 2-Way 这种状态消失很快,这个过程发生在图中第二个指向 R2 路由器的箭头。可以通过 debug ipospf adj 命令来查看它们之间的状态转换过程。

当两台路由器进入 2-Way 状态之后,会主动发送数据库描述数据包(Database Description)简称 DBD 包,它的作用是协商出主从路由器。当邻居路由器收到第一个 DBD 包,就会将状态转换到 Exstart。拥有较高 Router ID 的路由器就是 Master 路由器。图 5-3 中,R2 拥有较高的 Router ID,所以它是 Master 路由器。

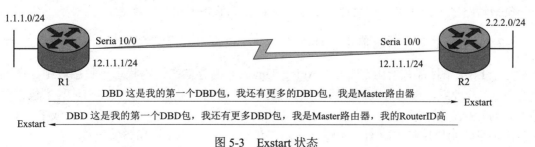

图 5-3 Exstart 状态

当邻居路由器认可 R2 是 Master 路由器之后，R2 将首先发送自己这边带有链路状态信息摘要的 DBD。我们可以回想一下，RIP 路由选择协议传输路由是把整张路由表广播出去，相当于传输一册地图出去，Exchange 状态传输 DBD 类似把一册地图的目录传输出去，这个状态将一直延续到 R2 发完所有的 DBD 信息，如图 5-4 所示。需要强调的是，第一个 DBD 包用来协商出路由器的主从关系。主路由器将首先完成 DBD 的发送。

图 5-4　Exchange 状态

交互过 DBD 之后，同步 LSA 是在 Loading 状态下进行的，路由器发送 LSR 链路状态请求数据包，请求自己缺少的 LSA。

R1 通过对比收到的 DBD 知道自己缺少 R2 端哪条链路信息，图 5-5 中第一个箭头指向 R2 发送一个链路状态请求（Link State Request）。R2 收到一条 LSR 之后回复一个链路状态更新（Link State Update），R1 收到这条更新之后把信息存放起来，用来存放链路状态信息的数据结构称为链路状态数据库（Link State Datebase）。可以使用命令 show ip ospf database 来查看数据库信息。

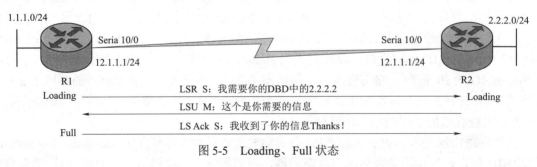

图 5-5　Loading、Full 状态

最后 R1 和 R2 使用 SPF 算法，以自身为树根算出到达每一个网段的最优路径，并且把这条最优的路径存放在路由表中，这个过程可以认为同出远门之前先查看地图，并且计算出唯一一条最短路径一样。可以使用命令 show ip route 来查看 OSPF 路由表。

5.2.2　链路状态更新包的工作过程

每个 LSA 条目都有老化定时器（Aging Timer），它存储在链路状态年龄字段中。在默认情况下 30 分钟后，最初发送该条目的路由器发送一个链路状态更新（LSU），其中包含序列号更高的 LSA，以核实链路是否还处于活动状态。因为一条 LSU 可以包含一个或多个 LSA，与距离矢量路由协议频繁定期发送整个路由表相比，这种 LSA 占用带宽更少。

图 5-6 中，R1 发送了一个 LSU 给 R2，R1 开始计时，30 分钟之后，R1 会发送一个 LSU 给 R2，并且这条 LSU 的序列号大于刚才的序列号。图 5-6 省略了很多过程，通过图 5-7 可以详细观察 LSU 的工作过程。

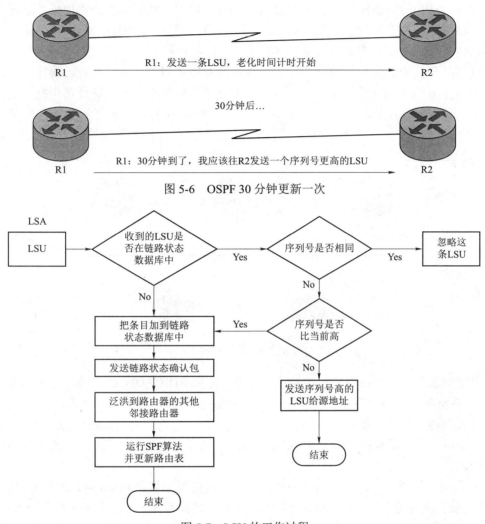

图 5-6　OSPF 30 分钟更新一次

图 5-7　LSU 的工作过程

路由器收到一个 LSU 包时会对包做出判断：

● 收到的 LSU 是否已经存放在链路状态数据库中，如果没有存放则把这条 LSU 加入链路状态数据库中，发送 LSAck 确认包，并将这条 LSU 泛洪到其他路由器，运行 SPF 算法，并且更新路由表。

● 收到的 LSU 已经存放在链路状态数据库中，如果序列号大于当前序列号，则把这条 LSU 加入链路状态数据库中，发送 LSAck 确认包，并将这条 LSU 泛洪到其他路由器，运行 SPF 算法，并更新路由表。

● 收到的 LSU 已经存放在链路状态数据库中，如果序列号小于当前序列号，则发送一条序列号比源序列号更高的 LSU。

● 收到的 LSU 已经存放在链路状态数据库中，并且序列号相同，则忽略这条路 LSU。

5.2.3 选举 DR 和 BDR

运行着 OSPF 的路由器将往 224.0.0.5 发送 Hello 包，并监听这个组播地址。这样做确实节省了链路带宽。像图 5-8 这种以太网环境中，如果路由器发送 DBD 并且每台路由器都做确认，那这样一个网络将有很大一部分带宽被路由协议所占用。

在这样的环境中选出一台路由器代表，其他所有路由器把 LSA 都发送给这个路由器代表，然后由路由器代表泛洪给其他路由器，是不是就节约带宽了呢？这台路由器代表就是指定路由器（Designated Router），除了选出一台指定路由器之外，还有一台备份指定路由器（Backup Designated Router）。网络中除了 DR 和 BDR 之外，其他路由器称为 DRother。所有 DRother 路由器均与 DR 和 BDR 建立邻接关系，DRother 之间是 2-Way 状态。

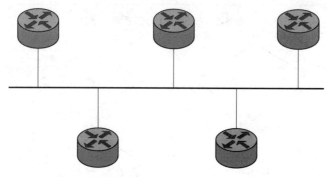

图 5-8 多播网络

在初始状态下，一个路由器的活动接口设置 DR 和 BDR 为 0.0.0.0，这意味着没有 DR 和 BDR 被选举出来。同时设置 Wait Timer，其值为 Router Dead Interval，其作用是如果在这段时间内还没有收到有关 DR 和 BDR 的宣告，那么它就宣告自己为 DR 或 BDR。经过 Hello 协议交换后，每个路由器获得了希望成为 DR 和 BDR 的那些路由器的信息，按照下列步骤选举 DR 和 BDR。

（1）当同一个或多个路由器建立双向通信后，检查每个邻居 Hello 包里的优先级、DR 和 BDR 域，列出所有符合 DR 和 BDR 选举的路由器（优先级大于 0，为 0 时不参加选举），列出所有的 DR 和 BDR；

（2）从这些合格的路由器中建立一个没有宣称自己为 DR 的子集（因为宣称为 DR 的路由器不能选举成为 BDR）；

（3）如果在这个子集里有一个或多个邻居（包括它自己的接口）在 BDR 域宣称自己为 BDR，则选举具有最高优先级的路由器，如果优先级相同，则选择具有最高 Router ID 的那个路由器为 BDR；

（4）如果在这个子集里没有路由器宣称自己为 BDR，则在它的邻居里选择具有最高优先级的路由器为 BDR，如果优先级相同，则选择具有最大 Router ID 的路由器为 BDR；

（5）在宣称自己为 DR 的路由器列表中，如果有一个或多个路由器宣称自己为 DR，则选择具有最高优先级的路由器为 DR，如果优先级相同，则选择具有最大 Router ID 的路由器为 DR；

（6）如果没有路由器宣称为 DR，则将最新选举的 BDR 作为 DR；

（7）如果是第一次选举某个路由器为 DR/BDR 或没有 DR/BDR 被选举，则要重复（2）到（6）步，然后是第（8）步。

（8）将选举出来的路由器的端口状态做相应的改变，DR 的端口状态为 DR，BDR 的端口状态为 BDR，否则为 DRother。

DR 选举不具有抢占性，选举完成后将一直保持，直到一台失效为止（或强行关闭 DR 及 BDR 的路由器，或用 clear ip ospf process 手工配置重新开始运行 OSPF 路由协议），否则即使新加入更高优先级的路由器也不会改变。

在点到多点的网络中，不选举 DR 和 BDR，将其分解配置为以下类型的网络。

在非广播多路访问网络（NBMA）中，全互联的邻居属于同一个子网号的，采用人工配置，选举 DR 和 BDR。

在广播多路访问网络中，属于同一个子网的自动选举 DR 和 BDR。

DR 和 BDR 与该网络内所有其他的路由器建立邻接关系，由 DR（或 BDR）与本区域内所有其他路由器之间交换链路状态信息，进入准启动（Exstart）状态。

在点到点的网络中，不选举 DR 和 BDR。两台路由器之间建立主从关系，路由器 ID 高的作为主路由器，另一台作为从路由器，进入 Exstart 状态。

5.2.4 度量值（Cost）

一条路由的 Cost 值是指路由条目传送过来沿途方向入接口的 Cost 值之和，也可以理解为到达这个网络沿途方向出接口 Cost 之和，如图 5-9 所示。

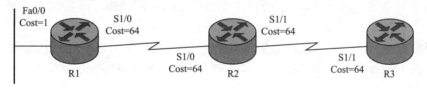

图 5-9　Cost 值计算

例如，R3 学到了 R1 通告的一条以太网路由条目 1.1.1.0/24。那么这条路由条目的 Cost 值是怎么算的呢？路由条目传送过来沿途方向入接口，假设图中接口的 Cost 值已经计算好了，则这些接口分别是 R1-Fa0/0、R2-S1/0、R3-S1/1。它们 Cost 值相加得到的结果是 129。Cost 经常应用在网关多出口的环境中。

1. Cost 值的计算方法

RFC 文档中没有指定 Cost 值的标准，在 Cisco 路由器中 Cost 值的计算方法是 10^8/BW，其中 10^8 是参考带宽，BW 是接口带宽。

路由器的 BW 值可以使用命令 show interface 来查看。这个带宽是逻辑上的，一些路由协议利用这个带宽计算度量值，也就是 OSPF 中所谓的 Cost 值。

R2#*show interface ethernet 1/0*
Ethernet1/0 is administratively down，line protocol is down（disabled）
Hardware is Lance，address is 00e0.f7c0.aa73（bia 00e0.f7c0.aa73）
MTU 1500 bytes，BW 10 000 Kbit，DLY 1 000 usec，

截取部分回显结果，从上面的结果可以看出 Ethernet 的 BW 是 10 000 Kb。带入公式中可以得出 Cost 值是 10。图 5-10 中给出路由器的默认接口 BW 以及 Cost 值。

Interface Type	10^8/bps = Cost
Fast Ethernet and faster	10^8/100 000 000 bps = 1
Ethernet	10^8/10 000 000 bps = 10
E1	10^8/2 048 000 bps = 48
T1	10^8/1 544 000 bps = 64
128 kbps	10^8/128 000 bps = 781
64 kbps	10^8/64 000 bps = 1 562
56 kbps	10^8/56 000 bps = 1 785

图 5-10 常见的 COST 值

LSA 在 16 位的字段中记录 Cost，因此一个接口的总计代价范围可以是 1～65 535。接口带宽可以在接口模式下使用命令 bandwidth 来进行修改。

```
R2(config)#int ethernet 1/0
R2(config-if)#bandwidth 10000000
R2#show interfaces e 1/0
Ethernet1/0 is administratively down, line protocol is down(disabled)
    Hardware is Lance, address is 00e0.f7c0.aa73(bia 00e0.f7c0.aa73)
    MTU 1 500 bytes, BW 10 000 000 Kbit, DLY 1 000 usec,
```

上面命令行中将一个 Ethernet 接口带宽改成了 10 000 Mb，但是传输数据包时仍然是 10 Mb/s。

但是目前很多网络中可以发现如果带宽超过 100 Mb/s，那么将不能区分出哪条路径更优，建议在路由器上把计算 Cost 值公式中的 10^8 改大一些，那么就能分清到底那条路径更优。更改命令是 auto-cost reference-bandwidth。

```
R1(config)#router ospf 110
R1(config-router)#auto-cost reference-bandwidth ?
   <1-4294967>   The reference bandwidth in terms of Mbits per second

R1(config-router)#auto-cost reference-bandwidth 1000
% OSPF: Reference bandwidth is changed.
       Please ensure reference bandwidth is consistent across all routers.
```

上面命令行表示通过在 OSPF 进程中更改计算的参数，参数范围 1～4 294 967，单位是 Mb，所以改成 1 000 这个计算公式是 10^9/BW。

效果：快速以太网接口的 Cost 值由原来的 1 变成 10。

前面提到过 OSPF 最大可以支持 16 条等价路径的负载均衡，负载均衡就是发往目标网络的 Cost 值相同，那么发包的时候将按照比例分别从多条路径发送。可以通过示例 4 观察负载均衡的效果，如图 5-11 所示。

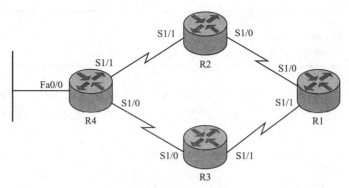

图 5-11 等价路径的负载均衡

地址表如表 5-1 所示。

表 5-1 地址表

设备	Router ID	接口	地址/掩码	所属区域
R1	1.1.1.1	serial 1/0	12.1.1.1/24	Area 0
		serial 1/1	13.1.1.1/24	
R2	2.2.2.2	serial 1/0	12.1.1.2/24	
		serial 1/1	24.1.1.2/24	
R3	3.3.3.3	serial 1/1	13.1.1.3/24	
		serial 1/0	34.1.1.3/24	
R4	4.4.4.4	serial 1/1	24.1.1.4/24	
		serial 1/0	34.1.1.4/24	
		Fa 0/0	100.1.1.4/24	

2. R1 的 OSPF 配置过程

```
R1(config)#router ospf 110
R1(config-router)#router-id 1.1.1.1
R1(config-router)#network 0.0.0.0 255.255.255.255 area 0
```

R1 的配置方法跟以往我们接触到的配置方法不同，语句中 255.255.255.255 表示匹配任何 IP 地址。所以这样配置的效果是，路由器所有配置了 IPv4 地址的接口都将宣告进 OSPF 进程。这是一种较为粗糙的配置方式，仅试用在域内路由器上，其他路由器的配置方法相同，不一一赘述。等邻居都建立起来之后观察 R1 的路由表。

```
R1#show ip route ospf
     34.0.0.0/24 is subnetted,1 subnets
O       34.1.1.0 [110/128] via 13.1.1.3,00:06:54,Serial1/1
     100.0.0.0/24 is subnetted,1 subnets
O       100.1.1.0 [110/138] via 13.1.1.3,00:06:44,Serial1/1
```

```
                [110/138] via 12.1.1.2,00:06:44,Serial1/0
         24.0.0.0/24 is subnetted,1 subnets
O        24.1.1.0 [110/128] via 12.1.1.2,00:07:09,Serial1/0
```

观察 R1 的 OSPF 路由表，到达 100.1.1.0 网络的数据包将通过不同的两个接口被传输出去。这里我们可以通过 traceroute 工具测试发包的情况，并且在 R4 上开启 debug ip udp 观察收包情况。

```
R1#traceroute 100.1.1.4

Type escape sequence to abort.
Tracing the route to 100.1.1.4

1 13.1.1.3 56 msec
     12.1.1.2 56 msec
     13.1.1.3 4 msec
2 24.1.1.4 40 msec
     34.1.1.4 24 msec *
R4#
*Mar  1 00:26:57.899:UDP:rcvd src=13.1.1.1(49220),dst=100.1.1.4(33437),length=8
*Mar  1 00:26:57.911:UDP:rcvd src=13.1.1.1(49221),dst=100.1.1.4(33438),length=8
*Mar  1 00:26:57.979:UDP:rcvd src=13.1.1.1(49222),dst=100.1.1.4(33439),length=8
```

因为 R1 到 R4 的 100.1.1.0/24 网段一共需要两跳，所以 traceroute 发送两次 UDP 包（注意：Cisco 路由器 traceroute 的实现与 Windows 的 tracert 实现原理不同），每次 3 个包，检测到达 R4 的路径。R1 第 1 次发包把第一个包发到 13.1.1.3，第二个包发送到 12.1.1.2，第三次又发送了 13.1.1.3。第 2 次发包把第一个包发给 24.1.1.4，第二个包发给 34.1.1.4，第三个包丢弃。在 R4 上通过 debug 捕获这个 traceroute 的过程，它可以收到 R1 发送的包。

5.3 单区域 OSPF 的基本配置

1. 单区域 OSPF 基本配置步骤

（1）定义路由器 ID。定义网络中各路由器的逻辑环回接口 IP 地址，从而得到相应的路由器 ID。

如果一台路由器，在一个接口上是 DR，而另一个接口上不是 DR，则不能将此路由器的 ID 定义太大，否则，无论哪个接口均成为 DR。确定路由器 ID 的步骤：

① 通过 router-id 命令指定的最为优先。

② 最高的环回接口地址次之，使用环回接口通常是 32 位掩码长度，可用以下命令修改网络类型，并使路由条目的掩码长度和通告保持一致。

```
R1(config)# int loopback0
R1(config-if)# ip ospf network point-to-point
```

用路由器 Loopback 口的 IP 地址作为 Router ID。这样做有很多的好处，其中最大的好处就是：Loopback 口是一个虚拟的接口，而并非一个物理接口。只要该接口在路由器使用之初处于开启状态，则该路由器的 Router ID 就不会改变（除非有新的 Loopback 口被用户创建并配置以更大的 IP 地址）。它并不像真正的物理接口，物理接口在线缆被拔出的时候处于 down 的状态，此时，整个路由器就要重新计算其 Router ID，比较烦琐，也会造成不必要的开销。

③ 最后是最高的活动物理接口的 IP 地址。
（2）定义路由器的接口优先级别，使其在此接口上成为 DR。
（3）启动路由进程。
（4）发布接口。

对应的命令举例如下：
① 定义路由器的 ID：
`Router(config)# interface loopback 0`
`Router(config-if)# ip address 172.16.17.5 255.255.255.255`

② 定义路由器接口优先级：
`Router(config)# interface S1/2`
`Router(config-if)# ip ospf priority 200`

③ 启动路由进程，process-id 为进程号，在锐捷中不需要此项，而是自动产生。它只有本地含义，每台路由器有自己独立的进程。各路由器之间互不影响。

启用 OSPF：
- `Router（config）# router ospf <process-id>`
- 进程 ID 由管理员选择，其编号范围为 1～65 535。进程 ID 只在本地使用，不必与其他 OSPF 路由器的 ID 相匹配。

如 `Router（config）# router ospf 1`

④ 用 network 命令 ospf 运行的接口，并将网络指定到特定的区域。address 为路由器的自连接口 IP 地址，inverse-mask 为反码，area-id 为区域号。区域号可以用十进制数表示，也可用 IP 地址表示，如 0 或 0.0.0.0 为主干区域。

- `Router（config-router）# network <network-address> <wildcard-mask> area <area-id>`
- 此 network 命令与其他 IGP 路由协议中的 network 命令功能相同，可确定要启用哪些接口来收发 OSPF 数据包。如：

`Router（config）# network 10.2.1.0  0.0.0.255  area 0`
`Router（config）# network 10.64.0.0  0.0.0.255  area 0`

2. OSPF 邻居关系不能建立的常见原因
（1）hello 间隔和 dead 间隔不同；
（2）区域号码不一致；
（3）特殊区域（如 stub，nssa 等）区域类型不匹配；
（4）认证类型或密码不一致；
（5）路由器 ID 相同；
（6）Hello 包被 ACL 拒绝；
（7）链路上的 MTU 不匹配；

(8)接口下 OSPF 网络类型不匹配。

5.3.1 OSPF 的网络类型

OSPF 可以在不同介质的网络上运行,这说明 OSPF 是一种区分网络类型的路由协议。OSPF 协议定义了以下几种网络类型:

(1)Loopback;

(2)点到点网络;

(3)广播型网络;

(4)非广播多路访问型网络;

(5)点到多点网络。

● Loopback 这种网络类型只有环回口才有,它被路由器看作是一个主机节点,拥有 32 位主机路由。

● 点到点网络,串行线缆连接两台路由器这样的网络就是点到点网络。在点对点的网络中,并不需要建立完全的邻接关系,因为根据点对点网络的定义,该链路中只有两台路由器,因此,没有必要也不会选择 DR,如图 5-12 所示。

● 串行

● T1/E1

图 5-12 点到点网络

● 广播型网络,如图 5-13 所示。还记得前面说的 DR 和 BDR 出现在什么地方吗?像以太网这种多播网络中就存在 DR 和 BDR。它们之所以选举 DR、BDR,因为这种网络会泛洪大量的 LSA 与 LSA 的确认包。

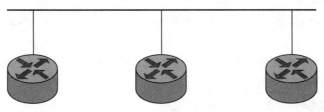

图 5-13 广播型网络

● 以太网

● 非广播多路访问(NBMA)型网络,如图 5-14 所示。

—帧中继

—ATM

在 NBMA 网络上,OSPF 有两种运行模式:模拟广播环境和点对多点环境。

—模拟广播环境:管理员可将网络类型定义为广播,该网络将选择一个 DR 和一个 BDR 模拟广播网络。

—点对多点环境：该环境下，每个非广播网络都被视为多个点对点链路的集合，不会选择 DR。

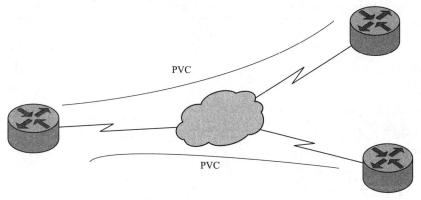

图 5-14 非广播多路访问型网络

5.3.2 点到点网络的 OSPF 配置

【网络拓扑】
【实验环境】
（1）如图 5-15 所示，将三台 RG-R2632 路由器的串口互联，接口地址如图 5-15 所示。
（2）三台路由器同属 Area 0。

【实验目的】
（1）掌握路由器 ID 的取值。
（2）熟悉 OSPF 协议的启用方法。
（3）掌握指定各网络接口所属区域号的方法。
（4）掌握如何查看 OSPF 协议中的各路由信息。

图 5-15 单区域点到点 OSPF 的基本配置

【实验配置】
R1 的配置：

```
R2632(config)# hostname R1
R1(config)#R1(config)# int s1/2
R1(config-if)# ip add 192.168.2.1 255.255.255.0
R1(config-if)# no shut
R1(config-if)# exit
R1(config)# int loopback0
R1(config-if)# ip add 192.168.1.1 255.255.255.255
```

```
R1(config-if)# ip ospf network point-to-point
R1(config-if)# exit
R1(config)# router ospf    /* 锐捷设备中自动产生路由进程号
R1(config-router)# net 192.168.1.0 0.0.0.255 area 0
R1(config-router)# net 192.168.2.0 0.0.0.255 area 0
R1(config-router)# exit
```

R2 的配置：

```
R2632(config)# hostname R2
R2(config)# int s1/2
R2(config-if)# ip add 192.168.2.2 255.255.255.0
R2(config-if)# no shut
R2(config-if)# exit
R2(config)# int s1/3
R2(config-if)# ip add 192.168.3.2 255.255.255.0
R2(config-if)# no shut
R2(config-if)# exit
R2(config)# router ospf
R2(config-router)# net 192.168.2.0 0.0.0.255 area 0
R2(config-router)# net 192.168.3.0 0.0.0.255 area 0
R2(config-router)# exit
```

R3 的配置：

```
R2632(config)# hostname R3
R3(config)# int s1/3
R3(config-if)# ip add 192.168.3.3 255.255.255.0
R3(config-if)# no shut
R3(config-if)# exit
R3(config)# int loopback0
R3(config-if)# ip add 192.168.4.3 255.255.255.0
R3(config-if)# exit
R3(config)# router ospf
R3(config-router)# net 192.168.3.0 0.0.0.255 area 0
R3(config-router)# net 192.168.4.0 0.0.0.255 area 0
R3(config-router)# exit
```

验证：R1# Show ip ospf neighbor

```
Neighbor ID     Pri  State      DeadTime  Address       Interface
--------------  ---  ---------  --------  ------------  ----------
192.168.3.2     0    Full/-     00:00:32  192.168.2.2   Serial 1/2
```

以上输出表明，R1 有一个邻居是 R2（其 Neighbor ID 是 R2 的路由器 ID），路由器的接口优先级为 0，当前邻居路由器接口的状态为 Full，表明没有 DR/BDR；DeadTime 是清除邻居关系前等待的最长时间，Address 为邻居接口的地址，Interface 是自己与邻居的接口。

5.3.3 广播多路访问链路上的 OSPF 配置

【网络拓扑】
【实验环境】

（1）如图 5-16 所示，将三台 RG-R2632 路由器接入为二层交换机，配置各路由器的接口（以太网口和环回口），并把直连接口和环回接口都宣告进 OSPF 里。

（2）三台路由器同属 Area 0。

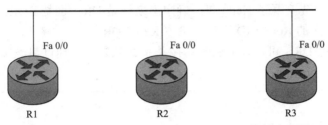

图 5-16　单区域广播多路访问链路上 OSPF 的基本配置

```
R1(config)#int fa 0/0
R1(config-if)#ip add 123.1.1.1 255.255.255.0
R1(config-if)#no shut
R1(config-if)#router ospf 110
R1(config-router)#router-id 1.1.1.1
R1(config-router)#network 123.1.1.0 0.0.0.255 area 0
```

```
R2(config)#int fa 0/0
R2(config-if)#ip add 123.1.1.2 255.255.255.0
R2(config-if)#no shut
R2(config-if)#router ospf 110
R2(config-router)#router-id 2.2.2.2
R2(config-router)#network 123.1.1.0 0.0.0.255 area 0
```

```
R3(config)#int fa 0/0
R3(config-if)#ip add 123.1.1.3 255.255.255.0
R3(config-if)#no shut
R3(config-if)#router ospf 110
R3(config-router)#router-id 3.3.3.3
R3(config-router)#network 123.1.1.0 0.0.0.255 area 0
```

上面命令行都配置好之后，三台路由器就都可以建立邻接关系了。拓扑中三台路由器分别代表了三个不同的角色。在 R1 上使用命令 show ip ospf neighbor 可以查看邻居表。

```
R1#show ip ospf neighbor

Neighbor ID    Pri    State           DeadTime    Address      Interface
2.2.2.2        1      FULL/BDR        00:00:34    123.1.1.2    FastEthernet0/0
3.3.3.3        1      FULL/DROTHER    00:00:34    123.1.1.3    FastEthernet0/0
```

DR 和 BDR 是在整个广播网络中通过 Hello 包进行选举的，选举条件如下。
- 优先级最高的路由器成为 DR。
- 优先级次高的路由器成为 BDR。
- 接口的 OSPF 优先级默认为 1。在优先级相同的情况下，将根据 Router ID 来做出决定：Router ID 最大的路由器成为 DR，次大的路由器成为 BDR。
- 优先级为 0 的路由器不能成为 DR 或 BDR，不是 DR 和 BDR 的路由器是 DRother。
- 因为 Router ID 在一个域中是唯一标识，所以一定能选出一个 DR。

如果按照上面给出命令行的顺序进行配置，则图 5-16 中 R2 是 DR，R1 是 BDR，R3 是 DRother。R1 与 R2 首先交互了 Hello 包，确定出来谁是 DR，谁是 BDR，因为 DR 是非抢占机制，就是说即使 R3 的 Router ID 高也不抢占 R2 的 DR。

如果想手工指定 DR，可以在 OSPF 邻接关系建立之前，通过更改接口优先级的方法来指定。

```
ip ospf priority number
R1(config)#int fa 0/0
R1(config-if)#ip ospf priority 2
```

既然 DR、BDR 选出来了，那么 DRother 是怎么互相保持 2-Way 状态的呢？其实 DRother 路由器仍然发送 Hello 包到 224.0.0.5 这个组播地址中，但是发送 LSA 是往 224.0.0.6 组播地址中发送的，如图 5-17 所示。环境中只有 DR 和 BDR 监听这个地址。这一过程通过抓包观察，主要看 R3 的包，拓扑中只有 R3 是 DRother。

No.	Status	Source Address	Dest Address	Summary
42		[123.1.1.3]	[224.0.0.5]	OSPF: Hello ID=[3.3.3.3]
43		[123.1.1.3]	[224.0.0.6]	OSPF: Link State Update ID=[3.3.3.3]
44		[123.1.1.2]	[224.0.0.5]	OSPF: Link State Update ID=[2.2.2.2]
45		[123.1.1.1]	[224.0.0.5]	OSPF: Link State Acknowledgment ID=[1.1.1
46		[123.1.1.2]	[224.0.0.5]	OSPF: Hello ID=[2.2.2.2]
47		[123.1.1.1]	[224.0.0.5]	OSPF: Hello ID=[1.1.1.1]

图 5-17 DRother 的 Hello 包和 LSA 包组播地址

第 42 个包是 DRother 的 Hello 包，这个包的目的地址是 224.0.0.5；第 43 个包是 DRother 的 LSU 包，这个包的目的地址是 224.0.0.6；同样，第 44 个包是 DR 收到这条 LSA 后泛洪到网络其他路由器的过程；从第 45 个包我们看到 BDR 路由器回复了一条 LSA。

每一个广播子网都需要选取 DR 和 BDR，可以依靠图 5-18 来理解。

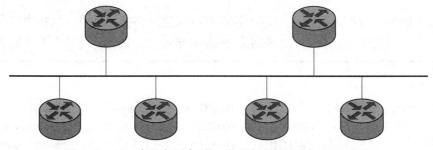

图 5-18 同一个以太网中不同子网需要选取两个 DR、BDR

假设左边三台路由器以太网接口同属一个子网：192.168.1.0/24，右边三台路由器属于另一个子网：192.168.2.0/24，那么它们即使在同一个区域内也不能建立邻居，更不要想可以互相学习到路由了。

5.4　多区域 OSPF 概述

1. OSPF 的分区

OSPF 允许在一个自治系统里划分多个区域，相邻的网络和它们相连的路由器组成一个区域（Area）。每一个区域有该区域自己的拓扑数据库，该数据库对于外部区域是不可见的，每个区域内部路由器的链路状态数据库只包含该区域内的链路状态信息，它们也不能详细地知道外部区域的链接情况，在同一个区域内的路由器拥有同样的拓扑数据库，而和多个区域相连的区域边界路由器拥有多个区域的链路状态信息库。划分区域的方法减少了链路状态数据库的大小，并极大地减少了路由器间交换状态信息的数量，如图 5-19 所示。

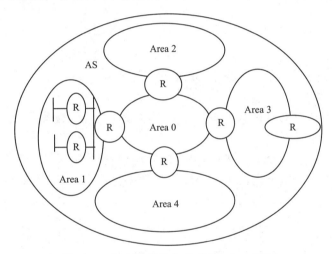

图 5-19　把自治系统分成多个 OSPF 区域

在多区域的自治系统中，OSPF 规定必须有一个骨干区（Backbone）：Area 0，骨干区是 OSPF 的中枢区域，它与其他区域通过区域边界路由器（ABR）相连。区域边界路由器通过骨干区进行区域间路由信息的交换。为了使每个区域都与骨干区域交换链路状态数据库，要求其他区域必须与骨干区域相连，如果物理上不相连，则必须建立虚链路，把其他区域与骨干区域相连。

2. OSPF 区域类型

4 种路由器：内部路由器、主干路由器、区域边界路由器 ABR、自治系统边界路由器 ASBR，可以构成 5 种类型的区域。

（1）标准区域：一个标准区域可以接收链路更新信息和路由汇总。

（2）主干区域（传递区域）：主干区域是连接各个区域的中心实体。主干区域始终是"Area 0"，所有其他的区域都要连接到这个区域上交换路由信息。主干区域拥有标准区域的所有性质。

（3）存根区域（末节区域）：存根区域是不接收本自治域以外的路由信息的区域。如果需要自治域以外的路由，只能使用默认路由 0.0.0.0。（只出不进）

（4）完全存根区域（完全末节区域）：它不接收外部自治域的路由以及本自治域内其他区域的路由汇总。需要发送到区域外的报文则使用默认路由：0.0.0.0。完全存根区域是 Cisco 自己定义的。

（5）不完全存根区域（NSAA）：它类似于存根区域，但是允许接收以 LSA Type 7 发送的外部路由信息，并且要把 LSA Type 7 转换成 LSA Type 5。

区分不同 OSPF 区域类型的关键在于它们对外部路由的处理方式。外部路由被 ASBR 传入自治区域内，ASBR 可以通过 OSPF 或者其他的路由协议学习到这些路由。

我们知道，当一台运行 OSPF 的路由器链路发生变化时会向 OSPF 域内的其他路由器泛洪 LSA，其他运行 OSPF 的路由器收到这个 LSA 时会使用 SPF 算法进行路径的计算。虽然 LSA 不像 RIP 一样周期性更新路由表，但是对于一个稍微大一点儿的网络来说，这种 LSA 更新会给链路带来一些负担。除了这个，对于 LSA 的增加和数据库的维护会耗费路由器的内存和 CPU。

OSPF 使用区域的好处还有：

● 加速路由汇聚。

● 减小单一区域的不稳定，对整个 OSPF 域带来路由波动。

OSPF 的区域类型：

● 骨干区域：每一个 OSPF 只能有一个骨干区域，并且区域号是 0。所有其他区域的通信流量都要经过骨干区域。

● 非骨干区域：除了 Area 0 以外的 OSPF 区域称为非骨干区域，每个非骨干区域必须都挂接在 Area 0 中。非骨干区域之间不能直接交换数据包。区域 ID 如图 5-20 所示。

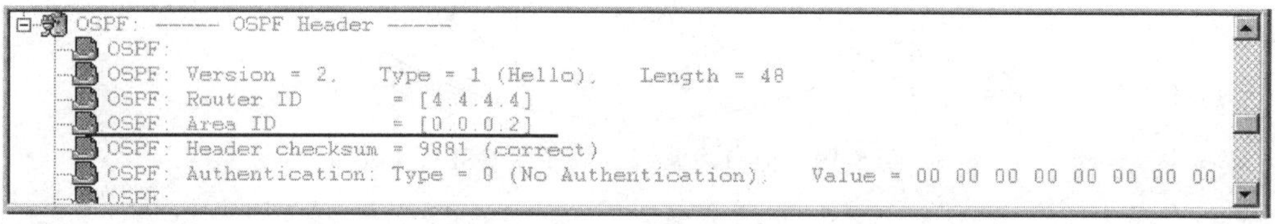

图 5-20 区域 ID

区域是逻辑上的概念，这种区域的描述是通过 OSPF 包头来识别的，也就是说，每一个 OSPF 包中都包含区域号。

通过抓包来观察 Area ID。OSPF 协议数据包内用来表示区域的字段一共用了 4 字节，正好是一个 IPv4 地址的空间，所以配置时可以直接写数字，也可用点分十进制来表示，例如 0.0.1.0 就是（100000000）$_B$=2^8=256。

每个区域都是通过它自己的链路状态数据库来描述的，而且每台路由器也都只需要维护本身所在区域的链路状态数据库。如图 5-21 中所示，Area 1 中的 LSA 只在 Area 1 中泛洪，不能传播到 Area 2 中，因此大量的 LSA 泛洪也就被限制在一个区域里了。Area 0 是传输区域，所以它拥有所有区域的 LSA 信息，这种信息可以是汇总之后的，也可以是未经过汇总的。

OSPF 路由器角色：
OSPF 定义了 4 种路由器角色，它们跟区域的概念密不可分。
- 区域内路由器（Internal Router）——指所有接口都在同一个区域中的路由器。在图 5-21 中的 3 个区域中，每个区域都有几台内部路由器，即为图中较小的几台路由器。
- 区域边界路由器（Area Border Router，ABR）——指连接了若干个区域到骨干区域的路由器，它至少有一个接口在骨干区域中，承载了非骨干区域到骨干区域通信的流量。在图 5-21 中有两台 ABR，它们是区域之间的两台较大的路由器。
- 骨干路由器（Backbone Router）——至少有一个接口连接到骨干区域中，ABR 满足这个要求，所以 ABR 也是一台骨干路由器。
- 自治系统边界路由器（Autonomous System Boundary Router，ASBR）——这种类型的路由器连接了一个其他路由协议，如 RIP。它把其他路由选择协议学习到的路由条目通过路由重分布的方式注入 OSPF 区域。

下面通过图 5-22 学习一下如何配置一个多区域 OSPF 环境。

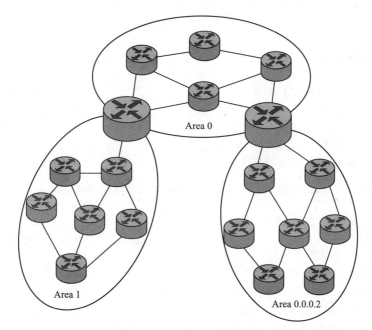

图 5-21　OSPF 区域示意图

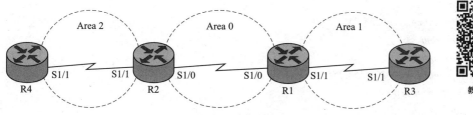

图 5-22　多区域 OSPF

```
R1(config)#int s 1/1
R1(config-if)#ip add 13.1.1.1 255.255.255.0
R1(config-if)#no shut
R1(config-if)#int s 1/0
R1(config-if)#ip add 12.1.1.1 255.255.255.0
R1(config-if)#no shut
R1(config-if)#int loopback 0     //开启一个环回口做测试用
R1(config-if)#ip add 1.1.1.1 255.255.255.0
R1(config-if)#router ospf 110
R1(config-router)#router-id 1.1.1.1
R1(config-router)#network 12.1.1.0 0.0.0.255 area 0    //把这个网段的接口宣告进 OSPF 进程
R1(config-router)#network 1.1.1.0 0.0.0.255 area 0
R1(config-router)#network 13.1.1.0 0.0.0.255 area 1    //宣告 R1 的 s1/1 接口到区域 1
```
```
R2(config)#int s 1/0
R2(config-if)#ip add 12.1.1.2 255.255.255.0
R2(config-if)#no shut
R2(config-if)#int s 1/1
R2(config-if)#ip add 24.1.1.2 255.255.255.0
R2(config-if)#int lo 0
R2(config-if)#ip add 2.2.2.2 255.255.255.0
R2(config-if)#router ospf 110
R2(config-router)#router-id 2.2.2.2
R2(config-router)#network 2.2.2.0 0.0.0.255 area 0
R2(config-router)#network 12.1.1.0 0.0.0.255 area 0
R2(config-router)#network 24.1.1.0 0.0.0.255 area 2
```
```
R3(config-if)#int s 1/1
R3(config-if)#ip add 13.1.1.3 255.255.255.0
R3(config-if)#no shut
R3(config-if)#int lo 0
R3(config-if)#ip add 3.3.3.3 255.255.255.0
R3(config-if)#router ospf 110
R3(config-router)#router-id 3.3.3.3
R3(config-router)#network 3.3.3.0 0.0.0.255 area 1
R3(config-router)#network 13.1.1.0 0.0.0.255 area 1
```
```
R4(config)#int s 1/1
R4(config-if)#ip add 24.1.1.4 255.255.255.0
R4(config-if)#no shut
R4(config-if)#int lo 0
R4(config-if)#ip add 4.4.4.4 255.255.255.0
R4(config)#router ospf 110
R4(config-router)#router-id 4.4.4.4
R4(config-router)#network 4.4.4.0 0.0.0.255 area 2
R4(config-router)#network 24.1.1.0 0.0.0.255 area 2
```

第 5 章 路由协议之 OSPF

上面命令行输入之后看看邻居是否建立起来了，可以在每台路由器上运行 show ip ospf neighbor，之后再运行 show ip router ospf 查看通过 OSPF 协议都学到了哪些路由条目，并且这些路由条目各自有什么属性。

```
R1#show ip ospf neighbor

Neighbor ID      Pri    State         DeadTime     Address      Interface
2.2.2.2          0      FULL/-        00:00:36     12.1.1.2     Serial1/0
3.3.3.3          0      FULL/-        00:00:39     13.1.1.3     Serial1/1
```

● Neighbor ID：这一列是邻居的 Router ID，从上面的命令行中可以看到 R1 的邻居有两个。

● Pri：这一列是接口的优先级，还记得以太网接口类型的路由器需要选取 DR 和 BDR 吧。就跟这个有关，它的范围在 0～255。

● State：这上面显示的是邻居路由器与本路由器之间的状态，可以看出 R1 与两个邻居已经是 FULL 状态。这是建立邻居的最后一个状态，说明邻居之间已经完成交互 LSA。FULL/-反斜线后面的表示路由器当前的角色，通常是 DR、BDR。

● DeadTime：这是 Hello 包的 4 倍时间，这个拓扑中默认的 DeadTime 是 40 s，如果 40 s 还没有收到邻居发来的 Hello 包，则把邻居从邻居表中删除。

● Address：邻居的接口的 IP 地址。

● Interface：本地与邻居连接的接口，是一个本地接口，这个地方很容易混淆。

```
R1#show ip route ospf 110
2.0.0.0/32 is subnetted,1 subnets
O       2.2.2.2 [110/65] via 12.1.1.2,00:16:07,Serial1/0
3.0.0.0/32 is subnetted,1 subnets
O       3.3.3.3 [110/65] via 13.1.1.3,00:04:49,Serial1/1
4.0.0.0/32 is subnetted,1 subnets
O IA    4.4.4.4 [110/129] via 12.1.1.2,00:16:07,Serial1/0
24.0.0.0/24 is subnetted,1 subnets
O IA    24.1.1.0 [110/128] via 12.1.1.2,00:16:07,Serial1/0
```

可以看到，R1 路由器一共通过 OSPF 路由协议学习到 4 条路由。这 4 条路由有两条是打 O 标记，两条打 O IA 标记。其中，打 O 标记表示从与自己相连的区域中学习到的路由条目，路由器 R1 与两个区域相连，分别是 Area 0、Area 1，所以学习到 R2 和 R3 通告出来的两条路由，称它为域内路由。另一种打了 O IA 标记，表示这条路由条目是从其他区域中传送过来的，称它为域间路由。

表中[110/65]分别代表管理距离与 Cost 值。相同路由条目管理距离小的路由协议优先被添加到路由表中。例如 RIP 的管理距离是 120，如果使用 RIP 也学习到了一条到 24.1.1.0/24 的路由条目，比较管理距离，因为 OSPF 的管理距离较小，所以被添加到路由表。

5.5 远离区域 0 的 OSPF 的虚链路

由于特殊的物理环境或不小心的规划，OSPF 非骨干区域不能直接与骨干区域相连，这样的区域不能跟骨干区域进行 LSA 的交互。这类可以通过非骨干区域连接到骨干区域的链路，称为虚链路。

结合图 5-23 对虚链路的配置进行演示，地址如表 5-2 所示。

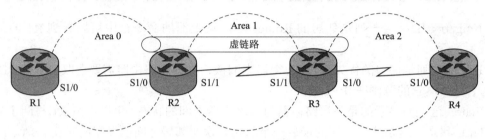

图 5-23 虚链路

表 5-2 地址表

设备	Router ID	接口	地址	所属区域
R1	1.1.1.1	S 1/0	12.1.1.1 /24	Area 0
R2	2.2.2.2	S 1/0	12.1.1.2 /24	Area 0
		S 1/1	23.1.1.2 /24	Area 1
R3	3.3.3.3	S 1/0	23.1.1.3 /24	Area 1
		S 1/1	34.1.1.3 /24	Area 2
R4	4.4.4.4	S 1/0	34.1.1.4 /24	Area 2

虚链路的配置需要在两端的 ABR 上进行。指定要穿越的 Router ID 和穿越区域：

```
R2(config)#router ospf 110
R2(config-router)#area 1 virtual-link 3.3.3.3    // 表示要穿越区域 1 通过 3.3.3.3 与区域 0 建立邻接关系

R3(config)#router ospf 110
R3(config-router)#area 1 virtual-link 2.2.2.2
```

完成命令行之后，会提示通过虚链路将邻居建立起来了，并且邻居建立起来之后不在虚链路上进行 Hello 包的交互。使用虚链路会在逻辑上改变网络拓扑图，不利于排错和网络的优化，建议不要长期使用。

为了更加详细地说明虚链路的配置，如图 5-24 所示，进行了详细的网络配置。

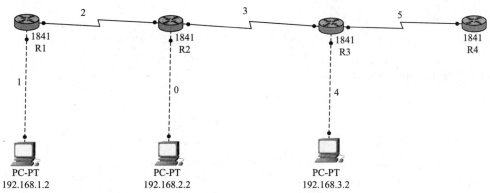

图 5-24 多区域虚链路的 OSPF 配置

配置参数：

R1:
f0/0   192.168.1.1   255.255.255.0
S0/0/0   1.1.1.1   255.255.255.0

R2:
F0/0   192.168.2.1   255.255.255.0
S0/0/0   1.1.1.2   255.255.255.0
S0/0/1   2.2.2.1   255.255.255.0

R3:
F0/0   192.168.3.1   255.255.255.0
S0/0/0   2.2.2.2   255.255.255.0
S0/0/1   3.3.3.1   255.255.255.0

R4:
Loo 1   192.168.4.1   255.255.255.0
S0/0/0   3.3.3.2   255.255.255.0

	IP 地址	子网掩码	网关
PC-1:	192.168.1.2	255.255.255.0	192.168.1.1
PC-2:	192.168.2.2	255.255.255.0	192.168.2.1
PC-3:	192.168.3.2	255.255.255.0	192.168.3.1

教学视频扫一扫

首先是路由器 R1 的配置：

Router(config)#hostname R1

R1(config)#int f0/0

R1(config-if)#ip address 192.168.1.1 255.255.255.0

R1(config-if)#no shutdown

R1(config)#int s0/0/0

R1(config-if)#clock rate 64000

R1(config-if)#no shutdown

R1(config)#router ospf 100

- 115 -

```
R1(config-router)#router-id 1.1.1.1
R1(config-router)#net work 192.168.1.0 0.0.0.255 area 1
R1(config-router)#net work 1.1.1.0 0.0.0.255 area 2
```

然后是路由器 R2 的配置：

```
Router(config)#hostname R2
R2(config)#no ip domain-lookup    //关闭域名解析
R2(config)#int f0/0
R2(config-if)#ip ad 192.168.2.1 255.255.255.0
R2(config-if)#no shutdown
R2(config)#int s0/0/0
R2(config-if)#ip add 1.1.1.2 255.255.255.0
R2(config-if)#no shutdown
R2(config)#int s0/0/1
R2(config-if)#ip add 2.2.2.1 255.255.255.0
R2(config-if)#clock  rate 64000
R2(config-if)#no shutdown
R2(config)#no ip domain-lookup    //关闭域名解析
R2(config)#router ospf 100
R2(config-router)#router-id 2.2.2.2
R2(config-router)#network 192.168.2.0 0.0.0.255 area 0
R2(config-router)#network 1.1.1.0 0.0.0.255 area 2
```

其次是路由器 R3 的配置：

```
Router(config)#hostname R3
R3(config)#int f0/0
R3(config-if)#ip add 192.168.3.1 255.255.255.0
R3(config-if)#no shutdown
R3(config)#int s0/0/0
R3(config-if)#ip ad 2.2.2.2 255.255.255.0
R3(config-if)#no sh
R3(config)#int s0/0/1
R3(config-if)#ip add 3.3.3.1 255.255.255.0
R3(config-if)#clock  rate 64000
R3(config-if)#no shutdown
R3(config)#router ospf 100
R3(config-router)#router-id 3.3.3.3
R3(config-router)#network 192.168.3.0 0.0.0.255 area 4
R3(config-router)#network 2.2.2.0 0.0.0.255 area 3
R3(config-router)#network 3.3.3.0 0.0.0.255 area 5
```

最后是路由器 R4 的配置：

```
Router(config)#int loopback 0
```

```
Router(config-if)#ip add 192.168.4.1 255.255.255.0
Router(config-if)#no shutdown
Router(config)#int s0/0/0
Router(config-if)#ip ad 3.3.3.2 255.255.255.0
Router(config-if)#no shudown
Router(config) hostname R4
R4(config)#router ospf 100
R4(config-router)#router-id 4.4.4.4
R4(config-router)#network 3.3.3.0 0.0.0.255 area 5
R4(config-router)# network 192.168.4.0 0.0.0.255 area 5
```

这时，路由器基本的配置包括 OSPF 协议已经配置好了，但是三台主机之间还是无法互相 ping 通，原因是远离区域 0 的其他区域未配置虚链路，接下来进行配置。

```
R1(config)#router ospf 100
R1(config-router)#area
R1(config-router)#area 2 virtual-link
R1(config-router)#area 2 virtual-link 2.2.2.2
R2(config)#router ospf 100
R2(config-router)#area 2 virtual-link 1.1.1.1
R2(config-router)#area
00:33:26:%OSPF-5-ADJCHG:Process 100,Nbr 1.1.1.1 on OSPF_VL0 from LOADING to FULL,Loading Done
3 virtual-link 3.3.3.3
R3(config)#router ospf 100
R3(config-router)#area 3 virtual-link 2.2.2.2
R3(config-router)#
00:34:21:%OSPF-5-ADJCHG:Process 100,Nbr 2.2.2.2 on OSPF_VL0 from LOADING to FULL,Loading Done
```

这时，三台主机都可以互相 ping 通了，如图 5-25 所示。

图 5-25 主机互通

不过 R4 还是不能 ping 通，原因是跨虚链路需要进行再配置。

```
R2(config)#router ospf 100
R2(config-router)#area 3 vir 4.4.4.4
R2(config-router)#
R3(config)#router ospf 100
R3(config-router)#area 5 vir 4.4.4.4
R3(config-router)#
00:52:33:%OSPF-5-ADJCHG:Process 100,Nbr 4.4.4.4 on OSPF_VL1 from LOADING to FULL,Loading Done
R4#conf t
Enter configuration commands,one per line. End with CNTL/Z.
R4(config)#router ospf 100
R4(config-router)#area 3 vir
R4(config-router)#area 3 virtual-link 2.2.2.2
R4(config-router)#area 5 vir 3.3.3.3
00:06:12:%OSPF-5-ADJCHG:Process 100,Nbr 3.3.3.3 on OSPF_VL0 from LOADING to FULL,Loading Done
```

这样就可以如图 5-26 所示全网互通了。

图 5-26　全网互通

5.6　OSPF 中的特殊区域

1. 末节区域（Stub Area）

一台 ASBR 路由器通过路由重分布学习到其他自制系统（路由协议）的路由条目，会通过 4 类和 5 类 LSA 泛洪到整个 OSPF 域内部。但是如图 5-27 所示，其中有一部分路由器不管到达外部哪个目的地址，都需要把数据包转发给 ABR 路由器。这部分路由器所在的区域就是末节区域。图中标注在 Area1 处。

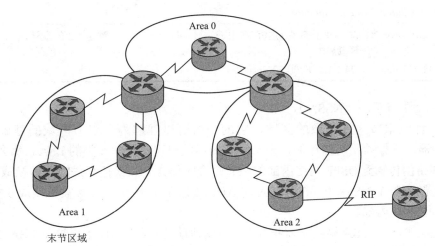

图 5-27　末节区域与非完全末节区域

末节区域是不允许 4 类和 5 类 LSA 在其内部进行泛洪的区域。它们将被 ABR 拦截，并且 ABR 路由器会发送一条默认路由给这个末节区域的路由器。所有 OSPF 区域内部不能到达的目的地都被这条默认路由转发。末节区域可以有效地减小路由器内的 LSA 条目，节约内存。

一台路由器成为末节区域的条件：非骨干区域、区域内部没有 ASBR（虚链路区域不能成为末节区域）。

配置末节区域：

配置末节区域必须在区域内所有路由器上配置。因为配置成末节区域的路由器会在 Hello 包的末节区域字段中置为 0，还记得 Hello 包中参数不同不能建立起邻居吗？

R2(config)#*router ospf 110*　　//进入 OSPF 进程 R2(config-router)#*area 2 stub*　　//指明将要成为末节区域的区域号。这里是区域 2
R4(config)#*router ospf 110* R4(config-router)#*area 2 stub*

命令行完成之后，R2 和 R4 的邻居将要重新建立一次。内部路由器 R4 的路由表将不再有外部路由条目，并且多出一条下一跳指向 ABR 路由器的默认路由。

R4#*show ip route ospf	include 0.0.0.0* 100.0.0.0/24 is subnetted,1 subnets O*IA 0.0.0.0/0 [110/65] via 24.1.1.2,00:06:29,Serial1/1　　//ABR 发给末节区域的默认路由

2．完全末节区域

这是 Cisco 私有的，仅仅需要在 ABR 上做，工作原理与末节区域类似，除了把 4 类和 5 类 LSA 阻塞在 ABR 路由器上外，还把 3 类 LSA 阻塞在外面，并下放一条默认路由给区域中的路由器。配置方法：

R2(config)#*router ospf 110*
R2(config-router)#*area 2 stub no-summary*
R4#*show ip route ospf*　　//在 R4 上查看 OSPF 路由表，显示仅有一条下一跳是 R2 的默认路由，并且是域间路由
O*IA 0.0.0.0/0 [110/65] via 24.1.1.2,00:00:32,Serial1/1

3. 非完全末节区域（NSSA）

这是一种跟末节区域很像的区域，它的产生可以理解为在末节区域的基础上多出了 ASBR 路由器。正如前面所描述的，末节区域内不能出现 4 类和 5 类的 LSA。那么 ASBR 是怎么把外部路由传输到 OSPF 网络内部的呢？这个时候 ASBR 就把 5 类 LSA 转换成 7 类 LSA，从而可以扩散到整个 NSSA 中。在 NSSA 的 ABR 处这条 7 类的 LSA 又被转换成 5 类的 LSA，通告到 OSPF 区域内部。

7 类 LSA 与 5 类 LSA 格式基本相同，在转发地址上有所区别，如果这条 LSA 是在 NSSA 区域内部进行泛洪，则传送的是到达 LSA 所描述网络的下一跳地址；如果是区域外进行泛洪，则转发地址记录的是 ASBR 的 Router ID，如图 5-28 所示。

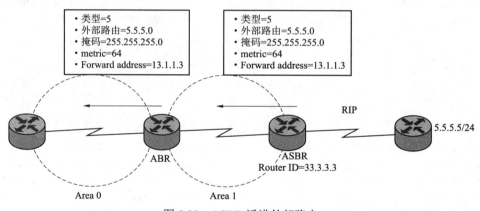

图 5-28　ASBR 泛洪外部路由

配置 NSSA 区域：

与末节区域相同，在 NSSA 区域中的所有路由器均配置成 NSSA 路由器。

R1(config)#*router ospf 110*
R1(config-router)#*area 1 nssa default-information-originate*　//在 OSPF 进程内,指定 NSSA 区域进行配置,后面的参数表示向 NSSA 区域内通告一条默认路由
R3(config)#*router ospf 110*
R3(config-router)#*area 1 nssa*

命令行完成后，即使其他区域有 4 类和 5 类 LSA，ABR 路由器也会阻塞住它们往 NSSA 区域中泛洪。正如末节区域一样，Cisco 也有 NSSA 的私有技术。同样也在 ABR 上做，可以阻塞 3 类 LSA 泛洪扩散到 NSSA 区域。配置方法如下：

R1(config)#*router ospf 110*
R1(config-router)#*area 1 nssa no-summary*
R3#*show ip route ospf*
O*IA 0.0.0.0/0 [110/65] via 13.1.1.1,00:05:40,Serial1/1

在 R1 上完成命令行之后，在 R3 上查看 OSPF 路由表，可以发现 R1 向 NSSA 区域内通告了一条域间默认路由。与上面通告出的路由不同，上面通告的路由打了 N2 标记，不计算 Metric 值。

5.7　OSPF 汇总路由

OSPF 路由协议支持进程内的路由汇总，与 RIP、EIGRP 等接口做汇总的协议不同。

路由汇总的好处：

（1）减小骨干路由器路由条目。

（2）如果非骨干区域的拓扑发生变化，不会影响其他区域。

（3）减小了 3 类和 5 类 LSA 在骨干区域的泛洪。

注意，路由汇总虽然有众多好处，但是同一区域中的路由器不能做汇总，因为它们拥有相同的链路状态数据库。通过以下示例演示路由汇总。

示例：OSPF 路由汇总（图 5-29、表 6-3）

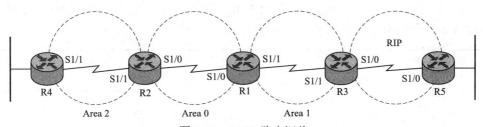

图 5-29　OSPF 路由汇总

表 5-3　地址表

设备	Router ID	接口	地址	所属区域
R1	1.1.1.1	S 1 / 0	12.1.1.1 /24	Area 0
		S 1 / 1	13.1.1.1 /24	Area 1
R2	2.2.2.2	S 1 / 0	12.1.1.2 /24	Area 0
		S 1 / 1	24.1.1.2 /24	Area 2
R3	3.3.3.3	S 1 / 0	35.1.1.3 /24	—
		S 1 / 1	13.1.1.3 /24	Area 1
R4	4.4.4.4	S 1 / 1	24.1.1.4 /24	Area 2
		loopback0	172.16.0.1 /24	Area 2
		loopback1	172.16.1.1 /24	Area 2

续表

设备	Router ID	接口	地址	所属区域
R4	4.4.4.4	loopback2	172.16.2.1 /24	Area 2
		loopback3	172.16.3.1 /24	Area 2
R5	5.5.5.5	S 1 / 0	35.1.1.5 /24	—
		loopback0	192.168.0.1 /24	—
		loopback1	192.168.1.1 /24	—
		loopback2	192.168.2.1 /24	—
		loopback3	192.168.3.1 /24	—

R4 路由器带有 4 个环回口，只为测试，域外路由器 R5 也带有 4 个测试用的环回口。分别通过命令行实现 OSPF 域间汇总和域外汇总。

● 域间汇总，图中 R2 可以做域间汇总，前面提到过，R4 不能做，因为 R4 跟 R2 在同一个区域，它们拥有同样的链路状态数据库。

R2(config)#*router ospf 110*
R2(config-router)#*area 2 range 172.16.0.0 255.255.252.0*

完成命令行之后在 R2 上的变化，路由表中多出了一条到达网络 172.16.0.0/22 的下一跳指向空接口的汇总路由。这是为了防止路由黑洞。

R2#*show ip route | include 172.16.0.0/22*
O   172.16.0.0/22 is a summary,00:05:02,Null0

在其他路由器上查看路由表，能看到汇总路由。这条路由的特点是，仅当这条汇总路由中最后一条路由消失后，汇总路由才消失。

R1#*show ip route | include 172.16.*
172.16.0.0/22 is subnetted,1 subnets
O IA   172.16.0.0 [110/129] via 12.1.1.2,00:06:47,Serial1/0

● 域外汇总，图中 R3 可以做域外汇总，不过一般在它汇总前，其他协议已经先做了汇总，这里仅做演示。

R3(config)#*router ospf 110*
R3(config-router)#*summary-address 192.168.0.0 255.255.252.0*

上面命令行完成后，在 R3 上的变化仍然是多了一条下一跳指向空接口的汇总路由。

R3#*show ip route | includ 192.168.0.0/22*
O   192.168.0.0/22 is a summary,00:26:42,Null0

在 R1 路由器上观察汇总路由条目的情况。

```
R1#show ip route | include 192.168.0.0
O E2 192.168.0.0/22 [110/20] via 13.1.1.3,00:28:49,Serial1/1
```

可以得出结论：OSPF 做路由汇总是基于进程的。一旦做了汇总路由，本地就产生了这条汇总路由，而且下一跳指向空接口。汇总路由在明细路由全部消失后才会消失。

5.8　OSPF 认 证

OSPF 路由选择协议可以进行身份认证，它支持明文和 MD5 加密的认证。认证不通过的路由器相互之间不能建立邻居，这样保证了网络的安全，保护了网络的拓扑。下面来介绍这两种认证方式，如图 5-30 所示。

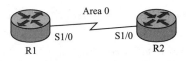

图 5-30　认证

1. 明文认证

第一种方法：在整个区域中进行认证。

```
R1(config)#router ospf 110
R1(config-router)#area 0 authentication    //声明在区域 0 中做认证
R1(config-router)#interface serial 1/0
R1(config-if)#ip ospf authentication-key cisco    //设置认证口令

R2(config-if)#router ospf 110
R2(config-router)#area 0 authentication
R2(config)#int s 1/0
R2(config-if)#ip ospf authentication-key cisco    //整个区域的认证口令必须相同
```

第二种方法：仅在接口上做认证。

```
R1(config)#int s 1/0
R1(config-if)#ip ospf authentication    //在接口上声明认证
R1(config-if)#ip ospf authentication-key cisco    //设置认证口令

R2(config-router)#int s 1/0
R2(config-if)#ip ospf authentication
R2(config-if)#ip ospf authentication-key cisco
```

明文认证的这两种方法互相之间可以认证，也就是说，R1 用第一种方法，R2 用第二种方法，它们之间可以互相认证。这种认证方式配置简单，但是认证口令会暴露在网络监听者的面前，如图 5-31 所示，所以有必要学习 MD5 加密认证。

```
⊞ Cisco HDLC
⊞ Internet Protocol Version 4, Src: 12.1.1.2 (12.1.1.2), Dst: 224.0.0.5 (224.0.0.5)
☐ Open Shortest Path First
   ☐ OSPF Header
      OSPF Version: 2
      Message Type: Hello Packet (1)
      Packet Length: 48
      Source OSPF Router: 12.1.1.2 (12.1.1.2)
      Area ID: 0.0.0.0 (Backbone)
      Packet Checksum: 0xd294 [correct]
      Auth Type: Simple password
      Auth Data: cisco
   ⊞ OSPF Hello Packet
   ⊞ OSPF LLS Data Block
```

图 5-31 捕获到的明文认证包

2. MD5 加密认证

第一种方法：在整个区域进行认证。

R1(config)#*router ospf 110*
R1(config-router)#*area 0 authentication message-digest*   //指定认证区域
R1(config)#*int s 1/0*
R1(config-if)#*ip ospf message-digest-key 1 md5 cisco*   //指定密钥
R2(config)#*router ospf 110*
R2(config-router)#*area 0 authentication message-digest*
R2(config)#*int s 1/0*
R2(config-if)#*ip ospf message-digest-key 1 md5 cisco*

第二种方法：仅在接口上做认证。

R1(config)#*int s 1/0*
R1(config-if)#*ip ospf authentication message-digest*
R1(config-if)#*ip ospf message-digest-key 1 md5 cisco*
R2(config)#*int s 1/0*
R2(config-if)#*ip ospf authentication mes*
R2(config-if)#*ip ospf message-digest-key 1 md5 cisco*

这种加密的认证不容易被监听者所破获，被捕获数据包的加密字段都是乱码，如图 5-32 所示。

```
⊞ Cisco HDLC
⊞ Internet Protocol Version 4, Src: 12.1.1.2 (12.1.1.2), Dst: 224.0.0.5 (224.0.0.5)
☐ Open Shortest Path First
   ☐ OSPF Header
      OSPF Version: 2
      Message Type: Hello Packet (1)
      Packet Length: 48
      Source OSPF Router: 12.1.1.2 (12.1.1.2)
      Area ID: 0.0.0.0 (Backbone)
      Packet Checksum: 0x0000 (none)
      Auth Type: Cryptographic
      Auth Key ID: 1
      Auth Data Length: 16
      Auth Crypto Sequence Number: 0x3c7ec894
      Auth Data: 661f539e9f90f2a6839a68cef2c82579
   ⊞ OSPF Hello Packet
   ⊞ OSPF LLS Data Block
```

图 5-32 认证数据是密文

习 题 5

1. 对 OSPF 的各个专业输入进行解释。
2. 分别对单区域 OSPF 和多区域 OSPF 进行配置。

第 6 章
广域网连接配置技术

路由器经常用于构建广域网，广域网链路的封装和以太网上的封装有着非常大的差别。

常见的广域网封装有 HDLC、PPP、Frame-relay 等，本章介绍 HDLC 和 PPP。相比 HDLC 而言，PPP 有较多的功能。

6.1 广域网协议简介

提到 TCP/IP 协议，大家都非常熟悉，它是进行数据通信的基础，只有安装了 TCP/IP 协议的计算机才能够连上 Internet。如果没有设置正确的广域网协议，即使安装了 TCP/IP 协议，同样无法将数据包发送到 Internet 上的主机。下面先来介绍一下什么是广域网技术，常用广域网协议有哪几种，最后介绍在路由器中如何配置各种广域网连接。

广域网（WAN），是按地理范围划分而来的名称，相对的还有局域网、城域网。一百米以内是局域网（比如一个公司的网络），一个城市范围的网络叫城域网（比如一个城市的银行网点构成的网络），那么超过一个城市以外的，跨越地址范围较大的，就是广域网了。广域网同时也是把多个局域网、城域网连接进来的网络。由于广域网跨越的地理范围大，因此其传输线路往往特别长，这时连接链路就必须采用一些有别于局域网与城域网的特殊技术，以保证较长线路的信号质量与数据通信质量指标。

6.1.1 HDLC 简介

HDLC 是面向比特的同步协议，英文全称为 High Level Data Link Control(高级数据链路控制规程)，HDLC 是串行线路的默认封装。

HDLC 是点到点串行线路上（同步电路）的帧封装格式，其帧格式和以太网帧格式有很大的差别，HDLC 帧没有源 MAC 地址和目的 MAC 地址。Cisco 公司对 HDLC 进行了专有化，Cisco 的 HDLC 封装和标准的 HDLC 不兼容。如果链路的两端都是 Cisco 设备，使用 HDLC 封装没有问题，但如果 Cisco 设备与非 Cisco 设备进行连接，应使用 PPP 协议。HDLC 不能提供验证，缺少了对链路的安全保护。默认时，Cisco 路由器的串口是采用 Cisco HDLC 封装的。如果串口的封装不是 HDLC，要把封装改为 HDLC 使用命令"encapsulation hdlc"。

6.1.2 PPP 概述

点到点协议（Point-to-point Protocol，PPP）是 Internet 工程任务组（Internet Engineering Task Force，IETF）推出的点到点类型线路的数据链路层协议。它解决了串行线路网际协议（SLIP）中的问题，并成为正式的因特网标准。

PPP 协议是广域网接入链路中广泛使用的一种协议，它把上层（网络层）数据封装成 PPP 帧通过点到点链路传送。PPP 是一套协议，称为 PPP 协议集，有很多丰富的可选特性，如网络环境支持多协议、提供可选的身份认证服务、可以以各种方式压缩数据、支持动态地址协议商、支持多链路捆绑，等等。这些丰富的选项增加了 PPP 协议的功能。同时，不论是异步拨号线路还是路由器之间的同步链路均可以使用该协议。因此，PPP 协议应用十分广泛。

1. PPP 协议链路建立过程

PPP 协议中提供了一整套方案来解决链路建立、维护、拆除、上层协议协商、认证等问题。PPP 协议包含这样三个部分：链路控制协议 LCP，网络控制协议 NCP，认证协议。

一个典型 PPP 协议链路建立分为三个阶段：阶段 1——创建 PPP 链路，阶段 2——用户验证，阶段 3——调用网络层协议。这样，经过三个阶段之后，一条完整的 PPP 链路就建立起来了。

PPP 协议集中的认证协议提供了两种可选的身份认证方法：口令认证协议（Password Authentication Protocol，PAP）和咨询（挑战）握手认证协议(Challenge Handshake Authentication Protocol，CHAP)。如果双方协商达成一致，可以不使用任何身份认证方法。

2. PPP 认证：PAP 和 CHAP

（1）PAP——密码验证协议。PAP（Password Authentication Protocol）利用 2 次握手的简单方法进行认证。在 PPP 链路建立完毕后，源节点不停地在链路上反复发送用户名和密码，直到验证通过。PAP 的验证中，密码在链路上是以明文传输的，而且由于是源节点控制验证重试频率和次数，因此 PAP 不能防范再生攻击和重复的尝试攻击。

（2）CHAP——询问握手验证协议。CHAP（Challenge Handshake Authentication Protocol）利用 3 次握手周期地验证源端节点的身份。CHAP 验证过程在链路建立之后进行，而且在以后的任何时候都可以再次进行。

这使得链路更为安全；CHAP 不允许连接发起方在没有收到询问消息的情况下进行验证尝试。

CHAP 每次使用不同的询问消息，每个消息都是不可预测的唯一的值，CHAP 不直接传送密码，

只传送一个不可预测的询问消息，以及该询问消息与密码经过 MD5 加密运算后的加密值。所以 CHAP 可以防止再生攻击，安全性比 PAP 要高。

3. PPP 封装协议的应用环境

PPP 封装协议是目前广域网应用最广泛的协议之一，它的优点在于简单、具备用户验证能力、可以解决 IP 分配等。

（1）企业环境中异地的互连通常要经过第三方的网络，比如电信、网通、移动等，所以与局域网的配置不同。

（2）广域网通常需要付费、带宽比较有限、可靠性相对于局域网要低。

（3）家庭拨号上网就是通过 PPP 在用户端和运营商的接入服务器之间建立通信链路。目前，宽带接入正在成为取代拨号上网的趋势，在宽带接入技术发展迅速的今天，PPP 也衍生出新的应用。典型的应用是在 ADSL（非对称数据用户环线）接入方式当中，PPP 与其他的协议共同派生出了符合看待接入要求的新的协议，如 PPPOE(PPP Over Ethernet)，PPPOA(PPP Over ATM)。

利用以太网（Ethernet）资源，在以太网上运行 PPP 来进行用户认证接入的方式称为

PPPOE。PPPOE 即保护了用户方的以太网资源，又完成了 ADSL 得接入要求，是目前 ADSL 接入方式中应用最广泛的技术标准。

同样，在 ATM（异步传输模式）网络上运行 PPP 协议来管理用户认证的方式称为 PPPOA。它与 PPPOE 的原理相同，作用相同，不同的是它是 ATM 网络上，而 PPPOE 是在以太网网络上运行，所以要分别使用 ATM 标准和以太网标准。

PPP 封装协议的简单、完整性，使得它得到了广泛的应用，相信在未来的网络技术发展中，它还可以发挥更大的作用。

4. DTE/DEC

串行链路一端连接 DTE 设备，另一端连接 DCE 设备，两台 DCE 设备之间是服务运营商的传输网络。

DTE 设备可以是路由器和计算机等。DCE 设备通常是一台 Modem 或 CSU/DSU，该设备把来之 DTE 设备的用户数据转换为 WAN 链路可以接受的形式，然后传送给对端的 DCE 设备，对端 DCE 设备接收到信号后，再把其转换陈 DTE 识别的比特流。

6.2 广域网配置实例

通过本实例，可以掌握如下技能：
（1）串行链路上的封装概念；
（2）HDLC 封装；
（3）PPP 封装。

6.2.1 HDLC 和 PPP 封装

图 6-1 HDLC 和 PPP 封装

（1）步骤 1：在 R1 和 R2 路由器上配置 IP 地址、保证直连链路的连通性。

R1(config)#int s0/0/0

R1(config-if)#ip address 192.168.12.1 255.255.255.0

R1(config-if)#no shutdown

R2(config)#int s0/0/0

R2(config-if)#clock rate 128000

R2(config-if)#ip address 192.168.12.2 255.255.255.0

R2(config-if)#no shutdown

R1#show interfaces s0/0/0

Serial0/0/0 is up, line protocol is up

Hardware is GT96K Serial

Internet address is 192.168.12.1/24

MTU 1500 bytes, BW 128 Kbit, DLY 20000 usec,
reliability 255/255, txload 1/255, rxload 1/255
Encapsulation HDLC, loopback not set //该接口的默认封装为 HDLC 封装
(此处省略)

（2）步骤 2：改变串行链路两端的接口封装为 PPP 封装。
R1(config)#int s0/0/0
R1(config-if)#encapsulation ppp
R2(config)#int s0/0/0
R2(config-if)#encapsulation ppp
R1#show int s0/0/0
Serial0/0/0 is up, line protocol is up
Hardware is GT96K Serial
Internet address is 192.168.12.1/24
MTU 1500 bytes, BW 128 Kbit, DLY 20000 usec,
reliability 255/255, txload 1/255, rxload 1/255
Encapsulation PPP, LCP Open //该接口的封装为 PPP 封装
Open: IPCP, CDPCP, loopback not set //网络层支持 IP 和 CDP 协议
(此处省略)

实验调试：
（1）测试 R1 和 R2 之间串行链路的连通性。
R1#ping 192.168.12.2
Type escape sequence to abort.
Sending 5, 100-byte ICMP Echos to 192.168.12.2, timeout is 2 seconds:
!!!!!
Success rate is 100 percent (5/5), round-trip min/avg/max = 12/13/16 ms
如果链路的两端封装相同，则 ping 测试应该正常。
（2）链路两端封装不同协议。
R1(config)#int s0/0/0
R1(config-if)#encapsulation ppp
R2(config)#int s0/0/0
R2(config-if)#encapsulation hdlc
R1#show int s0/0/0
Serial0/0/0 is up, line protocol is down
(此处省略)
//两端封装不匹配，导致链路故障
【提示】显示串行接口时，常见以下几种状态：
Serial0/0/0 is up, line protocol is up
//链路正常
Serial0/0/0 is administratively down, line protocol is down

```
//没有打开该接口，执行"no shutdown"可以打开接口
Serial0/0/0 is up, line protocol is down
//物理层正常，数据链路层有问题，通常是没有配置时钟、两端封装不匹配、PPP 认证错误
Serial0/0/0 is down, line protocol is down
//物理层故障，通常是连线问题
```

6.2.2 路由器广域网 PPP 封装 PAP 验证配置

1. 实验背景知识

认证方式之一：口令验证协议（Password Authentication Protocol，PAP）。

PAP 是一种简单的明文验证方式。NAS（网络接入服务器）要求用户提供用户名和口令，PAP 以明文方式返回用户信息。显然，这样的验证方式的安全性较差，第三方可以很容易地获取被传送的用户名和口令，并利用这些信息与 NAS 建立连接获取 NAS 提供的所有资源。所以，一旦用户密码被第三方窃取，PAP 无法提供避免受到第三方攻击的保障措施。

PAP 认证进程只在双方的通信链路建立初期进行。如果认证成功，在通信过程中不再进行认证。如果认证失败，则直接释放链路。

PAP 的弱点是用户的用户名和密码是明文发送的，有可能被协议分析软件捕获而导致安全问题。但是，因为认证只在链路建立初期进行，节省了宝贵的链路带宽。

2. 实验目的

（1）掌握路由器广域网 PPP 封装 PAP 验证配置；
（2）理解 DCE 和 DTE 端口连接特点；
（3）理解路由器封装匹配；
（4）理解 PAP 验证过程。

3. 实验设备与材料清单

（1）Cisco 2503 路由器 2 台；
（2）反转线 1 根；
（3）PC 1 台；
（4）电源线若干。

4. 实验拓扑结构图、实物图（图 6-2，图 6-3）

对于同步串行接口，默认的封装格式是 HDLC，HDLC 是思科路由器的私有实现。可以使用命令 Encapsulation PPP 将默认的封装 HDLC 格式改为 PPP。

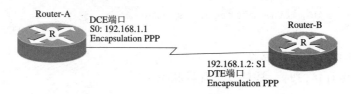

图 6-2　实验拓扑结构图

第 6 章 广域网连接配置技术

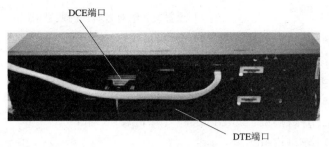

图 6-3 实验实物连接图

当通信双方的某一方封装格式为 HDLC，而另一方为 PPP 时，双方关于封装协议的协商将失败。此时，此链路处于协议性关闭状态，通信将无法进行，如图 6-4 所示。

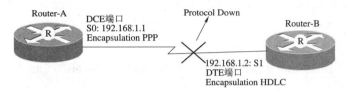

图 6-4 两端路由器串行接口封装格式不一致

5. 实验要求

表 6-1 实验配置表

Router-A		Router-B	
接口	IP 地址	接口	IP 地址
S0 DCE	192.168.1.1	S1 DTE	192.168.1.2
账号	密码	账号	密码
RouterA	weileiA	RouterB	weileiB

6. 实验步骤

步骤 1：Router-A 配置。

```
Router>
Router>en                              ！进入特权模式
Router#config t                        ！进入全局配置模式
Enter configuration commands, one per line.  End with CNTL/Z.
Router(config)#hostname Router-A       ！修改机器名
Router-A(config)#username RouterB password weileiB ！设置账号密码
Router-A(config)#int s0                ！进入S0端口模式
Router-A(config-if)#ip add 192.168.1.1 255.255.255.0 ！配置IP地址
Router-A(config-if)#encapsulation PPP  ！封装PPP协议
Router-A(config-if)#ppp authentication pap ！设置验证方式即PAP
Router-A(config-if)#ppp pap sent-username RouterA password weileiA
```

- 131 -

!设置发送给对方验证的账号密码

```
Router-A(config-if)#clock route 64000
                         ^
% Invalid input detected at '^' marker.  !命令书写错误
Router-A(config-if)#clock rate 64000     !设置DCE时钟频率
Router-A(config-if)#no shutdown          !开启S0端口
Router-a(config-if)#end
Router-a#
00:05:12: %LINK-3-UPDOWN: Interface Serial0, changed state to up
00:05:12: %SYS-5-CONFIG_I: Configured from console by console
00:05:13: %LINEPROTO-5-UPDOWN: Line protocol on Interface Serial0, changed state to up
```

实验注意事项：

Cisco命令检查器发现命令输入有误，会有提示符"% Invalid input detected at '^' marker"，命令错误是从'^'开始。

解决方案：一般来说，出现这样的错误是命令输入有错所造成的，而且'^'标示了错误，换句话说，在这个符号之前是没有错的，应该从'^'之后开始找原因，还可以用'？'来查看命令后面可以跟随的参数。

步骤2：查看Router-A配置，如图6-5所示。

图6-5 查看路由器Router-A配置

步骤3：Router-B的配置。

```
Router>
Router>en
Router#config t
Enter configuration commands, one per line.  End with CNTL/Z.
Router(config)#hostname Router-B
```

```
Router-B(config)#username RouterA password weileiA
Router-B(config)#int s1
Router-B(config-if)#ip add 192.168.1.2 255.255.255.0
Router-B(config-if)#encapsulation PPP
Router-B(config-if)#PPP authentication pap
Router-B(config-if)#PPP pap sent-username RouterB password weileiB
Router-B(config-if)#no shutdown
Router-B(config-if)#exit
Router-B(config)#
01:10:15: %LINK-3-UPDOWN: Interface Serial1, changed state to up
Router-B(config)#end
Router-B#
01:10:23: %SYS-5-CONFIG_I: Configured from console by console
```

步骤 4：查看 Router-B 配置，如图 6-6 所示。

```
Router-B>en
Router-B#show int s1           ! 查看端口状态
Serial1 is up, line protocol is up       ! 端口和协议都UP为正常，如均为Down，
  Hardware is HD64570                      则表示端口和协议没有配置成功
  Internet address is 192.168.1.2/24    ! 查看IP地址
  MTU 1500 bytes, BW 1544 Kbit, DLY 20000 usec,
     reliability 255/255, txload 1/255, rxload 1/255
  Encapsulation PPP, loopback not set   ! 查看封装协议为PPP
  Keepalive set (10 sec)
  LCP Open
  Open: IPCP, CDPCP
  Last input 00:00:05, output 00:00:05, output hang never
  Last clearing of "show interface" counters 00:27:37
  Input queue: 0/75/0 (size/max/drops); Total output drops: 0
  Queueing strategy: weighted fair
  Output queue: 0/1000/64/0 (size/max total/threshold/drops)
     Conversations  0/2/256 (active/max active/max total)
     Reserved Conversations 0/0 (allocated/max allocated)
  5 minute input rate 0 bits/sec, 0 packets/sec
  5 minute output rate 0 bits/sec, 0 packets/sec
     1024 packets input, 22163 bytes, 0 no buffer
     Received 0 broadcasts, 0 runts, 0 giants, 0 throttles
     0 input errors, 0 CRC, 0 frame, 0 overrun, 0 ignored, 0 abort
     1035 packets output, 18335 bytes, 0 underruns
     0 output errors, 0 collisions, 227 interface resets
     0 output buffer failures, 0 output buffers swapped out
     452 carrier transitions
     DCD=up DSR=up DTR=up RTS=up CTS=up
```

图 6-6 查看路由器 Router-B 配置

步骤 5：测试连通性，如图 6-7 所示。

```
Router-a#ping 192.168.1.2

Type escape sequence to abort.
Sending 5, 100-byte ICMP Echos to 192.168.1.2, timeout is 2 seconds:
!!!!!
Success rate is 100 percent (5/5), round-trip min/avg/max = 32/32/32 ms
Router-a#
```

! 表示成功率为100%，
否则，测试失败

图 6-7 测试连通性

7. 实验总结

(1) 账号和密码一定要交叉对应,发送的账号和密码要和对方账号数据库中的账号密码相对应。

(2) 不要忘记配置 DCE 端口的时钟频率。

(3) 注意查看端口状态时,端口和协议都必须是 UP 状态,一般情况,协议是 DOWN 状态时,通常是封装类型不匹配或者 DCE 端口时钟没有配置;端口是 DOWN 状态时,通常是线缆故障。

(4) 在实际工程中,DCE 设备通常由服务提供商配置,是不需要在 DCE 端口配置时钟的,但在实验室中,一般需要配置时钟。

6.2.3 路由器广域网 PPP 封装 CHAP 验证配置

1. 实验背景知识

认证方式之二:咨询(挑战)握手认证协议(Challenge-Handshake Authentication Protocol,CHAP)。

相对于 PPP 封装 PAP 验证方式来说,CHAP 为一种加密的 PPP 封装验证方式,能够避免建立连接时传送用户的真实密码。NAS 向远处用户发送一个挑战口令,其中包括会话 ID 和一个任意生成的挑战字串。远程客户必须使用 MD5 单向哈希算法返回用户名和加密的挑战口令、会话 ID 及用户口令、其中用户名以非哈希方式发送。

CHAP 对 PAP 进行了改进,不再直接通过链路发送明文口令,而是使用挑战口令以哈希算法对口令进行加密。因为服务器端存在客户的明文口令,所以服务器可以重复客户端进行的操作,并将结果与用户返回的口令进行对照。CHAP 为每一次验证任意生成一个挑战字串来防止受到再现攻击。在整个连接过程中,CHAP 将不定时地向客户端重复发送挑战口令,从而避免第三方冒出远程客户进行攻击。

2. 实验目的

(1) 掌握路由器广域网 PPP 封装 CHAP 验证配置;

(2) 理解 DCE 和 DTE 端口连接特点;

(3) 理解 CHAP 验证过程;

(4) 理解路由器封装匹配。

3. 实验拓扑结构图、实验实物图(图 6-8,图 6-9)

图 6-8 实验拓扑结构图

第 6 章 广域网连接配置技术

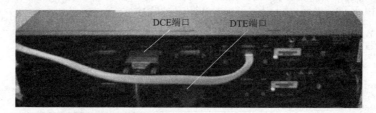

图 6-9 实验实物连接图

4. 实验要求

表 6-2 实验配置表

Router-A		Router-B	
接口	IP 地址	接口	IP 地址
S0 DCE	192.168.1.1	S1 DTE	192.168.1.2
账号	密码	账号	密码
RouterA	weileiB	RouterB	weileiB

5. 实验步骤

步骤 1：Router-A 配置，如图 6-10 所示。

```
Router>en
Router#config t
Enter configuration commands, one per line.  End with CNTL/Z.
Router(config)#hostname Router-A
Router-A(config)#username RouterB password weileiB
Router-A(config)#int s0
Router-A(config-if)#ip add 192.168.1.1 255.255.255.0
Router-A(config-if)#encap ppp                         !封装PPP协议
Router-A(config-if)#ppp auth chap                     !设置验证方式
Router-A(config-if)#ppp chap hostname RouterA
Router-A(config-if)#clock rate 64000
Router-A(config-if)#no shutdown
Router-A(config-if)#exit                              !设置发送给对方验证的账号
Router-A(config)#
00:03:44: %LINK-3-UPDOWN: Interface Serial0, changed state to down
```

图 6-10 Router-A 配置

步骤 2：查看配置，如图 6-11 所示。

```
Router-A#show int s0
Serial0 is up, line protocol is up
  Hardware is HD64570
  Internet address is 192.168.1.1/24
  MTU 1500 bytes, BW 1544 Kbit, DLY 20000 usec,
     reliability 255/255, txload 1/255, rxload 1/255
  Encapsulation PPP, loopback not set
  Keepalive set (10 sec)
  LCP Open
  Open: IPCP, CDPCP
  Last input 00:00:00, output 00:00:00, output hang never
  Last clearing of "show interface" counters 00:29:46
  Input queue: 0/75/0 (size/max/drops); Total output drops: 0
  Queueing strategy: weighted fair
  Output queue: 0/1000/64/0 (size/max total/threshold/drops)
     Conversations  0/1/256 (active/max active/max total)
     Reserved Conversations 0/0 (allocated/max allocated)
  5 minute input rate 0 bits/sec, 0 packets/sec
  5 minute output rate 0 bits/sec, 0 packets/sec
     377 packets input, 16774 bytes, 0 no buffer
     Received 0 broadcasts, 0 runts, 0 giants, 0 throttles
     0 input errors, 0 CRC, 0 frame, 0 overrun, 0 ignored, 0 abort
     376 packets output, 16755 bytes, 0 underruns
     0 output errors, 0 collisions, 10 interface resets
     0 output buffer failures, 0 output buffers swapped out
     1 carrier transitions
     DCD=up  DSR=up  DTR=up  RTS=up  CTS=up
Router-A#
```

图 6-11 查看路由器配置

步骤 3：测试连通性，如图 6-12 所示。

```
Router-B#ping 192.168.1.1

Type escape sequence to abort.
Sending 5, 100-byte ICMP Echos to 192.168.1.1, timeout is 2 seconds:
!!!!!
Success rate is 100 percent (5/5), round-trip min/avg/max = 28/31/32 ms
Router-B#ping 192.168.1.2

Type escape sequence to abort.
Sending 5, 100-byte ICMP Echos to 192.168.1.2, timeout is 2 seconds:
!!!!!
Success rate is 100 percent (5/5), round-trip min/avg/max = 56/58/60 ms
Router-B#
```

图 6-12 测试连通性命令

步骤 4：Router-B 配置，如图 6-13 所示。

```
Route>en
Route#config t
Enter configuration commands, one per line.  End with CNTL/Z.
Route(config)#hostname Router-B
Router-B(config)#username RouterA password weileiB
Router-B(config)#int s1
Router-B(config-if)#ip add 192.168.1.2 255.255.255.0
Router-B(config-if)#encap ppp
Router-B(config-if)#ppp auth chap
Router-B(config-if)#ppp chap hostname RouterB
Router-B(config-if)#no shutdown
Router-B(config-if)#exit
Router-B(config)#
00:07:56: %LINK-3-UPDOWN: Interface Serial1, changed state to up
00:07:59: %LINEPROTO-5-UPDOWN: Line protocol on Interface Serial1, changed state
 to up
Router-B(config)#exit
```

图 6-13 Router-B 配置

步骤 5：查看配置，如图 6-14 所示。

```
Router-B>show int s1
Serial1 is up, line protocol is up
  Hardware is HD64570
  Internet address is 192.168.1.2/24
  MTU 1500 bytes, BW 1544 Kbit, DLY 20000 usec,
     reliability 255/255, txload 1/255, rxload 1/255
  Encapsulation PPP, loopback not set
  Keepalive set (10 sec)
  LCP Open
  Open: IPCP, CDPCP
  Last input 00:00:08, output 00:00:08, output hang never
  Last clearing of "show interface" counters 00:23:27
  Input queue: 0/75/0 (size/max/drops); Total output drops: 0
  Queueing strategy: weighted fair
  Output queue: 0/1000/64/0 (size/max total/threshold/drops)
     Conversations  0/1/256 (active/max active/max total)
     Reserved Conversations 0/0 (allocated/max allocated)
  5 minute input rate 0 bits/sec, 0 packets/sec
  5 minute output rate 0 bits/sec, 0 packets/sec
     354 packets input, 15865 bytes, 0 no buffer
     Received 0 broadcasts, 0 runts, 0 giants, 0 throttles
     0 input errors, 0 CRC, 0 frame, 0 overrun, 0 ignored, 0 abort
     355 packets output, 15884 bytes, 0 underruns
     0 output errors, 0 collisions, 1 interface resets
     0 output buffer failures, 0 output buffers swapped out
     0 carrier transitions
     DCD=up  DSR=up  DTR=up  RTS=up  CTS=up
Router-B>
```

图 6-14 查看路由器配置

步骤 4：测试连通性，如图 6-15 所示。

```
Router-A#ping 192.168.1.2

Type escape sequence to abort.
Sending 5, 100-byte ICMP Echos to 192.168.1.2, timeout is 2 seconds:
!!!!!
Success rate is 100 percent (5/5), round-trip min/avg/max = 28/31/32 ms
Router-A#ping 192.168.1.1

Type escape sequence to abort.
Sending 5, 100-byte ICMP Echos to 192.168.1.1, timeout is 2 seconds:
!!!!!
Success rate is 100 percent (5/5), round-trip min/avg/max = 56/60/68 ms
Router-A#
```

图 6-15 测试连通性

6．实验调试

使用"debug ppp authentication"命令可以查看 PPP 认证过程。如图 6-16 所示为认证成功的例子。如果认证失败，会有错误提示或者警告，原因有可能是密码错误等。

7．实验总结

（1）双方密码一定要一致，如本实验中账号 Router A 与 Router B 密码要都为 weileiB，发送的账号要和对方账号数据库中的账号对应。

（2）DCE 端的时钟频率一定要记得配置。

（3）有些配置命令，如果操作熟练，可以简写。如本实验中把"encapsulation"命令简写为"encap"，把"authentication"命令简写为"auth"等，有些路由器中 auth 简写时有 authentication 和 authorization 两条命令。

```
Router-A#debug ppp authentication          ！打开认证调试
PPP authentication debugging is on
Router-A#int s0
% Invalid input detected at '^' marker.
                                                    ！由于CHAP认证是在链
Router-A#config t                                   路建立之后进行一次，把
Enter configuration commands, one per line. End with CNTL/Z.
Router-A(config)#int s0                             S0端口关闭重新打开以
Router-A(config-if)#shutdown                        便观察认证过程
Router-A(config-if)#no shutdown
Router-A(config-if)#
04:08:33: %LINK-5-CHANGED: Interface Serial0, changed state to administratively
down
04:08:34: %LINEPROTO-5-UPDOWN: Line protocol on Interface Serial0, changed state
to down
04:08:35: Se0 PPP: Treating connection as a dedicated line
04:08:35: %LINK-3-UPDOWN: Interface Serial0, changed state to up
04:08:35: Se0 CHAP: Using alternate hostname RouterA
04:08:35: Se0 CHAP: O CHALLENGE id 2 len 28 from "RouterA"
04:08:35: Se0 CHAP: I CHALLENGE id 2 len 28 from "RouterB"
04:08:35: Se0 CHAP: Using alternate hostname RouterA
04:08:35: Se0 CHAP: O RESPONSE id 2 len 28 from "RouterA"
04:08:35: Se0 CHAP: I RESPONSE id 2 len 28 from "RouterB"
04:08:35: Se0 CHAP: O SUCCESS id 2 len 4
04:08:35: Se0 CHAP: I SUCCESS id 2 len 4
04:08:36: %LINEPROTO-5-UPDOWN: Line protocol on Interface Serial0, changed state
to up
```

图 6-16 实验调试命令

（4）在配置验证时也可以选择同时使用 PAP 和 CHAP，如：

R(config-if)#ppp authentication chap pap

或 R(config-if)#ppp authentication pap chap

如果同时使用两种验证方式，那么在链路协商阶段将先用第一种验证方式验证。如果对方建议使用第二种验证方式或者只是简单拒绝使用第一种方式，那么将采用第二种方式。

6.3 帧中继概述

帧中继（Frame Relay，FR）是以 X.25 分组交换技术为基础，摒弃其中复杂的检验、纠错过程，改造了原有的帧结构，从而获得了良好的性能。帧中继的用户接入速率一般为 64 Kb/s～2 Mb/s，局间中继传输速率一般为 2 Mb/s、34 Mb/s，现已可达 155 Mb/s。

6.3.1 帧中继简介

帧中继技术继承了 X.25 提供的统计复用功能和采用虚电路交换的优点，但是简化了可靠传输和差错控制机制，将那些用于保证数据可靠性传输的任务（如流量控制和差错控制等）委托给用户终端或本地结点机来完成，从而在减少网络时延的同时降低了通信成本。帧中继中的虚电路是帧中继包交换网络为实现不同 DTE 之间的数据传输所建立的逻辑链路，这种虚电路可以在帧中继交换网络内跨越任意多个 DCE 设备或帧中继交换机。

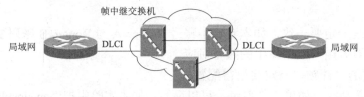

图 6-17 帧中继网络

一个典型的帧中继网络是由用户设备与网络交换设备组成的，如图 6-17 所示。作为帧中

继网络核心设备的 FR 交换机的作用类似于前面讲到的以太网交换机,都是在数据链路层完成对帧的传输,只不过 FR 交换机处理的是 FR 帧而不是以太帧。帧中继网络中的用户设备负责把数据帧送到帧中继网络,用户设备分为帧中继终端和非帧中继终端两种,其中非帧中继终端必须通过帧中继装拆设备(FRAD)接入帧中继网络。

6.3.2 帧中继的特点

帧中继具有如下特点:
- 帧中继技术主要用于传递数据业务,将数据信息以帧的形式进行传送。
- 帧中继传送数据使用的传输链路是逻辑连接,而不是物理连接,在一个物理连接上可以复用多个逻辑连接,可以实现带宽的复用和动态分配。
- 帧中继协议简化了 X.25 的第三层功能,使网络节点的处理大大简化,提高了网络对信息的处理效率。采用物理层和链路层的两级结构,在链路层也只保留了核心子集部分。
- 在链路层完成统计复用、帧透明传输和错误检测,但不提供发现错误后的重传。省去了帧编号、流量控制、应答和监视等机制,大大节省了交换机的开销,提高了网络吞吐量、降低了通信时延。一般帧中继用户的接入速率在 64 Kb/s~2 Mb/s。
- 交换单元——帧的信息长度比 X.25 分组长度要长,预约的最大帧长度至少要达到 1 600 字节/帧,适合封装局域网的数据单元。
- 提供一套合理的带宽管理和防止拥塞的机制,使用户有效地利用预约的宽带,即承诺的信息速率(CIR),还允许用户的突发数据占用未预定的带宽,以提高网络资源的利用率。
- 与分组交换一样,帧中继采用面向连接的交换技术,可以提供 SVC 和 PVC 业务,但目前已应用的帧中继网络中,一般只采用 PVC 业务。

6.3.3 帧中继术语

DLCI:Data-Link Connection Identifier,数据链路连接标识符。用来标识帧中继本地虚电路。DLCI 只在本地有意义。

LMI:Local Management Interface,本地管理接口。用来建立与维护路由器和交换机之间的连接。LMI 协议还用于维护虚电路,包括虚电路的建立、删除和状态改变。

Inverse ARP:逆向地址解析协议(ARP)。逆向帧中继网中的路由器通过逆向 ARP 可以自动建立帧中继映射,从而实现 IP 协议和 DLCI 之间的映射。

FECN:前向拥塞通知。FECN 是帧中继帧头中地址字段的一个比特,用于网络发生拥塞时的标志。

BECN:后向拥塞通知。BECN 也是帧中继帧头中地址字段的一个比特,用于网络发生拥塞时的标志。

CIR:承诺信息速率。指服务提供商承诺提供的有保证的速率。

6.3.4 帧中继的配置

帧中继的配置主要包括以下内容:
- 配置接口封装协议;
- 配置动态或者静态地址映射;

- 配置本地管理接口 LMI 参数（可选）；
- 配置帧中继交换（可选）；
- 配置帧中继子接口（可选）。

1. 基本配置

（1）封装帧中继协议。

在同步口上封装协议帧中继请用如下的命令来指定：

`router(config-if)#encapsulation frame-relay [ietf]`

为了和主流设备兼容，系统缺省封装的帧中继的格式是 Cisco 封装，如果没有特殊的使用场合，请配置 ietf 类型，即使用 encapsulation frame-relay ietf 命令。

（2）配置帧中继接口的终端类型。

`router (config-if)#frame-relay intf-type {dte|dce|nni}`

帧中继接口缺省接口类型为 DTE，DCE 类型只有在设备用作帧中继交换或者模拟帧中继局方设备时才使用，NNI 是用在帧中继交换机之间的接口类型。

（3）配置 LMI 类型。

`router (config-if)#frame-relay lmi-type {q933a|ansi|cisco}`

锐捷系列 RGNOS 系统支持三种帧中继的本地管理接口类型：ITU-T Q.933 附录 A(Q933A)、ANSI T1.617 附录 D(ANSI)和 Cisco 格式。用户在配置设置该参数时必须和帧中继网络的接入设备（DCE 端）的一致，系统缺省是 Q933A，一般局方提供 ANSI 类型，和工业主流设备 Cisco 设备相连时，也可以采用和 Cisco 相一致的管理类型 Cisco 格式。

2. 配置帧中继地址映射

（1）配置静态地址映射。

静态地址映射反映远端设备的 IP 地址和本地 DLCI 的对应关系，地址映射可以手工配置，命令如下：

router (config-if)#**frame-relay map ip** *ip-address dlci* [**broadcast|active**| **tcp|ietf|cisco**]

在对端设备不支持反转 ARP(动态地址映射)协议时，本地端必须配置静态地址映射才能通信，设置静态映射之后，反转 ARP 自动失效。

ietf 可选关键字指示帧中继进程使用 IETF 帧中继 RFC 1490 封装方法。使用 Cisco 或 ietf 关键字可以覆盖接口配置命令 encapsulation frame-relay 所指定的方法。不指定 Cisco 或者关键字将使地址映射继承接口配置命令 encapsulation frame-relay 所设置的属性。

当网络协议需要使用广播功能时，使用关键字 Broadcast，在 IP 网络上使用 OSPF 或者 EIGRP 路由协议时，使用该关键字尤其重要。

（2）配置动态逆向 ARP。

动态地址映射对于网络协议缺省都为启用状态。

由于逆向 ARP 缺省为启用状态，因此不需要为动态寻址而专门指定它，除非反转 ARP 被禁止。在指定的接口配置下面可以输入如下命令启用逆向 ARP：

router(config-if)#**frame-relay inverse-arp** *[protocol] [dlci]*

可选的 protocol 变量允许路由器管理员对一个特定的网络协议禁止使用逆向 ARP，而同时其他支持的协议仍能够使用逆向 ARP。protocol 变量的取值可以是下面的关键字之一：Ip，bridge，LLC2。

dlci 变量的取值是一个合法的接口号,范围为 16~1007。同时指定 protocol 和 dlci 变量可以确定一个特定的 DLCI 协议。这允许运行相同协议的另一个 DLCI 继续使用动态地址映射。

当使用 no frame-relay inverse-arp 不特定指定哪个协议和哪个 DLCI 号时,是使所有的协议和接口上所有的 DLCI 都禁止使用逆向 ARP。

3. 配置帧中继本地虚电路

帧中继本地 DLCI 号使用如下命令指定:

router (config-if)#**frame-relay local-dlci** *dlci*

注意:只有当本地接口类型为 DCE 或者是 NNI 类型时,才可以在接口上配置本地虚电路号。

4. 配置帧中继交换

RGNOS 系列路由器支持帧中继的交换功能,用此功能可以将路由器模拟成局方网络侧的交换机,配置帧中继的交换必须注意以下几点:

- 设定帧中继交换使能命令(打开帧中继交换功能);
- 设定接口的 intf-type 是 DCE 或者 NNI 类型;
- 帧中继交换路由器必须两个以上的接口配置了交换才可以起作用;
- 必须配置帧中继交换路由。

(1) 允许帧中继进行 PVC 交换。

`Router(config)#frame-relay switching`

使用这条命令打开帧中继交换功能时,必须将该路由器配置成 DCE 设备。

(2) 设置帧中继接口类型。

`router(config-if)#frame-relay intf-type {dte|dce|nni}`

(3) 配置帧中继 PVC 交换的路由。

`Red-Giant(config)# frame-relay route` *in-dlci* `interface serial` *number out-dlci*

将本地接口上 DCE 上的 DLCI 设定为 in-dlci,而另外一个同步接口 serial number 上的 DCE 的 DLCI 设定为 out-dlci。

5. 帧中继典型配置举例

例:配置帧中继 IETF DTE:如图 6-18,通过公用帧中继网络互连局域网,在这种方式下,路由器只能作为用户设备工作在帧中继的 DTE 方式,假设路由器 R1 的 DLCI 号为 16,路由器 R2 的 DLCI 号为 17。

图 6-18 配置帧中继 DTE 示例图

配置步骤如下:

配置路由器 R1:

!配置接口 IP 地址

`router(config)#interface serial 0`

router (config-if)#ip address 1.1.1.1 255.255.255.252
！配置接口封装为帧中继 IETF 报文格式
router (config-if)#encapsulation frame-relay ietf
！配置静态地址映射
router (config-if)#frame-relay map ip 1.1.1.2 16
配置路由器 R2：
！配置接口 IP 地址
router (config)#interface serial 0
router (config-if)#ip address 1.1.1.2 255.255.255.252
！配置接口封装为帧中继 IETF 报文格式
router (config-if)#encapsulation frame-relay ietf
！配置静态地址映射
router (config-if)#frame-relay map ip 1.1.1.1 17

例：配置帧中继 IETF DCE：如图 6-19，两台路由器通过 V.35 电缆线背靠背直连，R1 物理层和帧中继链路层都作为 DTE 工作方式，R2 在物理层和帧中继链路层都作为 DCE 工作方式。

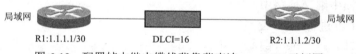

图 6-19　配置帧中继电缆线背靠背直连——DCE 示例图

配置步骤如下：
配置路由器 R1：
！配置接口 IP 地址
Router (config)#interface serial 0
Router(config-if)#ip address 1.1.1.1 255.255.255.252
！配置接口封装为帧中继 IETF 报文格式
Router(config-if)#encapsulation frame-relay ietf
！配置静态地址映射
Router(config-if)#frame-relay map ip 1.1.1.2 16
配置路由器 R2：
！配置帧中继交换功能
Router(config)#frame-relay switching
！配置接口 IP 地址
Router(config)#interface serial 0
Router(config-if)#ip address 1.1.1.2 255.255.255.252
！配置接口封装为帧中继 IETF 报文格式
Router(config-if)#encapsulation frame-relay ietf
！配置接口的类型 DCE
Router(config-if)#frame-relay intf-type dce

！配置本地 DLCI 号
Router(config-if)#frame-relay local-dlci 16
！配置静态地址映射
Router(config-if)#frame-relay map ip 1.1.1.1 16

6. 利用思科 packet 模拟器来实现帧中继实验

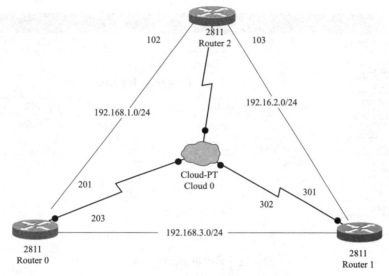

图 6-20　帧中继实验拓扑

因为在 PT 路由器上打不出 frame-relay switching 这条命令，所以先做以下配置，如图 6-21 所示。

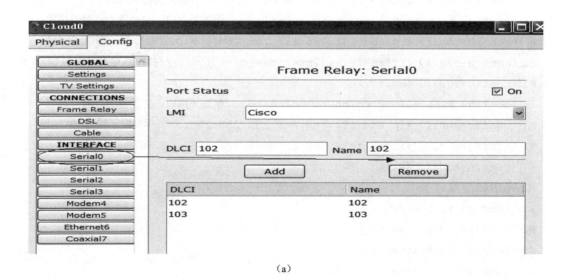

(a)

图 6-21　帧中继的配置

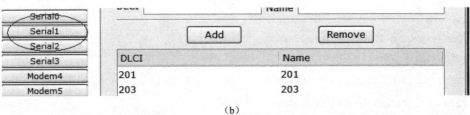

(b)

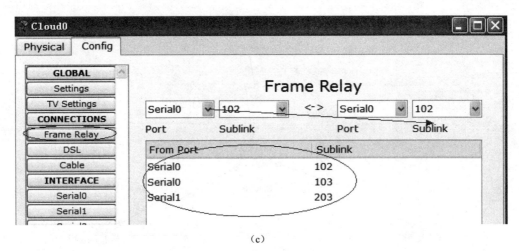

(c)

图 6-21 帧中继的配置（续）

R1（config）#int s1/0   // 进入 S1/0 端口配置

R1（config-if）#no shut   // 启动端口

R1（config-if）#encapsulation frame-relay   //帧中继封装

R1（config-if）#frame-relay lmi-type cisco   //帧中继类型为 Cisco

R1（config）#int s1/0.1 point-to-point   // 配置子端口，并设置为点对点模式

R1（config-subif）#ip add 192.168.1.1 255.255.255.0   //分配子端口 IP 地址

R1（config-subif）#frame-relay interface-dlci 102   //指定点对点对应的 DLCI 值

R1（config-subif）#exit

R1（config）#int s1/0.2 point-to-point   //配置子端口，并设置为点对点模式

R1（config-subif）#ip add 192.168.2.1 255.255.255.0   //分配子端口 IP 地址

R1（config-subif）#frame-relay interface-dlci 103   //指定点对点对应的 DLCI 值

R1（config-subif）#exit

R2 路由器配置：

R2（config）#int s1/0

R2（config-if）#no shut

R2（config-if）#enframe-relay

R2（config-if）#frame-relay lmi-type cisco

R2（config）#int s1/0.1 point-to-point

R2（config-subif）#ip add 192.168.1.2 255.255.255.0

R2（config-subif）#frame-relay interface-dlci 201

```
R2（config-subif）#exit
R2（config）#int s1/0.2 p
R2（config-subif）#ip add 192.168.3.1 255.255.255.0
R2（config-subif）#frame-relay interface-dlci 203
R2（config-subif）#exit
```
R3 路由器配置：
```
R3（config）#int s1/0
R3（config-if）#no shut
R3（config-if）#en frame-relay
R3（config-if）#frame-relay lmi-type cisco
R3（config）#int s1/0.1 point-to-point
R3（config-subif）#ip add 192.168.3.2 255.255.255.0
R3（config-subif）#frame-relay interface-dlci 302
R3（config-subif）#exit
R3（config）#int s1/0.2 point-to-point
R3（config-subif）#ip add 192.168.2.2 255.255.255.0
R3（config-subif）#frame-relay interface-dlci 301
R3（config-subif）#exit
```
测试是否成功：

（1）show frame-relay route 命令。

该命令用来查看接口进入和送出的 dlci，以及状态是否是 active。

```
R2#show frame-relay route
Input Intf     Input Dlci     Output Intf     Output Dlci     Status
Serial0/0      103            Serial0/1       301             active
Serial0/0      104            Serial0/2       401             active
Serial0/1      301            Serial0/0       103             active
Serial0/1      304            Serial0/2       403             active
Serial0/2      401            Serial0/0       104             active
Serial0/2      403            Serial0/1       304             active
```

以上输出表明了路由器 R2 上配置了 3 条 PVC，状态都是活动的，其中 se0/0 103 se0/1 301 active 的含义是路由器如果从 se0/0 接口收到 dlci=103 的帧，要从 se0/1 接口交换出去，并且 dlci 被替换为 301。

（2）Show frame-relay pvc 命令。

该命令用于显示路由器上配置的所有 pvc 的统计信息。

```
R2#show frame-relay pvc

PVC Statistics for interface Serial0/3/0 (Frame Relay DCE)//该接口是帧中继的dce
```

```
                Active      Inactive      Deleted       Static
     Local        0            0             0            0
     Switched     0            1             0            0
     Unused       0            0             0            0
```
//以上 4 行输出表明该接口有 1 条处于活动状态的 pvc

DLCI = 103, DLCI USAGE = SWITCHED, PVC STATUS = INACTIVE, INTERFACE = Serial0/3/0

//dlci 为 103 的 pvc 处于活动状态，本地接口是 se0/3/0，dlci 用途是完成帧中继 dlci 交换

```
     input pkts 0              output pkts 0              in bytes 0
     out bytes 0               dropped pkts 0             in pkts dropped 0
     out pkts dropped 0             out bytes dropped 0
     in FECN pkts 0            in BECN pkts 0             out FECN pkts 0
     out BECN pkts 0           in DE pkts 0               out DE pkts 0
     out bcast pkts 0          out bcast bytes 0
     30 second input rate 0 bits/sec, 0 packets/sec
     30 second output rate 0 bits/sec, 0 packets/sec
     switched pkts 0
     Detailed packet drop counters:
     no out intf 0             out intf down 0            no out PVC 0
     in PVC down 0             out PVC down 0             pkt too big 0
     shaping Q full 0          pkt above DE 0             policing drop 0
     pvc create time 00:09:12, last time pvc status changed 00:09:12
```
//以上输出是 dlci 为 103 的 pvc 统计信息

PVC Statistics for interface Serial0/3/1 (Frame Relay DCE)

```
                Active      Inactive      Deleted       Static
     Local        0            0             0            0
     Switched     0            1             0            0
     Unused       0            0             0            0
```

DLCI = 301, DLCI USAGE = SWITCHED, PVC STATUS = INACTIVE, INTERFACE = Serial0/3/1

```
     input pkts 0              output pkts 0              in bytes 0
     out bytes 0               dropped pkts 0             in pkts dropped 0
     out pkts dropped 0             out bytes dropped 0
     in FECN pkts 0            in BECN pkts 0             out FECN pkts 0
     out BECN pkts 0           in DE pkts 0               out DE pkts 0
     out bcast pkts 0          out bcast bytes 0
     30 second input rate 0 bits/sec, 0 packets/sec
```

```
30 second output rate 0 bits/sec, 0 packets/sec
switched pkts 0
Detailed packet drop counters:
no out intf 0          out intf down 0        no out PVC 0
in PVC down 0          out PVC down 0         pkt too big 0
shaping Q full 0       pkt above DE 0         policing drop 0
pvc create time 00:06:13, last time pvc status changed 00:06:13
```
//以上输出是 dcli 为 301 的 pvc 统计信息

第 7 章

访问控制列表

路由器的主要功能是发现到达目标网络的路径，但也可以做防火墙，算是一种功能较为简单的硬件防火墙。一般路由器的防火墙功能主要是用于包过滤和网络地址转换。

路由器的包过滤是通过配置访问列表来实现的。访问控制列表（Access Control List，ACL）是由一系列语句组成的列表，这些语句主要包括匹配条件和采取的动作（允许或禁止）两项内容。把访问列表应用到路由器的接口上，通过匹配数据包信息与访问表参数来决定允许数据包通过还是拒绝数据包通过这个接口。

7.1 访问控制列表概述

ACL（Access Control List），即访问控制列表。这张表中包含了匹配关系、条件和查询语句，表只是一个框架结构，其目的是为了对某种访问进行控制。信息点间通信、内外网络的通信都是企业网络中必不可少的业务需求，但是为了保证内网的安全性，需要通过安全策略来保障非授权用户只能访问特定的网络资源，从而达到对访问进行控制的目的。简而言之，ACL 可以过滤网络中的流量，是控制访问的一种网络技术手段。网络中常说的 ACL 是 OSI/NOS 等网络操作系统所提供的一种访问控制技术，初期仅在路由器上支持，现在已经扩展到三层交换机，部分最新的二层交换机也开始提供 ACL 支持。

7.1.1 为什么要使用访问列表

1. 何处使用 ACL

作为公司网管，当公司领导提出下列要求时你该怎么办？

（1）为了提高工作效率，不允许员工上班时间进行 QQ 聊天、MSN 聊天等，但需要保证正常地访问 Internet，以便查找资料了解客户及市场信息等。

（2）公司有一台服务器对外提供有关本公司的信息服务，允许公网用户访问，但为了内部网络的安全，不允许公网用户访问除信息服务器之外的任何内网节点。

（3）在企业内部网络中，会存在一些重要的或者保密的资源或者数据，为了防止公司员工有意或无意地破坏或者访问，对这些服务器应该只允许相关人员访问。

这些列表告诉路由器哪些数据包应该接收，哪些数据包应该拒绝；ACL 的定义是基于每一种协议的（ip.appletalk.ipx），如果想控制某种协议的通信数据流，那么必须要对该接口处的这种协议定义单独的 ACL；ACL 可以当作一种网络控制的有力工具来过滤流入、流出路由器接口的数据包。使用 ACL 会消耗路由器的 CPU 资源。图 7-1 所示为利用 ACL 实施控制。

2. 使用 ACL 的原因

网络应用与互联网的普及在大幅提高企业的生产经营效率的同时，也带来了很多数据安

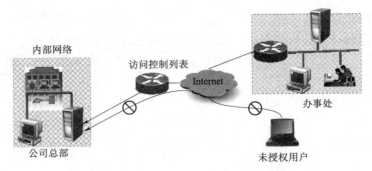

图 7-1 利用 ACL 对网络进行控制

全方面的问题。如何将一个网络有效地管理起来，尽可能地降低网络所带来的负面影响，网络管理员必须使用 ACL，以便：

（1）限制网络流量，提高网络性能。ACL 可以限制符合某一条件的数据流入网络，比如有大量的外部的 FTP 流量流入内部网络占用带宽资源，可以限制这一部分流量涌入，保护内部网络。

（2）访问控制列表可以用于 QoS（Quality of Service），对数据流量进行控制。

（3）提供对通信流量的控制手段。通过配合使用 ACL，甚至可以限制或简化路由更新的内容。

（4）提供网络访问的基本安全手段。你可以限制主机 a 访问你的网络，主机 b 不能访问你的网络，如果没有 ACL，路由器是不会阻止任何信息通过的。

（5）在路由器的接口处，决定哪种类型的通信流量被转发，哪种类型的通信流量被阻塞。例如，可以允许 WWW 的通信流量通过，但是阻止 FTP 的流量通过。拒绝不希望的访问连接，同时又要允许正常的访问。

7.1.2 访问控制列表的工作原理及流程

（1）基本原理：ACL 使用包过滤技术，在路由器上读取第三层及第四层包头中的信息，如源地址、目的地址、源端口、目的端口等，根据预先定义好的规则对包进行过滤，从而达到访问控制的目的，如图 7-2 所示。

（2）功能：网络中的节点分为资源节点和用户节点两大类，其中资源节点提供服务或数据，而用户节点访问资源节点所提供的服务与数据。ACL 的主要功能就是一方面保护资源节点，阻止非法用户对资源节点的访问；另一方面限制特定的用户节点对资源节点的访问权限。

（3）配置 ACL 的基本原则：在实施 ACL 的过程中，应当遵循如下两个基本原则。

① 最小特权原则：只给受控对象完成任务所必需的最小的权限；

② 最靠近受控对象原则：所有的网络层访问权限控制尽可能离受控对象最近。

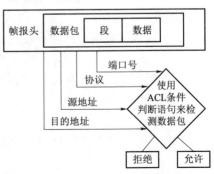

图 7-2 ACL 对数据包进行访问控制

（4）局限性：由于 ACL 是使用包过滤技术来实现的，过滤的依据是第三层和第四层包头中的部分信息，这种技术具有一些固有的局限性，如无法识别到具体的人，无法识别到应用内部的权限级别等，因此，要达到端到端（end to end）的权限控制目的，需要和系统级及应用级的访问权限控制结合使用。

具体来说，ACL 是应用在路由器（或三层交换机）接口的指令列表，这些指令应用在路由器（或三层交换机）的接口处，以决定哪种类型的通信流量被转发，哪种类型的通信流量被阻塞。转发和阻塞基于一定的条件（扩展），如源 IP 地址、目标 IP 地址、上层应用协议、TCP/UDP 的端口号。

图 7-3 显示了 ACL 的工作过程。

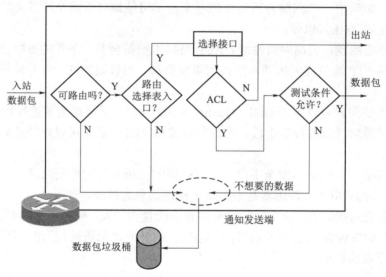

图 7-3　ACL 的工作过程

（5）ACL 基本规范：Cisco 路由器一般情况下采用顺序匹配方式，只要一条满足就不会继续查找，另外在 Cisco 的访问控制列表中，最后一条是隐含拒绝的，即前面所有条目都不匹配的话，则默认拒绝。任何条件下只给用户能满足他们需求的最小权限。具体概括为以下三条规则。

① 一切未被允许的就是禁止的：定义访问控制列表规则时，最终的默认规则是拒绝所有数据包通过。

② 按规则链来进行匹配：使用源地址、目的地址、源端口、目的端口、协议、时间段进行匹配。

③ 规则匹配原则：从头到尾、至顶向下的匹配方式，匹配成功马上停止，立刻使用该规则的"允许/拒绝……"。

7.2　访问控制列表的分类

1. 访问控制列表的分类

一般利用数字标识访问控制列表，根据数字范围标识访问控制列表可以分为如下两类。

（1）标准 IP 访问列表（Standard Access List）：根据数据包源 IP 地址进行规则定义，只对数据包中的源地址进行检查，通常允许、拒绝的是完整的协议，编号范围（1～99）。

（2）扩展 IP 访问列表（Extended Access List）：对数据包中的源地址、目的地址、协议（如 TCP、UDP、ICMP、Telnet、FTP 等）或者端口号进行检查，通常允许、拒绝的是某个特定的协议，编号范围（100～199）。

ACL 具体的编号范围如表 7-1 所示。

表 7-1　ACL 编号范围

ACL 类型	编号范围
标准 IP	1～99 或 1 300～1 999
扩展 IP	100～199 或 2 000 ～2 699
AppleTalk	600～699
标准 IPX	800～899
扩展 IPX	900～999
IPX SAP	1 000～1 099

2．ACL 配置步骤

（1）定义访问控制列表。

其命令格式如下：

`Router(config)# access-list access-list-number { permit | deny } source [source-wildcard] [log]`

例：Router（config）#access-list 1 deny　　172.16.4.13　0.0.0.0

① 为每个 ACL 分配唯一的编号 access-list-number，access-list-number 与协议有关，见表 7-1，标准 ACL 在 1 到 99 之间，这里为 1。

② 检查源地址（Checks Source address），由 source、source-wildcard 组成，以决定源网络或地址。source-wildcard 为通配符掩码。

通配符掩码（反码）= 255.255.255.255-子网掩码。

- 它是一个 32 位的数字字符串。
- 0 表示"检查相应的位"，1 表示"不检查（忽略）相应的位"。

这里，网络号为 172.16.4.13，通配符掩码（反码）为 0.0.0.0。

特殊的通配符掩码表示：

Any　表示 0.0.0.0　　255.255.255.255

Host 172.30.16.29 表示 172.30.16.29　　0.0.0.0

③ 不区分协议（允许或拒绝整个协议族），这里指 IP 协议。

④ 确定是允许（permit）或拒绝（deny），这里是 permit。

⑤ log 表示将有关数据包匹配情况生成日志文件。

⑥ 只能删除整个访问控制列表，不能只删除其中一行。

```
Router(config)# no access-list access-list-number
Router(config)#access-list 1 permit 172.16.0.0  0.0.255.255
Router(config)#access-list 1 permit 0.0.0.0  255.255.255.255
```

（2）把访问控制列表应用到某一接口上。

ACL 就好像门卫一样对进出 "大门"（端口）的数据进行过滤，如果这个门卫没有设置在门口（端口），那么就不能起到应有的作用，所以 ACL 一定要放置在端口上才能生效。此外，ACL 还有方向性，有 in 和 out 两个方向：in 就是数据从端口外面要进入到路由器里面，out 就是数据从路由器内部经端口转发到路由器外部。每一个方向上都可以有独立内容的 ACL，两个方向的 ACL 互不干扰，如下为配置方法。

```
Router(config-if)#ip access-group access-list-number {in|out}
```

例：
```
Router(config)#interface s0/0
Router(config-if)#ip access-group 1 out
```

（3）查看访问控制列表。

```
show access-lists
show ip interface
```

3. 通配符掩码

通配符掩码与源或目标地址一起来分辨匹配的地址范围，它跟子网掩码刚好相反。它不像子网掩码告诉路由器 IP 地址的哪一位属于网络号一样，通配符掩码告诉路由器为了判断出匹配，它需要检查 IP 地址中的多少位。它也是一个 32 位的数字字符串，它用点号分成 4 个八位组，每个八位组包含 8 个比特位。在子网掩码中，将掩码的一位设成 1 表示 IP 地址对应的位属于网络地址部分；相反，在访问列表中，将通配符掩码中的一位设成 1 表示 IP 地址中对应的位既可以是 1 又可以是 0。有时，可将其称作 "无关" 位，因为路由器在判断是否匹配时并不关心它们。掩码位设成 0 则表示 IP 地址中相对应的位必须精确匹配。简单来说就是，0 表示需要比较，1 表示忽略比较，如图 7-4 所示。

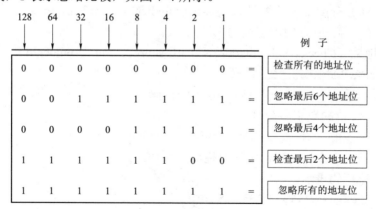

图 7-4 通配符的含义

通配符掩码很多人习惯叫作反掩码，因为它和反掩码很相似。但是某些时候和反掩码还有一定的区别。在配置路由协议的时候（如 OSPF、EIGRP）使用的反掩码必须是连续的 1，即网络地址，如：

```
route ospf 100     network 192.168.130.0 0.0.0.255
                   network 192.168.131.0 0.0.0.255
```
而在配置 ACL 的时候可以使用不连续的 1，只需对应的位置匹配即可，如：
```
access-list 1 permit 192.168.133.0 0.0.11.255
```
表 7-2 所示为通配符配置实例。

表 7-2　通配符配置实例

IP 地址	通配符掩码	表示的地址范围
192.168.0.1	0.0.0.255	192.168.0.0/24
192.168.0.1	0.0.3.255	192.168.0.0/22
192.168.0.1	0.255.255.255	192.0.0.0/8
192.168.0.1	0.0.0.0	192.168.0.1
192.168.0.1	255.255.255.255	0.0.0.0/0
192.168.0.1	0.0.2.255	192.168.0.0/24 和 192.168.2.0/24

192.168.0.1　0.0.2.255　192.168.0.0/24 和 192.168.2.0/24

很多人就有疑问为什么得出两个网段，如果你把通配符当作一般的反掩码计算那就会出现问题。

首先转换成二进制：

11000000.10101000.00000000.00000001　(192.168.0.1)

00000000.00000000.00000010.11111111　(0.0.2.255)

通配符掩码 0 位必须检查，1 位无须检查，也就是说，通配符掩码第三段第 7 位那个 1 所对应的 IP 位，可以是 0 也可以是 1。

结果就产生了两种情况：

11000000.10101000.00000000.********和 11000000.10101000.00000010.********（通配符掩码第四段全为 1，也就是代表第四段不需要检查，取值范围在 0～255 之间，这里用"*"表示）

最后此实例的表示范围也就出来了 192.168.0.0/24 和 192.168.2.0/24。

（1）如何使用通配符 any？

在 IP 地址中有一些地址具有特殊意义。如 255.255.255.255 是洪广播地址；0.0.0.0 代表任何地址，则所有地址的通配符掩码为 255.255.255.255，转换成二进制为

00000000.00000000.00000000.00000000（IP）

11111111.11111111.11111111.11111111（反通配符掩码）

允许所有地址通过可以写成：access-list 99 permit 0.0.0.0 255.255.255.255。但是这样写太烦琐，尤其是在反复输入时，所以就用通配符 any 代替 0.0.0.0 255.255.255.255。

如 access-list 99 permit 0.0.0.0 255.255.255.255 也可写成 access-list 99 permit **any**。

（2）如何使用通配符 host？

当要匹配的地址是一个主机地址，如 192.168.0.1 时：

11000000.10101000.00000000.00000001（IP）

00000000.00000000.00000000.00000000（反通配符掩码）

```
access-list 10 deny 192.168.0.1 0.0.0.0
```
在这里可以用通配符 host 来表示 0.0.0.0，注意这里的 0.0.0.0 是通配符掩码。
```
access-list 10 deny host 192.168.0.1
```

7.3 标准访问控制列表

标准访问控制列表只使用源地址进行过滤，表明是允许还是拒绝，如图 7-5 所示。

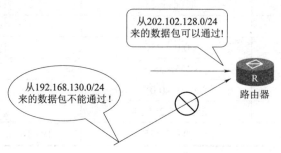

图 7-5 标准访问控制列表的含义

```
Router（config）#access-list access-list-number { permit | deny } {source|any} [ source- wildcard ] [log]
```
  access-list-number ：ACL 标识号码，十进制。可选范围为 1～99
  deny | permit   ：deny 拒绝转发（丢弃），permit 允许转发
  source | any   ：数据包的源地址（主机地址或网络号），any 表示所有地址
  source- wildcard ：通配符掩码
```
Router（config-if）#ip access-group access-list-number { in | out }
```
 access-list-number：ACL 标识号码
 in | out   ：in 表示检查进入该端口的数据包，out 表示检查送出该端口的数据包

标准访问控制列表举例如下：

例：Router（config）#access-list 10 permit 192.168.130.0 0.0.0.255

定义 10 号标准访问列表，允许来自 192.168.130.0 这个网络的主机的数据包通过。

例：Router（config）#access-list 20 deny 192.168.130.91 0.0.0.0 或 Router（config）#access-list 20 deny host 192.168.130.91

定义 20 号标准访问列表，拒绝来自 192.168.130.91 这台主机的数据包通过。

1．标准访问控制列表——设置规则

例：配置访问控制列表让其拒绝 192.168.10.0/24 这个网络的通信，但是 192.168.10.2 这台主机除外。
```
access-list 10 deny 192.168.10.0 0.0.0.255
access-list 10 permit 192.168.10.2  0.0.0.0
```

访问列表执行时，按顺序比较各行命令。先比较第一行，再比较第二行，直到最后一行。若找到 1 个符合条件的行，就执行；即使有的行与此行矛盾，该行已经执行。所以，在配置访问控制列表时尽量把作用范围小的语句放在前面。

访问列表的命令行中默认最后一行为拒绝（deny），即 Access-list X deny any，该行并不写出。如果命令行中没有 1 条许可（permit）语句，意味着所有数据包都被丢弃。所以每个访问列表必须至少要有 1 行 permit 语句。

2．permit 和 deny 应用的规则

（1）最终目标是尽量让访问控制中的条目少一些。另外，访问控制列表是自上而下逐条对比，所以一定要把条件严格的列表项语句放在上面，然后再将条件稍严格的列表选项放在其下面，最后放置条件宽松的列表选项，还要注意一般情况下，拒绝应放在允许上面。

（2）如果拒绝的条目少一些，这样可以用 deny，但一定要在最后一条加上允许其他通过，否则所有的数据包将不能通过。

（3）如果允许的条目少一些，这样可以用 permit，后面不用加拒绝其他（系统默认会添加 deny any）。

（4）最后，用户可以根据实际情况，灵活应用 deny 和 permit 语句。总之，当访问控制列表中有拒绝条目时，在最后一定要有允许，因为 ACL 中系统默认最后一条是拒绝所有。

标准访问控制列表在 in 和 out 方向的控制实例如图 7-6 所示。

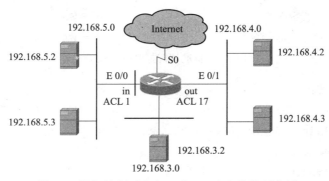

图 7-6　访问控制列表在 in 和 out 方向的控制实例

```
Router(config)# access-list 1 deny host 192.168.5.2
Router(config)# access-list 1 permit any
Router(config)# interface ethernet 0/0
Router(config-if)# ip access-group 1 in
Router(config)# access-list 17 deny host 192.168.5.2
Router(config)# access-list 17 deny 192.168.3.0 0.0.0.255
Router(config)# access-list 17 permit any
Router(config)# interface ethernet 0/1
Router(config-if)# ip access-group 17 out
```

项目一：标准访问控制列表应用，如图 7-7 所示，限制 RJ1 访问 RJ2。

路由器 NS1 配置：

```
NS1(config)#rint f0/0
NS1(config-if)#ip add 192.168.1.1 255.255.255.0
NS1(config-if)#no shut
```

教学视频扫一扫

```
NS1(config-if)#exit
NS1(config)#interface Serial0/1/0
NS1(config-if)#clock rate 64000
NS1(config-if)#ip address 1.1.1.1 255.255.255.0
NS1(config-if)#no shutdown
NS1(config-if)#exit
NS1(config)#router rip
NS1(config-router)#network 192.168.1.0
NS1(config-router)#network 1.0.0.0
```

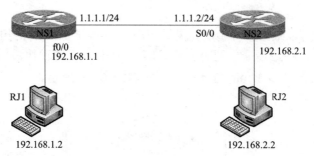

图 7-7　标准访问控制列表实验

路由器 NS2 配置：

```
NS2(config)#int f0/0
NS2(config-if)#ip add 192.168.2.1 255.255.255.0
NS2(config-if)#no shut
NS2(config-if)#exit
NS2(config)#interface Serial0/0/0
NS2(config-if)#ip address 1.1.1.2 255.255.255.0
NS2(config-if)#no shutdown
NS2(config-if)#exit
NS2(config)#router rip
NS2(config-router)#network 1.0.0.0
NS2(config-router)#network 192.168.2.0
```

配置好以后主机 RJ1 和 RJ2 能够互通，现在要做的是限制其访问，这就需要配置路由器 NS1，具体如下：

（1）创建拒绝来自 192.168.1.2 的流量的 ACL。

```
NS2(config)#access-list 1 deny host 192.168.1.2
NS2(config)#access-list 1 permit 0.0.0.0 255.255.255.255 或者
NS2(config)#access-list 1 permit any
```

（2）应用到接口 S0/0 的进口方向。

```
NS2config)#interface S0/0
```

```
NS2(config-if)#ip access-group 1 in
```

问题 1： 阻止了主机 RJ1 通过路由器 NS1，那么 RJ1 就不能和主机 RJ2 通信。那么主机 RJ2 也 ping 不通主机 RJ1 吗？

回答：在执行 ping 的时候，主机 RJ2 去 ping 主机 RJ1。主机 RJ2 会向主机 RJ1 发送一组 Echo ICMP 报文，如果主机 RJ1 是可达的，主机 RJ1 收到 Echo ICMP 后，会给主机 RJ2 回送 Echo Reply 包，因为此时禁止了所有包通过路由器 NS1，所以回送包就过不去。

在上面通配符掩码中提到了偶数位的通配符掩码会出现两种网络的情况，那么下面用实验来验证一下：

实验工具：四台 PC、两台路由设备。

```
PC0    192.168.0.2/24
PC1    192.168.1.2/24
PC2    192.168.2.2/24
PC3    10.0.0.2/24
R1     fa0/0    192.168.0.1 / 24
       fa1/0    192.168.1.1 / 24
       fa6/0    192.168.2.1 / 24
       ser2/0   1.1.1.1 / 24
R2     fa0/0    10.0.0.1 / 24
       ser2/0   1.1.1.2 / 24
```

拓扑图如图 7-8 所示。

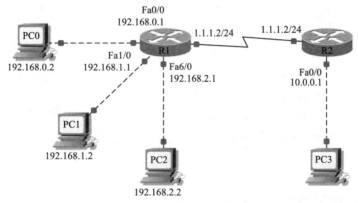

图 7-8　偶数通配符掩码

路由器 R1 的配置：

```
R1>en
R1#conf t
R1(config)#int fa 0/0
R1(config-if)#ip add 192.168.0.1 255.255.255.0
R1(config-if)#no shut
R1(config-if)#exit
```

```
R1(config)#int fa 1/0
R1(config-if)#ip add 192.168.1.1 255.255.255.0
R1(config-if)#no shut
R1(config-if)#exit
R1(config)#int fa 6/0
R1(config-if)#ip add 192.168.2.1 255.255.255.0
R1(config-if)#no shut
R1(config-if)#exit
R1(config)#int ser2/0
R1(config-if)#ip add 1.1.1.1 255.255.255.0
R1(config-if)#no shut
R1(config-if)#exit
R1(config)#router rip
R1(config-router)#network 192.168.0.0
R1(config-router)#network 192.168.1.0
R1(config-router)#network 192.168.2.0
R1(config-router)#network 1.0.0.0
R1(config-router)#exit
```

路由器 R2 的配置：

```
R2>en
R2#conf t
R2(config)#int fa 0/0
R2(config-if)#ip add 10.0.0.1 255.255.255.0
R2(config-if)#no shut
R2(config-if)#exit
R2(config)#int ser 2/0
R2(config-if)#ip add 1.1.1.2 255.255.255.0
R2(config-if)#clock rate 64000
R2(config-if)#no shut
R2(config-if)#exit
R2(config)#router rip
R2(config-router)#network 1.0.0.0
R2(config-router)#network 10.0.0.0
R2(config-router)#exit
```

ACL 的配置：

```
R1(config)#access-list 1 deny 192.168.0.0 0.0.2.255
R1(config)#access-list 1 permit any
R1(config)#int ser 2/0
R1(config-if)#ip access-group 1 out
```

第 7 章　访问控制列表

效果：PC0 和 PC2 主机均不能 ping 通 PC3；PC1 主机可以 ping 通 PC3。

总结：在前面表 7-2 中提过，通配符掩码位为 1 的时候对 IP 地址不进行匹配，所以通配符掩码第三段第七位的 1 所对应的 IP 位既可以是 0 也可以是 1，所以能匹配出两个地址。

再看一个例子，0.0.5.255。这个通配符掩码也可以看作是 4 个网段的汇聚。
部分转换成二进制：

1100 0000.1010 1000.0000 0000.0000 0001　　　　(192.168.0.1)
0000 0000.0000 0000.0000 0000.0101.1111 1111　　　　(0.0.5.255)

这里观察上面的通配符掩码，可以这样理解，通配符掩码为 1 的位所对应的 IP 地址有两种变化（0 和 1），假设通配符掩码中有 n 位 1，那么可以从 IP 地址中匹配出来的网段数有 2^n 个。

在上面这个例子中匹配出来的网段个数有 2^2。
分别为：

192.168.0000 0000.0/24　　　　192.168.0.0/24
192.168.0000 0001.0/24　　　　192.168.1.0/24
192.168.0000 0100.0/24　　　　192.168.4.0/24
192.168.0000 0101.0/24　　　　192.168.5.0/24

同理，对通配符掩码为 0.0.42.255 的 IP 地址 192.168.0.1 可以匹配出来的网段数和每个网段都可以用上面的方法计算出来。（共 8 段）

7.4　扩展访问控制列表

前面提到的标准访问控制列表，它是基于 IP 地址进行过滤的，是最简单的 ACL。那么如果希望将过滤细到端口怎么办呢？或者希望对数据包的目的地址进行过滤。这时候就需要使用扩展访问控制列表了。使用扩展 IP 访问列表可以有效地容许用户访问物理 LAN，而并不容许它使用某个特定服务或者某个特定的端口（例如 WWW、FTP 等）。扩展访问控制列表是基于源和目的地址、传输层协议和应用端口号进行过滤，每个条件都必须匹配，才会施加允许或拒绝条件。使用扩展 ACL 可以实现更加精确的流量控制，访问控制列表号从 100 到 199。

扩展访问控制列表使用更多的信息描述数据包，表明是允许还是拒绝。如图 7-9 所示，描述了一条扩展访问控制列表，如图 7-10 所示为扩展访问控制列表工作的流程。

图 7-9　扩展访问控制列表

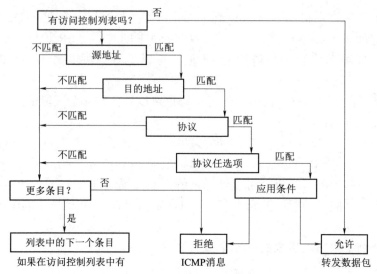

图 7-10 扩展访问控制列表工作流程

扩展访问控制列表是一种高级的 ACL，配置命令的具体格式如下：
Router（config）#access-list *access-list-number* { permit | deny } *protocol* [*source source-wildcard destination destination-wildcard*] [*operator port*] [*established*] [*log*]

  access-list-number：ACL 标识号码。可选范围为 100～199
  deny | permit   ：如果匹配，deny 拒绝转发，permit 允许转发
  protocol   ：协议类型，可是 IP、ICMP、TCP 和 UDP 等
  source source-wildcard：数据包源地址和与其匹配的通配符掩码（主机地址或网络号）
  destination destination-wildcard：数据包目的地址和与其匹配的通配符掩码（主机地址或网络号）
  operator   ：操作符
  Established   ：如果数据包使用一个已建连接，便可允许 TCP 信息通过

扩展访问控制列表中常见操作符的含义如表 7-3 所示。

表 7-3 常见操作符的含义

操作符及语法	意　　义
eq portnumber	等于端口号 portnumber
gt portnumber	大于端口号 portnumber
lt portnumber	小于端口号 portnumber
neq portnumber	不等于端口号 portnumber

  例如：access-list 100 deny tcp any host 192.168.130.91 eq 80 这句命令是将所有主机访问 192.168.130.91 这个地址网页服务（WWW）TCP 连接的数据包丢弃。
  在定义扩展访问控制列表时，常用端口代替某些协议，如 WWW 服务对应 80 端口，FTP

对应 21 号端口等，具体对应关系如表 7-4 所示。

表 7-4 常见协议对应的端口

端口号	关键字	描　述	TCP/UDP
20	FTP-DATA	（文件传输协议）FTP（数据）主动模式	TCP
21	FTP	（文件传输协议）FTP 被动模式	TCP
23	Telnet	终端连接	TCP
25	SMTP	简单邮件传输协议	TCP
42	NameServer	主机名字服务器	UDP
53	Domain	域名服务器（DNS）	TCP/UDP
69	TFTP	普通文件传输协议（TFTP）	UDP
80	WWW	万维网	TCP

比如要拒绝子网 192.168.130.0，通过 FTP 到子网 192.168.197.0；允许其他数据应用在路由器 E0 接口的出方向上，那么配置过程如下所示：

access-list 101 deny tcp 192.168.130.0 0.0.0.255 192.168.197.0 0.0.0.255 eq 21
access-list 101 deny tcp 192.168.130.0 0.0.0.255 192.168.197.0 0.0.0.255 eq 20
access-list 101 permit ip any any
(implicit deny all)
(access-list 101 deny ip 0.0.0.0 255.255.255.255 0.0.0.0 255.255.255.255)
interface ethernet 0
ip access-group 101 out

项目二：扩展访问控制列表配置，如图 7-11 所示，为软件学院某网络拓扑图。

因学院新搭建了内网服务器供教师使用，所以需对原有网络进行限制，禁用以 192.16.1.2 为代表的一类主机访问服务器的 WWW 服务。

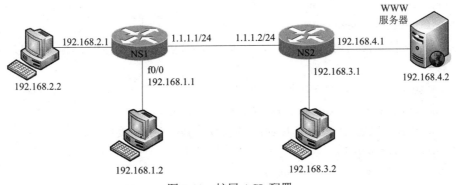

图 7-11 扩展 ACL 配置

配置 NS1：
```
NS1(config)#interface FastEthernet0/0
NS1(config-if)#ip address 192.168.1.1 255.255.255.0
NS1(config-if)#no shutdown
NS1(config)#interface FastEthernet0/1
NS1(config-if)#ip address 192.168.2.1 255.255.255.0
NS1(config-if)#no shutdown
NS1(config)#interface Serial0/1/0
NS1(config-if)#ip address 1.1.1.1 255.255.255.0
NS1(config-if)#clock rate 64000
NS1(config-if)#no shutdown
NS1(config)#router rip
NS1(config-router)#network 1.0.0.0
NS1(config-router)#network 192.168.1.0
NS1(config-router)#network 192.168.2.0
```
配置 NS2：
```
NS2(config)#interface FastEthernet0/0
NS2(config-if)#ip address 192.168.3.1 255.255.255.0
NS2(config-if)#no shutdown
NS2(config-if)#exit
NS2(config)#interface FastEthernet0/1
NS2(config-if)#ip address 192.168.4.1 255.255.255.0
NS2(config-if)#no shutdown
NS2(config)#interface Serial0/0/0
NS2(config-if)#ip address 1.1.1.2 255.0.0.0
NS2(config-if)#ip address 1.1.1.2 255.255.255.0
NS2(config)#router rip
NS2(config-router)#network 1.0.0.0
NS2(config-router)#network 192.168.3.0
NS2(config-router)#network 192.168.4.0
```

教学视频扫一扫

然后对学生上网段 192.168.1.0 限制其访问教师专用服务器，但是可以访问其他资源：
```
NS1(config)#access-list 101 deny tcp 192.168.1.2 0.0.0.255 host 192.168.4.2 eq www
NS1(config)#access-list 101 permit tcp any any
```
思考：如果这个位置 TCP 换成 ICMP，然后再将其应用到接口上：
```
NS1(config)#int f0/0
NS1(config-if)#ip access-group 101 in
```
验证：用 RJ1 去访问服务器的 WWW 服务就无法访问了。

问题：在应用接口的时候有什么规则吗？为什么这里要应用到 F0/0，而在前面所讲的应用到 S0/0 呢？

回答：如图 7-12 所示，一个运行 TCP/IP 协议的网络环境中，网络只想拒绝从 NS1 的 E1 接口连接的网络到 NS4 的 E1 接口连接的网络的访问，即禁止从网络 1 到网络 2 的访问。

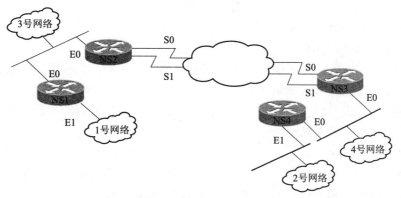

图 7-12　ACL 位置决定性能图

根据减少不必要通信流量的通行准则，网络管理员应该尽可能地把 ACL 放置在靠近被拒绝的通信流量的来源处，即 NS1 上。如果网络管理员使用标准 ACL 在 NS1 上进行网络流量限制，因为标准 ACL 只能检查源 IP 地址，所以实际执行情况为：凡是检查到源 IP 地址和网络 1 匹配的数据包将会被丢掉，即网络 1 到网络 2、网络 3 和网络 4 的访问都将被禁止。由此可见，这个 ACL 控制方法不能达到网络管理员的目的。同理，将 ACL 放在 NS2 和 NS3 上也存在同样的问题。只有将 ACL 放在连接目标网络的 NS4 上（E0 接口），网络才能准确实现网络管理员的目标。由此可以得出一个结论：标准 ACL 要尽量靠近目的端。

网络管理员如果使用扩展 ACL 来进行上述控制，则完全可以把 ACL 放在 NS1 上，因为扩展 ACL 能控制源地址（网络 1），也能控制目的地址（网络 2），这样从网络 1 到网络 2 访问的数据包在 NS1 上就被丢弃，不会传到 NS2、NS3 和 NS4 上，从而减少不必要的网络流量。因此，可以得出另一个结论：扩展 ACL 要尽量靠近源端。

现在举一个具体的实例来说明一下 ACL 存放位置，如图 7-13 所示。

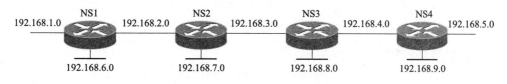

图 7-13　ACL 存放位置分析

- 标准访问控制列表存放位置分析：

如果要 NS1 的 192.168.6.0 网络拒绝来自 192.168.9.0 网络的访问，访问控制列表为：

access-list 1 deny 192.168.9.0

access-list 1 permit any

显然，把这条 ACL 放在除 NS1 之外的任何路由器的任何端口都是不合适的，这样会影响到 192.168.9.0 向 NS2 和 NS3 发送数据。

● 扩展访问控制列表存放位置分析：

如果要 NS1 拒绝来自 192.168.9.0 网络的 Telnet 访问，扩展访问控制列表为：

```
access-list 102 deny tcp 192.168.9.0 0.0.0.255
        192.168.5.0 0.0.0.255 eq 23
access-list 102 permit ip any any
```

如果把这条 ACL 放在 NS1 中，尽管可以对访问进行控制，但被丢弃的数据流还是在网络中传送，所以最好能在 NS4 就将其限制掉。

标准访问控制列表原则上最好放置在离目标主机（网络）最近的位置；扩展访问控制列表原则上最好放置在离源主机（网络）最近的位置。

● 虚拟终端访问控制：

标准访问列表和控制访问列表不会拒绝来自路由器虚拟终端的访问，基于安全考虑，对路由器虚拟终端的访问和来自路由器虚拟终端的访问都应该被拒绝。

如图 7-14 所示，五个虚拟通道（0～4），路由器的 VTY 端口可以过滤数据，在路由器上执行 VTY 访问的控制；用 access-class 命令应用访问列表，在所有 VTY 通道上设置相同的限制条件。具体格式如下：

```
Router (config)# line vty#{vty# | vty-range}    指明 VTY 通道的范围
Router (config-line)# access-class access-list-number {in|out} 在访问列表里指明方向
```

如下列出的只允许网络 192.89.55.0 内的主机连接路由器的 VTY 通道：

```
access-list 12 permit 192.89.55.0 0.0.0.255
!
line vty 0 4
 access-class 12 in
```

图 7-14 虚拟通道

查看访问控制列表的命令：

```
nsrjgc#show {protocol} access-list {access-list number}
nsrjgc#show access-lists {access-list number}
nsrjgc#show access-lists
Standard IP access list 1
    permit 10.2.2.1
    permit 10.3.3.1
    permit 10.4.4.1
```

```
    permit 10.5.5.1
Extended IP access list 101
    permit tcp host 10.22.22.1 any eq telnet
    permit tcp host 10.33.33.1 any eq ftp
    permit tcp host 10.44.44.1 any eq ftp-data
```

7.5 命名 ACL

在标准 ACL 和扩展 ACL 中，使用名字代替数字来表示 ACL 编号，称为命名 ACL。使用命名 ACL 的好处如下：

（1）通过一个字母数字串组成的名字来直观地表示特定的 ACL；
（2）不受 99 条标准 ACL 和 100 条扩展 ACL 的限制；
（3）网络管理员可以方便地对 ACL 进行修改，而无须删除 ACL 后再对其重新配置。

命名 ACL 的配置分三步：

（1）创建一个 ACL 命名，要求名字字符串要唯一。

```
Router(config)# ip access-list { standard | extended } name
```

（2）定义访问控制列表，其命令格式如下：

标准的 ACL：

```
Router(config-sta-nacl)# { permit | deny } source [source-wildcard] [log]
```

扩展的 ACL：

```
Router(config-ext-nacl)# { permit | deny } protocol source source-wildcard
[operator operand] destination destination-wildcard [ operator operand] [established]
[log]
```

（3）把 ACL 应用到一个具体接口上。

```
Router(config)# int interface
Router(config-if)# { protocol } access-group name {in | out}
```

值得注意的是，可用以下命令行删除 ACL 中的某一行。

```
Router(config-sta-na
cl)# no { permit | deny } source [source-wildcard] [log]
```

或

```
Router(config-ext-nacl)# no { permit | deny } protocol source source-wildcard
[operator  operand]  destination  destination-wildcard  [ operator  operand]
[ established ] [log]
```

但命名 ACL 的主要不足之处在于无法实现在任意位置上加入新的 ACL 条目。对于任何增加的 ACL 行，仍然放在 ACL 列表的最后，因此必须注意 ACL 放置的先后次序对整个 ACL 的影响效果。

配置实例：

```
ip access-list extend nsxy
permit tcp 10.1.0.0 0.0.255.255 host 10.1.2.20 eq www
```

```
router(config)#    interface serial 1/1
router(config-if)#    ip access-group nsxy out
```

7.6 基于时间的访问控制列表

基于时间的访问列表可以为一天中的不同时间段，或者一个星期中的不同日期，或者二者的结合制定不同的访问控制策略，从而满足用户对网络的灵活需求。

基于时间的访问列表能够应用于编号访问列表和命名访问列表，实现基于时间的访问列表只需要三个步骤。

（1）定义一个时间范围。格式为：

`time-range   time-range-name`（时间范围的名称）

可以定义绝对时间范围和周期、重复使用的时间范围。

① 定义绝对时间范围：

`absolute [start start-time start-date] [end end-time end-date]`

其中，start-time 和 end-time 分别用于指定开始和结束时间，使用 24 小时制表示，其格式为"小时：分钟"；start-date 和 end-date 分别用于指定开始的日期和结束的日期，使用日/月/年的日期格式，而不是通常采用的月/日/年格式。表 7-5 给出了绝对时间范围的实例。

表 7-5　绝对时间范围的实例

定　　义	描　　述
absolute start 17:00	从配置的当天 17:00 开始直到永远
absolute start 17:00 1 decemdber 2000	从 2000 年 12 月 1 日 17:00 开始直到永远
absolute end 17:00	从配置时开始直到当天的 17:00 结束
absolute end 17:00 1 decemdber 2000	从配置时开始直到 2000 年 12 月 1 日 17:00 结束
absolute start 8:00 end 20:00	从每天上午的 8 点开始到下午的 8 点结束
absolute start 17:00 1 decemdber 2000 to end 5:00 31 decemdber 2000	从 2000 年 12 月 1 日开始直到 2000 年 12 月 31 日结束

② 定义周期、重复使用的时间范围：

`periodic days-of-the-week hh:mm to days-of -the-week hh:mm`

periodic 是以星期为参数来定义时间范围的一个命令。它可以使用大量的参数，其范围可以是一个星期中的某一天、几天的结合，或者使用关键字 daily、weekdays、weekend 等。表 7-6 给出了一些周期性时间的实例。

第 7 章 访问控制列表

表 7-6 周期性时间的实例

定 义	描 述
periodic weekend 7:00 to 19:00	星期六早上 7:00 到星期日晚上 7:00
periodic weekday 8:00 to 17:00	星期一早上 8:00 到星期五下午 5:00
periodic daily 7:00 to 17:00	每天的早上 7:00 到下午 5:00
periodic staturday 17:00 to Monday 7:00	星期六晚上 5:00 到星期一早上 7:00
periodic Monday Friday 7:00 to 20:00	星期一和星期五的早上 7:00 到下午 8:00

（2）在访问列表中用 time-range 引用时间范围。

基于时间的标准 ACL：

Router（config）# access-list *access-list-number* { permit | deny } source [source-wildcard] [log] [time-range time-range-name]

基于时间的扩展 ACL：

Router（config）# access-list *access-list-number* { permit | deny } *protocol source source-wildcard [operator operand] destination destination-wildcard [operator operand] [established] [log] [time-range time-range-name]*

（3）把 ACL 应用到一个具体接口。

Router（config）# int *interface*

Router（config-if）# { *protocol* } access-group *access-list-number {in | out}*

配置实例：

router# configure terminal

router（config）# time-range allow-www

router（config-time-range）# asbsolute start 7:00 1 June 2010 end 17:00 31 December 2010

router（config-time-range）# periodic weekend 7:00 to 17:00

router（config-time-range）# exit

router（config）# access-list 101 permit tcp 192.168.1.0 0.0.0.255 any eq www time-range allow-www

router（config）# interface serial 1/1

router（config-if）# ip access-group 101 out

ACL 小结：

（1）对每个路由器端口、每一种协议都可以创建一个 ACL。

（2）对有些协议，可以建立一个 ACL 来过滤流入通信流量，同时创建一个 ACL 来过滤流出通信流量。

（3）注意：在一个端口上，对于每一方向的数据流，每一种协议有且只能有一个 ACL。

（4）ACL 作为一种全局配置保存在配置文件中。

（5）网络管理员可根据需要将 ACL 运行在某个端口，并指明是针对流入还是流出数据。

（6）ACL 只有运行在某个具体的端口才有意义。

习 题 7

1. 标准 ACL 和扩展 ACL 的配置区别以及侧重点是什么？
2. 访问控制列表 1 和 2，所控制的地址范围关系是什么？
3. 实施 ACL 的过程中，应当遵循的两个基本原则是什么？
4. 公司的内部网络接在 Ethernet0，在 Serial0 通过地址转换访问 Internet。禁止公司内部所有主机访问 202.38.160.1/16 的网段，但是可以访问其他站点。写出相应的配置以达到要求。

第 8 章
NAT 技术

8.1 NAT 基础

目前 IP 地址正逐渐耗尽，要想在 ISP 处申请一个新的 IP 地址已不是一件很容易的事了。当一个私有网络要通过在 Internet 注册的公有 IP 连接到外部时，位于内部网络和外部网络中的路由器就负责在发送数据包之前把内部 IP 翻译成外部合法 IP 地址，使多重的 Intranet 子网可以使用相同的 IP 访问 Internet。这样一来就可以减少注册 IP 地址的使用，这就是利用了 NAT 技术。

8.1.1 NAT 的概念

随着网络用户的迅猛增长，IPv4 的地址空间日趋紧张，在将地址空间从 IPv4 转到 IPv6 之前，需要将日益增多的企业内部网接入外部网，在申请不到足够的公网 IP 地址的情况下，要使企业都能上 Internet，必须使用 NAT（网络地址转换）技术。

NAT 英文全称是 Network Address Translation，称为网络地址转换。NAT 是将一个地址域（如专用 Intranet）映射到另一个地址域（如 Internet）的标准方法。它是一个根据 RFC 1631 开发的 IETF 标准，允许一个 IP 地址域以一个公有 IP 地址出现在 Internet 上。NAT 可以将内部网络中的所有节点的地址转换成一个 IP 地址，反之亦然。它也可以应用到防火墙技术里，把个别 IP 地址隐藏起来不被外部发现，使外部无法直接访问内部网络设备。

地址转换是在 IP 地址日益短缺的情况下提出的。一个局域网内部有很多台主机，可是不能保证每台主机都拥有合法的 IP 地址，为了达到所有的内部主机都可以连接 Internet 网络的目的，可以使用地址转换。地址转换技术可以有效地隐藏内部局域网中的主机，因此它同时是一种有效的网络安全保护技术。同时，地址转换可以按照用户的需要，在内部局域网内部提供给外部 FTP、WWW、Telnet 服务。

1. 企业 NAT 的基本应用
- 解决地址空间不足的问题（IPv4 的空间已经严重不足）；
- 私有 IP 地址网络与公网互联（企业内部经常采用私有 IP 地址空间 10.0.0.0/8，172.16.0.0/12，192.168.0.0/16）；
- 非注册的公有 IP 地址网络与公网互联（企业建网时就使用了公网 IP 地址空间，但此公网 IP 并没有注册，为避免更改地址带来的风险和成本，在网络改造中，仍保持原有的地址空间）

2. NAT 术语
- Inside Local Address：内部私有地址。指定给内部主机使用的地址，局域网内部地址，可为私有地址。

- Inside Global Address：内部公有地址。从 ISP 或 NIC 注册的地址，为合法的公网地址，即内部主机地址被 NAT 转换的外部地址。
- Address Pool：NIC 或 ISP 分配的多个公网地址。
- Outside Local Address：外部网络中的内部主机地址，是另一个局域网的内部地址。
- Outside Global Address：外部网络的公网地址。

图 8-1 显示了在 NAT 转换拓扑结构中各地址的情况。

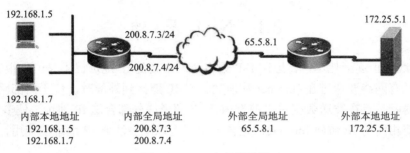

图 8-1　NAT 中各类地址

3. NAT 的优点

（1）局域网内保持私有 IP，无须改变，只需改变路由器，做 NAT 转换，就可上外网。

（2）NAT 节省了大量的地址空间。

（3）NAT 隐藏了内部网络拓扑结构。

4. NAT 的缺点

（1）NAT 增加了延迟。

（2）NAT 隐藏了端到端的地址，丢失了 IP 地址的跟踪，不能支持一些特定的应用程序。

（3）需要更多的资源如内存、CPU 来处理 NAT。

5. NAT 设备

具有 NAT 功能的设备有路由器、防火墙、核心三层交换机，各种软件代理服务器 Proxy、ISA、ICS、WinGate、SyGate 等，Windows Server 2003 及其他网络操作系统等都能作为 NAT 设备。因软件耗时太长，转换效果较低，只适合小型企业。有的也可将 NAT 功能配置在防火墙上，以减少一台路由器的成本。但随着硬件成本的下降，大多数企业都选用路由器。即使家用的路由器中也有 NAT 功能。

通常 NAT 是本地网络与 Internet 的边界。工作在存根网络的边缘，由边界路由器执行 NAT 功能，将内部私有地址转换成公网可路由的地址。

8.1.2　NAT 的工作原理

NAT 服务器存在内部和外部网络接口卡，只有当内外部网络之间进行数据传送时，才进行地址转换。如果地址转换必须依赖手工建立的内外部地址映射表来运行，则称为静态网络地址转换。如果 NAT 映射表是由 NAT 服务器动态建立的，对网络管理员和用户是透明的，则称为动态网络地址转换。此外，还有一种服务与动态 NAT 类似，但它不但会改变经过这个 NAT 设备的 IP 数据报的 IP 地址，还会改变 IP 数据报的 TCP/UDP 端口，这一服务被称为 NAPT（Network Address Port Translation，网络地址端口转换），如图 8-2 所示。

地址转换的机制:
- 地址转换的机制将网内主机的 IP 地址和端口号替换为外部网络地址和端口号,实现<私有地址+端口号>与<公有地址+端口号>之间的一个转换过程。

地址转换的特征:
- 对用户透明的地址分配(对外部地址的分配)。
- 可以达到一种"透明路由"的效果。这里的路由是指转发 IP 报文的能力,而不是一种交换路由信息的技术。

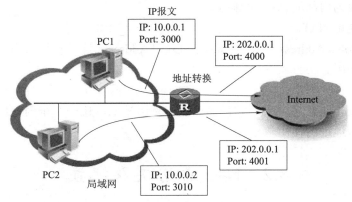

图 8-2　地址转换机制

1. 什么是私有地址

私有地址(Private address)属于非注册地址,是专门为组织机构内部使用而划定的。使用私有 IP 地址是无法直接连接到 Internet 的,但是能够用在公司内部的 Intranet 的 IP 地址上,如表 8-1 所示。

表 8-1　私有 IP 地址的范围

私有 IP 地址范围	子网掩码
10.0.0.0～10.255.255.255	255.0.0.0
169.254.0.0～169.254.255.255	255.255.0.0
172.16.0.0～172.31.255.255	255.255.0.0
192.168.0.0～192.168.255.255	255.255.255.0

虽然私有 IP 地址无法直接连接到 Internet,但是可以通过防火墙、NAT 等设备或特殊软件的帮助间接连接到 Internet。

2. 专业术语

(1)内部本地地址(Inside Local Address)。

指本网络内部主机的 IP 地址。该地址通常是未注册的私有 IP 地址。

(2)内部全局地址(Inside Global Address)。

指内部本地地址在外部网络表现出的 IP 地址。它通常是注册的合法 IP 地址,是 NAT 对内部本地地址转换后的结果。

（3）外部本地地址（Outside Local Address）。

指外部网络的主机在内部网络中表现的 IP 地址。

（4）外部全局地址（Outside Global Address）。

指外部网络主机的 IP 地址。

（5）内部源地址 NAT。

把 Inside Local Address 转换为 Inside Global Address。这也是人们通常所说的 NAT。在数据报送往外网时，它把内部主机的私有 IP 地址转换为注册的合法 IP 地址，在数据报送入内网时，把地址转换为内部的私有 IP 地址。

（6）外部源地址 NAT。

把 Outside Global Address 转换为 Outside Local Address。这种转换只是在内部地址和外部地址发生重叠时使用。

（7）NAPT。

NAPT 又称 port NAT 或 PAT，它是通过端口复用技术，让一个全局地址对应多个本地地址，以节省对合法地址的使用量。

8.2 NAT 的分类及配置

NAT 有三种类型：静态 NAT（Static NAT）、动态地址池 NAT（Pooled NAT）、网络地址端口转换 NAPT（PAT）。其中，静态 NAT 是设置起来最为简单和最容易实现的一种，内部网络中的每个主机都被永久映射成外部网络中的某个合法的地址，多用于服务器的永久映射。而动态地址 NAT 则是在外部网络中定义了一系列的合法地址，采用动态分配的方法映射到内部网络，多用于网络中的工作站的转换。NAPT 则是把内部地址映射到外部网络的一个 IP 地址的不同端口上。

8.2.1 静态 NAT

静态 NAT 是设置起来最为简单和最容易实现的一种，内部网络中的每个主机都被永久映射成外部网络中的某个合法的地址，多用于服务器的永久映射。

静态网络地址转换的工作过程如图 8-3 所示。

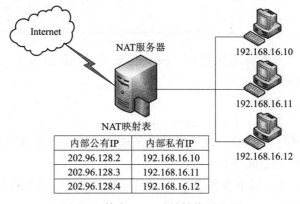

图 8-3 静态 NAT 地址转换原理图

① 在 NAT 服务器上建立静态 NAT 映射表。

② 当内部主机（IP 地址为 192.168.16.10）需要建立一条到 Internet 的会话连接时，首先将请求发送到 NAT 服务器上。NAT 服务器接收到请求后，会根据接收到的请求数据包检查 NAT 映射表。

③ 如果已为该地址配置了静态地址转换，NAT 服务器就使用相对应的内部公有 IP 地址，并转发数据包，否则 NAT 服务器不对地址进行转换，直接将数据包丢弃。

④ Internet 上的主机接收到数据包后进行应答（这时主机接收到的是 202.96.128.2 的请求）。

⑤ 当 NAT 服务器接收到来自 Internet 上的主机的数据包后，检查 NAT 映射表。如果 NAT 映射表存在匹配的映射项，则使用内部私有 IP 替换数据包的目的 IP 地址，并将数据包转发给内部主机；如果不存在匹配映射项则将数据包丢弃。

1. easy IP 的静态地址转换

easy IP：在地址转换的过程中直接使用接口的 IP 地址作为转换后的源地址，如图 8-4 所示。

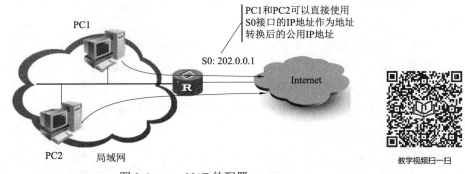

图 8-4　easy NAT 的配置

2. 常规静态地址转换

静态转换是指将内部网络的私有 IP 地址转换为公有 IP 地址，IP 地址是一对一的，是一成不变的，某个私有 IP 地址只转换为某个公有 IP 地址。借助于静态转换，可以实现外部网络对内部网络中某些特定设备（如服务器）的访问。

静态 NAT 使用本地地址与全局地址的一对一映射，这些映射保持不变。静态 NAT 对于必须一致的地址、可从 Internet 访问的 Web 服务器或主机特别有用。这些内部主机可能是企业服务器或网络设备。

静态 NAT 为内部地址与外部地址的一对一映射。静态 NAT 允许外部设备发起与内部设备的连接。配置静态 NAT 转换很简单。首先需要定义要转换的地址，然后在适当的接口上配置 NAT。从指定的 IP 地址到达内部接口的数据包需经过转换。外部接口收到的以指定 IP 地址为目的地的数据包也需经过转换。

这里指的是内部源地址的静态 NAT 的配置。它有以下特征：

（1）内部本地地址和内部全局地址是一对一映射。

（2）静态 NAT 是永久有效的。

通常为那些需要固定合法地址的主机建立静态 NAT，比如一个可以被外部主机访问的

Web 网站。

- 静态 NAT 的配置：

Router（config）#ip nat inside source static *local-address global-address* [permit-inside]

这个命令用于指定内部本地地址和内部全局地址的对应关系。如果加上 permit-inside 关键字，则内网的主机既能用本地地址访问，也能用全局地址访问，否则只能用本地地址访问。

```
Router(config)#interface interface-id
Router(config-if)#ip nat inside
```

以上命令指定了网络的内部接口。

```
Router(config-if)#interface interface-id
Router(config-if)#ip nat outside
```

以上命令指定了网络的外部接口。

可以配置多个 Inside 和 Outside 接口。

- 删除配置的静态 NAT：

```
Router(config)#no ip nat inside source static local-address global-address
[permit-inside]
```

该命令可删除 NAT 表中指定的项目，不影响其他 NAT 的应用。

如果在接口上使用 no ip nat inside 或 no ip nat outside 命令，则可停止该接口的 NAT 检查和转换，但会影响各种 NAT 的应用。

下面用一个实例来对常规的静态地址转换做一下验证拓扑，如图 8-5 所示。

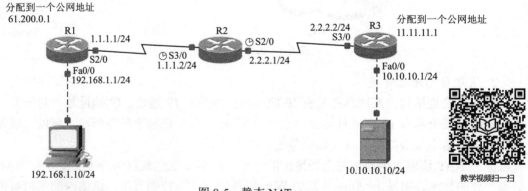

图 8-5　静态 NAT

实验描述：共有三台路由器 R1、R2、R3。其中，R1 可以代表家庭或企业用户，R2 充当 ISP，R3 代表企业 Web 服务器端。

由于私有地址不能在公有网络中出现，所以 PC 端可以采用 NAT 的方式将自己的 IP 地址映射成外网地址，这里做静态 NAT。

另外，企业 Web 服务器端为了不公开内部网络细节，并且保证其他用户可以访问 Web，也做了静态 NAT，将私网地址映射出去。

假设 R1 和 R3 端分别只分配到了一个公网 IP 地址，基本配置如表 8-2 所示。

表 8-2 基本配置

设备名称	端口	IP 地址	子网掩码	时钟频率	默认网关
R1	serial2/0	1.1.1.1	255.255.255.0		
	fastethernet0/0	192.168.1.1	255.255.255.0		
R2	serial2/0	2.2.2.1	255.255.255.0	2 400	
	serial3/0	1.1.1.2	255.255.255.0	1 200	
R3	serial3/0	2.2.2.2	255.255.255.0		
	fastethernet0/0	10.10.10.1	255.255.255.0		
PC	fastethernet	192.168.1.10	255.255.255.0		192.168.1.1
Server	fastethernet	10.10.10.10	255.255.255.0		10.10.10.1

分别配置 R1、R2、R3 的路由：

R1(config)#ip route 0.0.0.0 0.0.0.0 1.1.1.2

R2(config)#ip route 61.200.0.1 255.255.255.255 1.1.1.1

R2(config)#ip route 11.11.11.1 255.255.255.255 2.2.2.2

R3(config)#ip route 0.0.0.0 0.0.0.0 2.2.2.1

做静态 NAT：

R1(config)#ip nat inside source static 192.168.1.10 61.200.0.1 //对内网 IP 地址做静态映射

R1(config)#int s 2/0

R1(config-if)#ip nat outside //指定接口是向外端口还是向内端口,下同

R1(config-if)#int fa 0/0

R1(config-if)#ip nat inside

R3(config)#ip nat inside source static 10.10.10.10 11.11.11.1

R3(config)#int fa 0/0

R3(config-if)#ip nat inside

R3(config-if)#int s3/0

R3(config-if)#ip nat outside

使用 show ip nat translation 命令可以查看到映射关系表。

这时 PC 就可以访问 Server 了。

8.2.2 动态网络地址转换

地址池用来动态、透明地为内部网络的用户分配地址。它是一些连续的 IP 地址集合，利用不超过 32 字节的字符串标识。地址池可以支持更多的局域网用户同时上网，动态地址池 NAT（Pooled NAT）指的是有一个内部全局地址池，如 202.38.160.1 到 202.38.160.4，可将内

部网络中内部本地地址动态地映射到这个地址池内。这样，从 PC1 和 PC2 发出的前后两个包，可能分别映射到不同的内部全局地址上，如图 8-6 所示。

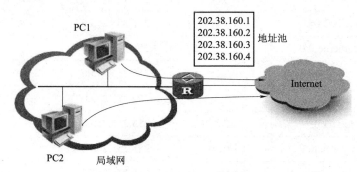

图 8-6 基于地址池的转换

这里指的是内部源地址的动态 NAT 的配置。它有以下特征：

（1）内部本地地址和内部全局地址是一对一映射。

（2）动态 NAT 是临时的，如果过了一段时间没有使用，映射关系就会删除。动态映射需要把合法地址组建成一个地址池，当内网的客户机访问外网时，从地址池中取出一个地址为它建立 NAT 映射，这个映射关系会一直保持到会话结束。

动态 NAT 的配置：

```
Router(config)#ip nat pool pool-name start-address end-address netmask subnet-mask
```

这个命令用于定义一个 IP 地址池，pool-name 是地址池的名字，start-address 是起始地址，end-address 是结束地址，subnet-mask 是子网掩码。地址池中的地址是供转换的内部全局地址，通常是注册的合法地址。

```
Router(config)#access-list access-list-number permit address wildcard-mask
```

这个命令定义了一个访问控制列表，access-list-number 是表号，address 是地址，wildcard-mask 是通配符掩码。它的作用是限定内部本地地址的格式，只有和这个列表匹配的地址才会进行 NAT 转换。

```
Router(config)#ip nat inside source list access-list-number pool pool-name
```

这个命令定义了动态 NAT，access-list-number 是访问列表的表号，pool-name 是地址池的名字。它表示把和列表匹配的内部本地地址，用地址池中的地址建立 NAT 映射。

```
Router(config)#interface interface-id
Router(config-if)#ip nat inside
```

以上命令指定了网络的内部接口。

```
Router(config-if)#interface interface-id
Ruijie(config-if)#ip nat outside
```

以上命令指定了网络的外部接口。

可以配置多个 Inside 和 Outside 接口。

可以通过以下案例来对动态 NAT 配置予以验证，实验拓扑如图 8-7 所示。

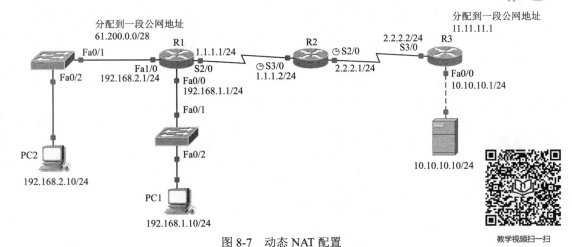

图 8-7 动态 NAT 配置

实验描述：共有三台路由器 R1、R2、R3。其中，R1 可以代表家庭或企业用户，R2 充当 ISP，R3 代表企业 Web 服务器端。

由于私有地址不能在公有网络中出现，所以 R1 内部可以采用 NAT 的方式将自己的 IP 地址映射成外网地址，这里做动态 NAT。

另外，企业 Web 服务器端为了不公开内部网络细节，并且保证其他用户可以访问 Web，做了静态 NAT，将私网地址映射出去。基本配置如表 8-3 所示。

表 8-3 设备的基本配置

设备名称	端口	IP 地址	子网掩码	时钟频率	默认网关
R1	serial2/0	1.1.1.1	255.255.255.0		
	fastethernet0/0	192.168.1.1	255.255.255.0		
	fastethernet1/0	192.168.2.1	255.255.255.0		
R2	serial2/0	2.2.2.1	255.255.255.0	2 400	
	serial3/0	1.1.1.2	255.255.255.0	1 200	
R3	serial3/0	2.2.2.2	255.255.255.0		
	fastethernet0/0	10.10.10.1	255.255.255.0		
PC1	fastethernet	192.168.1.10	255.255.255.0		192.168.1.1
PC2	fastethernet	192.168.2.10	255.255.255.0		192.168.2.1
Server	fastethernet	10.10.10.10	255.255.255.0		10.10.10.1

分别配置 R1、R2、R3 的路由：

```
R1(config)#ip route 0.0.0.0 0.0.0.0 1.1.1.2
R2(config)#ip route 61.200.0.0 255.255.255.240 1.1.1.1
R2(config)#ip route 11.11.11.1 255.255.255.255 2.2.2.2
R3(config)#ip route 0.0.0.0 0.0.0.0 2.2.2.1
```

做动态 NAT：

```
R1(config)#access-list 10 permit 192.168.0.0 0.0.3.255  //定义一个ACL对需要映
射的网段进行匹配
R1(config)#ip nat pool nattest 61.200.0.1 61.200.0.14 netmask 255.255.255.240
//定义地址池，R1端共分配了14个可用的公网地址，私网地址将要映射成它们
R1(config)#ip nat inside source list 10 pool nattest overload  //将访问控制列
表中允许的网段映射成地址池中所定义的网段，overload可以人为负载映射，即有超过14个以上的私网地
址需要映射时，灵活分配地址
R1(config)#int s2/0
R1(config-if)#ip nat outside  //指定哪些是内部端口，哪些是外部端口
R1(config-if)#int fa 0/0
R1(config-if)#ip nat inside
R1(config-if)#exit
R1(config)#int fa 1/0
R1(config-if)#ip nat inside
R3(config)#ip nat inside source static 10.10.10.10 11.11.11.1
R3(config)#int fa 0/0
R3(config-if)#ip nat inside
R3(config-if)#int s3/0
R3(config-if)#ip nat outside
```

说明：访问列表的定义不要太宽，应尽量准确，否则可能会出现不可预知的结果。无论是动态 NAT 还是静态 NAT，其主要作用为：

（1）改变传出包的源地址。

（2）改变传入包的目的地址。

8.2.3 NAPT

网络端口地址转换 NAPT（PAT）是动态建立内部网络中内部本地地址与端口之间的对应关系，即将多个内部地址映射为一个合法公网地址，但以不同的协议端口号与不同的内部地址相对应，也就是<内部地址+内部端口>与<外部地址+外部端口>之间的转换，如<192.168.1.7>+<1 024> 与<200.8.7.3>+<1024>、<192.168.1.5>+<1136>与<200.8.7.3>+1136 的对应。

端口复用的特征是内部多个私有地址映射到一个公网地址的不同端口上，理想状况下，一个单一的 IP 地址可以使用的端口数为 4 000 个。

1. 静态 NAPT 的配置

静态 NAPT 可以使一个内部全局地址和多个内部本地地址相对应，从而可以节省合法 IP 地址的使用量。它有以下特征：

（1）一个内部全局地址可以和多个内部本地地址建立映射，用 IP 地址+端口号区分各个内部地址。

（2）从外部网络访问静态 NAPT 映射的内部主机时，应该给出端口号。

（3）静态 NAPT 是永久有效的。

静态 NAPT 的配置：

`Router(config)#ip nat inside source static {tcp|udp} local-address port global-address port [permit-inside]`

这个命令用于指定内部本地地址和内部全局地址的对应关系，其中包括 IP 地址、端口号、使用的协议等信息。如果加上 permit-inside 关键字，则内网的主机既能用本地地址访问，也能用全局地址访问，否则只能用本地地址访问。

`Router(config)#interface interface-id`

`Router(config-if)#ip nat inside`

以上命令指定了网络的内部接口。

`Router(config-if)#interface interface-id`

`Router(config-if)#ip nat outside`

以上命令指定了网络的外部接口。

可以配置多个 Inside 和 Outside 接口。

删除配置的静态 NAPT：

`Router(config)#no ip nat inside source static {tcp|udp} local-address port global-address port [permit-inside]`

该命令可删除 NAT 表中指定的项目，不影响其他 NAT 的应用。

如果在接口上使用 no ip nat inside 或 no ip nat outside 命令，则可停止该接口的 NAT 检查和转换，但会影响各种 NAT 的应用。

配置举例：

教学视频扫一扫

```
Router>enable
Router#configure terminal
Router(config)#ip nat inside source static tcp 192.168.10.1 80 200.6.15.1 80
Router(config)#ip nat inside source static tcp 192.168.10.2 80 200.6.15.1 8080
Router(config)#interface f0/0
Router(config-if)#ip address 192.168.1.1 255.255.255.0
Router(config-if)#ip nat inside
Router(config-if)#no shutdown
Router(config-if)#interface s1/0
Router(config-if)#ip address 199.1.1.2 255.255.255.0
Router(config-if)#ip nat outside
Router(config-if)#no shutdown
Router(config-if)#end
Router#
```

本例中假设内网中有两个 Web 网站：第一个网站在内网中的地址为 192.168.10.1，在外网中可用 200.6.15.1 访问；第二个网站在内网中的地址为 192.168.10.2，在外网中可用 200.6.15.1：8080 访问。两个网站从外网来看，IP 地址相同，但端口号不同。

如果想让内网用户也可用全局地址访问网站，需要加上 permit-inside 关键字。

说明：如果有条件，尽量不要用 Outside 接口的 IP 地址作为内部全局地址，该地址属于网络服务商（ISP），它常会因线路变更等原因而改变，这样就需要更改相应的 DNS 记录。

2. 动态 NAPT 的配置

动态 NAPT 可以使一个内部全局地址和多个内部本地地址相对应，从而可以节省合法 IP 地址的使用量。它有以下特征：

（1）一个内部全局地址可以和多个内部本地地址建立映射，用 IP 地址+端口号区分各个内部地址（锐捷路由器中每个全局地址最多可提供 64 512 个 NAT 地址转换）。

（2）动态 NAPT 是临时的，如果过了一段时间没有使用，映射关系就会删除。

（3）动态 NAPT 可以只使用一个合法地址为所有内部本地地址建立映射，但映射数量是有限的，如果用多个合法地址组建成一个地址池，每个地址都能映射多个内部本地地址，则可减少因地址耗尽导致的网络拥塞。

动态 NAPT 的配置与动态 NAT 基本上相同，只是在 NAT 定义中，需要加上 overload 关键字：

```
Router(config)#ip nat inside source list access-list-number pool pool-name overload
```

这个命令定义了动态 NAPT，access-list-number 是访问列表的表号，pool-name 是地址池的名字。它表示把和列表匹配的内部本地地址，用地址池中的地址建立 NAPT 映射。overload 关键字表示启用端口复用。

加上 overload 关键字后，系统首先会使用地址池中的第一个地址为多个内部本地地址建立映射，当映射数量达到极限时，再使用第二个地址。

配置举例：

```
Router>enable
Router#configure terminal
Router(config)#ip nat pool np 200.10.10.6 200.10.10.15 netmask 255.255.255.0
Router(config)#access-list 1 permit 192.168.10.0 0.0.0.255
Router(config)#ip nat inside source list 1 pool np overload
Router(config)#interface f0/0
Router(config-if)#ip address 192.168.1.1 255.255.255.0
Router(config-if)#ip nat inside
Router(config-if)#no shutdown
Router(config-if)#interface s1/0
Router(config-if)#ip address 199.1.1.2 255.255.255.0
Router(config-if)#ip nat outside
Router(config-if)#no shutdown
Router(config-if)#end
Router#
```

本例把合法地址组建为一个地址池，地址范围是 200.10.10.6~200.10.10.15，内网中客户机的地址都是 192.168.10.* 的格式，当这种地址访问外网时，会用地址池中的地址建立 NAPT 映射。

3. 接口动态 NAPT 的配置

可以使用 Outside 接口的 IP 地址作为唯一的内部全局地址为所有内部本地地址提供映射，它可看作动态 NAPT 的特例。

接口动态 NAPT 的配置：

`Router(config)#access-list access-list-number permit address wildcard-mask`

这个命令定义了一个访问控制列表，access-list-number 是表号，address 是地址，wildcard-mask 是通配符掩码。它的作用是限定内部本地地址的格式，只有和这个列表匹配的地址才会进行 NAT 转换。

`Router(config)#ip nat inside source list access-list-number interface interface-id overload`

这个命令定义了动态 NAPT，access-list-number 是访问列表的表号，interface interface-id 指定了内部全局地址所在的接口，一般是 Outside 接口。它表示和列表匹配的内部本地地址，都用该接口的 IP 地址建立 NAPT 映射。overload 关键字表示启用端口复用。

`Router(config)#interface interface-id`

`Router(config-if)#ip nat inside`

以上命令指定了网络的内部接口。

`Router(config-if)#interface interface-id`

`Router(config-if)#ip nat outside`

以上命令指定了网络的外部接口。

从以上配置可以看出，配置接口动态 NAPT 时可以不配置地址池。

在接口动态 NAPT 的配置中，只是指定了映射时使用哪个接口的 IP 地址，当该接口的 IP 地址改变时，不需要重新定义。

配置举例：

```
Router>enable
Router#configure terminal
Router(config)#access-list 1 permit 192.168.10.0 0.0.0.255
Router(config)#ip nat inside source list 1 interface s1/0 overload
Router(config)#interface f0/0
Router(config-if)#ip address 192.168.1.1 255.255.255.0
Router(config-if)#ip nat inside
Router(config-if)#no shutdown
Router(config-if)#interface s1/0
Router(config-if)#ip address 199.1.1.2 255.255.255.0
Router(config-if)#ip nat outside
Router(config-if)#no shutdown
Router(config-if)#end
Router#
```

本例定义了一个接口动态 NAPT，所有形如 192.168.10.*的内部本地地址，都被映射为 S1/0 口的 IP 地址，即 199.1.1.2/24。

对于 NATP,用下面的案例来进行配置讲解。拓扑如图 8-8 所示。

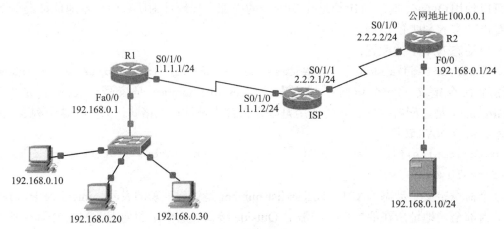

图 8-8 NAPT

R2 端使用静态 NAT 将服务器映射成公网地址 100.0.0.1。

R1 端有三台主机,将要被映射成 R1 连接外网的端口 S0/1/0 的地址。

ISP 为 R1 端提供了一条静态路由指向 100.0.0.0/24 网段。地址分配情况如表 8-4 所示。

表 8-4 各设备的地址分配情况

设备名称	端口	IP 地址	子网掩码	时钟频率	默认网关
R1	Fa0/0	192.168.0.1	255.255.255.0		
	S0/1/0	1.1.1.1	255.255.255.0		
ISP	S0/1/0	1.1.1.2	255.255.255.0	128 000	
	S0/1/1	2.2.2.1	255.255.255.0	125 000	
R2	Fa0/0	192.168.0.1	255.255.255.0		
	S0/1/0	2.2.2.2	255.255.255.0		
PC1	FastEthernet	192.168.0.10	255.255.255.0		192.168.0.1
PC2	FastEthernet	192.168.0.20	255.255.255.0		192.168.0.1
PC3	FastEthernet	192.168.0.30	255.255.255.0		192.168.0.1
Server	FastEthernet	192.168.0.10	255.255.255.0		192.168.0.1

配置步骤:

```
R1
en
conf t
host R1
int fa 0/0
ip add 192.168.0.1 255.255.255.0
no shut
```

```
int ser 0/1/0
ip add 1.1.1.1 255.255.255.0
no shut
exit
ip route 100.0.0.1 255.255.255.0 1.1.1.2
ip route 2.2.2.2 255.255.255.0 1.1.1.2
ip route 0.0.0.0 0.0.0.0 1.1.1.2
access-list 10 permit 192.168.0.0 0.0.0.255
ip nat inside source list 10 interface ser0/1/0 overload
int fa 0/0
ip nat inside
int ser 0/1/0
ip nat outside
=================================================
R2
en
conf t
host R2
int fa 0/0
ip add 192.168.0.1 255.255.255.0
no shut
int s0/1/0
ip add 2.2.2.2 255.255.255.0
no shut
exit
ip route 0.0.0.0 0.0.0.0 2.2.2.1
ip nat inside source static tcp 192.168.0.10 80 100.0.0.1 80
int fa 0/0
ip nat inside
int ser 0/1/0
ip nat outside
=================================================
ISP
en
conf t
int ser 0/1/0
ip add 1.1.1.2 255.255.255.0
clock rate 128 000
no shut
```

```
int ser 0/1/1
ip add 2.2.2.1 255.255.255.0
clock rate 125 000
no shut
exit
ip route 100.0.0.1 255.255.255.0 2.2.2.2
```

根据以上配置情况，对 NAT 中的配置做了一个表格，表 8-5 列出了各命令的写法、作用等情况。

表 8-5 NAT 汇总命令

命令行	作用	注释
Router（config-if）# ip nat outside	定义出口	只有一个出口
Router（config-if）# ip nat inside	定义入口	可以多个入口
Router（config）#ip nat inside source static 内部私有地址 内部公有地址	建立私有与公有地址之间一对一的静态映射	用 Router（config）#no ip nat inside source static 删除静态映射
Router（config）# ip nat pool 池名 开始内部公有地址 结束内部公有地址 [netmask 子网掩码 | prefix-length 前缀长度]	建立一个公有地址池	用 Router（config）# no ip nat pool 删除公有地址池
Router（config）# access-list 号码 permit 内部私有地址 反码	创建内网访问地址列表	用 Router（config）# no access-list 号码 删除内网访问地址列表
Router（config）#ip nat inside source list 号码 pool 池名	配置基于源地址的动态 NAT	用 Router（config）#no ip nat inside source 删除动态映射
Router（config）#ip nat inside source list 号码 pool 池名 overload	配置基于源地址的动态 PAT	用 Router（config）#no ip nat inside source 删除动态 PAT 映射
show ip nat translations	显示 NAT 转换情况，包括：Pro、Inside global、Inside local、Outside local、Outside lobal 项	
debug ip nat	NAT*表示转换是在快速交换路径上进行的，一个会话的第一个分组总是通过低速路径（处理交换）当缓存条目存在，以后的分组通过快速交换路径。s=a.b.c.d 表示源地址，->w.x.y.z 源地址转换的地址，d=e.f.g.h 表示目的地址，[n]方括号中的数字表示 IP 标识号	

8.2.4 TCP 负载均衡配置

对于那些访问量很大的网络服务器，如果只使用一台主机，会造成负载过重的问题。利用 NAT 可实现多台主机的 TCP 负载均衡。

如图 8-9 所示，多台主机搭建成一个局域网，各主机的内容完全相同，各主机使用私有 IP 进行编址。在路由器上配置 TCP 负载均衡，从外部来看，这些主机只有一个 IP 地址

（60.8.1.1），成为一个虚拟主机，当外部用户访问此虚拟主机时，路由器会把各个访问轮流映射到各个主机上，达到负载均衡的目的。

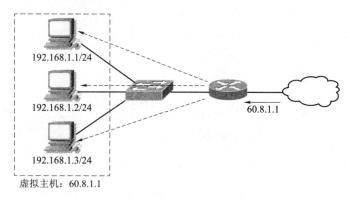

图 8-9 负载均衡配置

注意：TCP 负载均衡只对 TCP 服务提供分流，对于其他 IP 流量没有影响，除非 NAT 作了其他配置。

TCP 负载均衡配置：

`Router(config)#ip nat pool pool-name start-address end-address netmask subnet-mask type rotary`

这个命令用于定义一个 IP 地址池，pool-name 是地址池的名字，start-address 是起始地址，end-address 是结束地址，subnet-mask 是子网掩码。地址池中的地址必须是内网中各主机的实际 IP 地址。type rotary 关键字表示定义为轮转型地址池。

`Router(config)#access-list access-list-number permit address wildcard-mask`

这个命令定义了一个访问控制列表，access-list-number 是表号，address 是地址，wildcard-mask 是通配符掩码。它只匹配虚拟主机的地址。

`Router（config）#ip nat inside destination list access-list-number pool pool-name`

这个命令定义了 NAT，access-list-number 是访问列表的表号，pool-name 是地址池的名字。它表示把虚拟主机的地址映射到地址池中的地址上。

`Router(config)#interface interface-id`

`Router(config-if)#ip nat inside`

以上命令指定了网络的内部接口。

`Router(config-if)#interface interface-id`

`Router(config-if)#ip nat outside`

以上命令指定了网络的外部接口。

配置举例：

`Router>enable`

`Router#configure terminal`

`Router(config)#ip nat pool np 192.168.1.1 192.168.1.3 netmask 255.255.255.0 type rotary`

```
Router(config)#access-list 1 permit 60.8.1.1 0.0.0.0
Router(config)#ip nat inside destination list 1 pool np
Router(config)#interface f0/0
Router(config-if)#ip address 192.168.1.10 255.255.255.0
Router(config-if)#ip nat inside
Router(config-if)#no shutdown
Router(config-if)#interface s1/0
Router(config-if)#ip address 199.1.1.2 255.255.255.0
Router(config-if)#ip nat outside
Router(config-if)#no shutdown
Router(config-if)#end
Router#
```

本例中，虚拟主机的 IP 地址是 60.8.1.1，当用户访问此地址时，路由器把它轮流映射到 192.168.1.1～192.168.1.3 上。

8.2.5 反向 NAT 转换配置

把内部网络中的地址转换成外部网络中的地址，称之为正向转换，运用的 NAT 命令为"ip nat inside source static {*local-ip global-ip*}"，把本地网络的本地地址转换成外部网络的全局地址。前面所有列举的配置都是正向转换，如果现在把外部网络中的地址转换成内部网络中的地址则称之为反向转换，运用的 NAT 命令为"ip nat outside source static{*global-ip local-ip*}"，把外部网络的全地址转换成本地网络的本地地址。

反向 NAT 转换与正向 NAT 转换是相反的，它需要解释外部本地地址和外部全局地址。例如当 NAT 路由器外部网络接口如 S1 接收到源地址为 100.11.18.1 外部本地地址的数据包后，数据包的源地址将转变为 192.168.10.5 外部全局地址。当 NAT 路由器在内部网络接口 S0 接收到源地址为 192.168.10.5 外部全局地址的数据包时，数据包的目的地址将被转变为 100.11.18.1 外部本地地址。完整的配置如下：

（1）运用 ip nat outside source static 全局配置命令建立从外网到内网的静态 NAT IP 地址转换。

Router（config）#ip nat outside source static100.11.18.1 192.168.10.5# 在外部网络本地地址 100.11.18.1 与外部网络全局地址 192.168.10.5 之间建立静态 NAT 转换联系，使外部网络主机知晓要以 192.168.10.5 这个地址到达内部网络主机。

（2）运用以下两条语句配置路由器的 NAT 内部接口 s0：

```
Router(config)#interface s0
Router(config-if)#ip nat inside
```

（3）运用以下两条语句配置路由器的 NAT 内部接口 s1：

```
Router(config)#interface s1
Router(config-if)#ip nat outside
```

（4）运用 show ip nat translations 特权模式命令验证上述执行的路由器 NAT 配置。外部网络的本地地址为 192.168.10.5，外部网络的全局地址为 100.11.18.1。

8.2.6 NAT 信息的查看

1. 显示 NAT 转换记录

`Router#show ip nat translations [verbose]`

这个命令显示 NAT 转换记录，加上 verbose 关键字时，可显示更详细的转换信息。
如：

```
Router>enable
Router#show ip nat translations
Pro Inside global   Inside local    Outside local   Outside global
tcp 70.6.5.113:1815 192.168.10.5:1815 211.67.71.7:80 211.67.71.7:80
```

这里显示的是一次 NAT 的转换记录，内容依次为协议类型（Pro）、内部全局地址及端口（Inside global）、内部本地地址及端口（Inside local）、外部本地地址及端口（Outside local）、外部全局地址及端口（Outside global）。

2. 显示 NAT 规则和统计数据

`Router#show ip nat statistics`

如：

```
Router>enable
Router#show ip nat statistics
Total active translations: 372, max entries permitted: 30 000
Outside interfaces: Serial 1/0
Inside interfaces: FastEthernet 0/0
Rule statistics:
[ID: 1] inside source dynamic
hit: 24 737
match (after routing):
ip packet with source-ip match access-list 1
action:
translate ip packet's source-ip use pool abc
```

包括：当前活动的会话数（Total active translations）、允许的最大活动会话数（Max Entries Permitted）、连接外网的接口（Outside Interfaces）、连接内网的接口（Inside Interfaces）、NAT 规则（Rule，允许存在多个规则，用 ID 标识）。

规则 1（ID：1）：NAT 类型（本例为内部源地址动态 NAT）、此规则被命中次数（hit 值）、路由前还是路由后（match 值，本例为路由前）、地址限制（本例受 access-list 1 限制）、转换行为（action 值，本例用地址池 abc 转换源地址）。

3. 清除 NAT 转换记录

`Router#clear ip nat translation *`

该命令会清除 NAT 转换表中的所有转换记录，它可能会影响当前的会话，造成一些连接丢失。

习 题 8

1. 选择题

（1）NAT 的地址翻译类型有下面哪些？（   ）

A. 静态 NAT（Static NAT）

B. 动态地址 NAT（Pooled NAT）

C. 网络地址端口转换 NAPT（Port-Level NAT）

D. 以上均正确

（2）关于静态 NAT，下面（   ）说法是正确的。

A. 静态 NAT 转换在默认情况下 24 小时后超时

B. 静态 NAT 转换从地址池中分配

C. 静态 NAT 将内部地址一对一静态映射到内部全局地址

D. Cisco 路由器默认使用了静态 NAT

（3）下列关于地址转换的描述，正确的是（   ）。

A. 地址转换解决了 Internet 地址短缺所面临的问题

B. 地址转换实现了对用户透明的网络外部地址的分配

C. 地址转换内部主机提供一定的"隐私"

D. 以上均正确

2. 简答题

（1）简要说明一下 NAT 可以解决的问题。

（2）简述静态地址映射和动态地址映射的区别。

第 9 章

交换机

随着计算机网络的发展,交换机在整个互联网中扮演着越来越重要的角色,从基础的交互数据、语音交换、程控交换到光纤交换等,交换机在企业网中占有重要的地位,通常是整个网络的核心所在,已经在现代网络中成为不可替代的产品。

9.1 交换机概述

交换机的英文名称为"Switch",它是集线器的升级换代产品,从外观上来看,它与集线器基本上没有多大区别,都是带有多个端口的长方形盒状体,所以交换机也被称作多端口集线器,如图 9-1 所示。它是一种基于 MAC 地址(网卡的硬件地址)识别,能够按照通信两端传输信息的需要,用人工或设备自动完成的方法,把要传输的信息送到符合要求的相应路由上的技术统称。广义的交换机就是一种在通信系统中完成信息交换功能的设备。随着网络技术和制造技术的不断发展,传统的集线设备——集线器(Hub)已经退出历史舞台,而交换机(Switch)则牢牢地占据了 90%以上的市场份额。交换机是现在组建园区网络中最主要的一类网络设备,网络的骨架就是由它构成的。

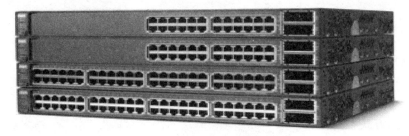

图 9-1 交换机示例

9.1.1 交换机的特性

交换机内部拥有一条带宽很高的背板总线、工作时使用的存储器、内部交换矩阵电路和其他相关控制机构。可以明显地看出,交换机这种方式一方面效率高,不会浪费网络资源,只是对目的地址发送数据,一般来说不易产生网络堵塞;另一方面数据传输安全,因为它不是对所有节点都同时发送,发送数据时其他节点很难侦听到所发送的信息。这也是交换机为什么会很快取代集线器的重要原因之一。

在计算机网络系统中,交换概念的提出是相对于共享工作模式的改进的。集线器是一种共享介质的网络设备,而且集线器本身不能识别目的地址,采用广播方式向所有节点发送,即当同一局域网内的 A 主机给 B 主机传输数据时,数据包在以集线器为架构的网络上是以广播方式传输的,对网络上所有节点同时发送同一信息,然后再由每一台终端通过验证数据包头的地址信息来确定是否接收。在这种方式下,一方面很容易造成网络堵塞,因为接收数据的一般来说只有一个终端节点,而现在对所有节点都发送,那么绝大部分数据流量是无效的,这样就造成整个网络数据传输效率相当低。另一方面,由于所发送的数据包每个节点都能侦听到,显然就不会很安全,容易出现一些不安全因素。通过集线器共享局域网的用户不仅是共享带宽,而且是竞争带宽。可能由于个别用户需要更多的带宽而导致其他用户的可用带宽相对减少,甚至被迫等待,因而也就耽误了通信和信息处理。利用交换机的网络微分段技术,可以将一个大型的共享式局域网的用户分成许多独立的网段,减少竞争带宽的用户数量,增加每个用户的可用带宽,从而缓解共享网络的拥挤状况。由于交换机可以将信息迅速而直接地送到目的地,能大大提高速度和带宽,能保护用户以前在介质方面的投资,并提供良好的可扩展性,因此交换机不但是网桥的理想替代物,而且是集线器的理想替代物。

交换机有一个重要特点就是它不是像集线器一样每个端口共享带宽,它的每一端口都是独享交换机的一部分总带宽,这样在速率上对于每个端口来说有了根本保障。另外,使用交换机也可以把网络"分段",通过对照地址表,交换机只允许必要的网络流量通过交换机,这就是后面将要介绍的VLAN(虚拟局域网)。通过交换机的过滤和转发,可以有效地隔离广播风暴,减少误包和错包的出现,避免共享冲突。这样,交换机就可以在同一时刻进行多个节点对之间的数据传输,每一节点都可视为独立的网段,连接在其上的网络设备独自享有固定的一部分带宽,无须同其他设备竞争使用。

9.1.2 交换机与集线器、网桥的区别

1. 交换机与集线器的区别

在生活中很多人容易把交换机和集线器混淆,它们是有很多不同点的,具体如下:

(1)在OSI/RM网络体系结构中的工作层次不同。

集线器工作在物理层,而交换机工作在数据链路层。更高级的交换机可以工作在第三层(网络层)、第四层(传输层)或更高层。

(2)数据传输方式不同。

集线器的数据传输方式是广播(broadcast)方式,而交换机的数据传输是有目的的,数据只对目的节点发送,只是在自己的MAC地址表中找不到的情况下第一次使用广播方式发送,然后因为交换机具有MAC地址学习功能,第二次以后就不再是广播发送了,而是有目的的发送。这样的好处是数据传输效率提高,不会出现广播风暴,在安全性方面也不会出现其他节点侦听的现象。

(3)带宽占用方式不同。

在带宽占用方面,集线器所有端口是共享集线器的总带宽,而交换机的每个端口都具有自己的带宽,这样交换机每个端口的带宽比集线器端口可用带宽要高许多,也就决定了交换机的传输速度比集线器要快许多。比如,现在使用的是10 Mb/s 8端口以太网交换机,因每个端口都可以同时工作,所以在数据流量较大时,它的总流量可达到8×10 Mb/s=80 Mb/s,而使用10 Mb/s的共享式集线器时,因为它是属于共享带宽式的,所以同一时刻只能允许一个端口进行通信,那么数据流量再忙集线器的总流通量也不会超出10 Mb/s。如果是16端口、24

端口的就更明显了。

（4）传输模式不同。

集线器只能采用半双工方式进行传输，因为集线器是共享传输介质的，这样在上行通道上集线器一次只能传输一个任务，要么是接收数据，要么是发送数据。而交换机则不一样，它是采用全双工方式来传输数据的，因此在同一时刻可以同时进行数据的接收和发送，这不但令数据的传输速度大大加快，而且在整个系统的吞吐量方面交换机比集线器至少要快一倍以上，因为它可以同时进行接收和发送，实际上还远不止一倍，因为一般来说交换机端口带宽比集线器也要宽许多倍。

2. 交换机与网桥的区别

（1）延迟小。交换机通过硬件实现，而网桥通过软件实现。网桥是通过运行于计算机系统上的桥接协议实现的；交换机使用了专用集成电路（Application Specific Integrated Circuit，ASIC），大大提高了网络转发速度。

（2）端口多。交换机的端口密度远大于网桥。

（3）功能强大。交换机除了转发/过滤功能，还有诸多管理功能，如网络管理协议的支持、虚拟局域网的划分等。

9.1.3 交换机的组成

1. 交换机的外观

前面板上有多个以太网口（RJ-45 接口），用来连接计算机和其他交换机。面板上还有电源开关和指示灯。指示灯亮、灭、闪烁，可以反映交换机的工作状态。

后面板上的 Con0 口是交换机的配置口，用 Con 电缆连接计算机的串口，可以对交换机进行配置。图 9-2 所示为交换机外观。

图 9-2　交换机外观

2. 交换机的内部组成

CPU：交换机用特殊用途集成电路芯片 ASIC，以实现高速的数据传输。

RAM/DRAM：动态随机存储器，交换机的主存。存储运行配置文件（running-config）。

NVRAM：带电池的静态随机存储器，非易失 RAM。存储启动配置文件（startup-config）。

Flash ROM：闪存，存储系统软件映像（路由器当前运行的操作系统）。

ROM：存储开机诊断程序、引导程序和操作系统软件最小子集的备份。

9.1.4 交换机的工作机制及功能

典型的局域网交换机是以太网交换机。以太网交换机可以通过交换机端口之间的多个并发连接，实现多节点之间数据的并发传输。这种并发数据传输方式与共享式以太网在某一时刻只允许一个节点占用共享信道的方式完全不同。

1. 交换机工作过程

典型的交换机结构与工作过程如图 9-3 所示。图中的交换机有 6 个端口，其中端口 1、4、5、6 分别连接了节点 A、节点 B、节点 C 和节点 D。于是，交换机、"端口号/MAC 地址映射表"就可以根据以上端口与节点 MAC 地址的对应关系建立起来。如果节点 A 与节点 D 同时要发送数据，那么它们可以分别在以太网帧的目的地址字段（Destination Address，DA）中填上该帧的目的地址。

例如，节点 A 要向节点 C 发送帧，那么该帧的目的地址 DA=节点 C；节点 D 要向节点 B 发送，那么该帧的目的地址 DA=节点 B。当节点 A、节点 D 同时通过交换机传送以太网帧时，交换机的交换控制中心根据"端口号/MAC 地址映射表"的对应关系找出对应帧目的地址的输出端口号，那么它就可以为节点 A 到节点 C 建立端口 1 到端口 5 的连接，同时为节点 D 到节点 B 建立端口 6 到端口 4 的连接。这种端口之间的连接可以根据需要同时建立多条，也就是说，可以在多个端口之间建立多个并发连接。

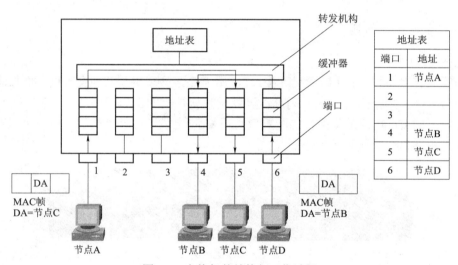

图 9-3　交换机的结构与工作过程

2. 数据转发方式

交换机为了提高数据交换的速度和效率，一般支持多种方式。LAN 交换模式决定了当交换机端口接收到一个帧时将如何处理这个帧。因此，包（或分组）通过交换机所需要的时间取决于所选的交换模式。交换模式有如下三种：存储转发模式、直通交换模式、无碎片模式。

（1）存储转发（Store and Forward）。

存储转发交换是两种基本的交换类型之一。在这种方式下，交换机将接收整个帧并复制到它的缓冲器中，同时计算循环冗余校验（CRC）。如果这个帧有 CRC 差错，或者太短（包括 CRC 在内，帧长少于 64 字节），或者太长（包括 CRC 在内），帧长多于 1 518 字节，那么这个帧将被丢弃，否则确定输出接口，并将帧发往其目的端口。由于这种类型的交换要复制整个帧，并且运行 CRC，因此转发速度较慢，且其延迟将随帧长度不同而变化。

优点：没有残缺数据包转发，可减少潜在的不必要的数据转发。

缺点：转发速率比直接转发方式慢。

适用环境：存储转发技术适用于普通链路质量或质量较为恶劣的网络环境，这种方式要对数据包进行处理，所以，延迟和帧的大小有关。

（2）直通交换（Cut-Through）。

直通型交换是另一种主要交换类型。在这种方式下，交换机仅将帧的目的地址（前缀之后的 6 个字节）复制到它的缓冲器中。然后，在交换表中查找该目的地址，从而确定输出接口，然后将帧发往其目的端口。这种直通交换方式减少了延迟，因为交换机一读到帧的目的地址，确定了输出接口，就立即转发帧。有些交换机可以自适应地址选择交换方式，可以工作在直通方式，直到某个端口上的差错达到用户定义的差错极限，交换机会由直通模式自动切换成存储转发模式，而当差错率降低到这个极限以下时，交换机又会由存储转发模式切换成直通模式。

优点：转发速率快、减少延时和提高整体吞吐率。

缺点：会给整个交换网络带来许多垃圾通信包。

适用环境：网络链路质量较好、错误数据包较少的网络环境，延迟时间跟帧的大小无关。

（3）无碎片（Fragment Free）。

这是改进后的直接转发模式，是介于前两者之间的一种解决方案。它检查数据包的长度是否够 64 字节，如果小于 64 字节，说明是假包，则丢弃该包；如果大于等于 64 字节，则发送该包。无碎片方式较直通方式提供了较好的差错检验，而几乎没有增加延迟。

优点：数据处理速度比存储转发方式快。

缺点：比直通式慢。

适用环境：一般的通信链路。

3．地址学习（Address Learning）

交换机能够"认识"连接到自己身上的每一台计算机，凭什么认识呢？就是凭每块网卡物理地址，俗称"MAC 地址"。交换机还具有 MAC 地址学习功能，它会把连接到自己身上的 MAC 地址记住，形成一个节点与 MAC 地址对应表。凭这样一张表，它就不必再进行广播了，从一个端口发过来的数据，其中会含有目的地的 MAC 地址，交换机在保存在自己缓存中的 MAC 地址表里寻找与这个数据包中包含的目的 MAC 地址对应的节点，找到以后，便在这两个节点间架起了一条临时性的专用数据传输通道，这两个节点便可以不受干扰地进行通信了。要注意交换机档次越低，缓存就越小，也就是说为保存 MAC 地址所准备的空间也就越小，对应的就是它能记住的 MAC 地址数也就越少。通常一台交换机都具有 1 024 个 MAC 地址记忆空间，都能满足实际需求。从上面的分析来看，我们知道交换机所进行的数据传递是有明确的方向的，而不是乱传递，也不是集线器的广播方式，同时由于交换机可以进行全双工传输，所以交换机可以同时在多对节点之间建立临时专用通道，形成立体交叉的数据传输通道结构。

以太网交换机利用"端口/MAC 地址映射表"进行信息的交换，因此，"端口/MAC 地址映射表"的建立和维护显得相当重要。一旦地址映射表出现问题，就可能造成信息转发错误。那么，交换机中的"端口/MAC 地址映射表"是怎样建立和维护的呢？

这里有两个问题需要解决，一是交换机如何知道哪台计算机连接到哪个端口；二是当计算机在交换机的端口之间移动时，交换机如何维护地址映射表。显然，通过人工建立交换机的地址映射表是不切实际的，交换机应该自动建立地址映射表。

通常，以太网交换机利用"地址学习"的方法来动态建立和维护"端口/MAC 地址映射表"。以太网交换机的地址学习是通过读取帧的源地址并记录帧进入交换机的端口进行的。当得到 MAC 地址与端口的对应关系后，交换机将检查地址映射表中是否已经存在该对应关系。如果不存在，交换机就将该对应关系添加到地址映射表；如果已经存在，交换机将更新该表项。因此，在以太网交换机中，地址是动态学习的。只要这个节点发送信息，交换机就能捕获到它的 MAC 地址与其所在端口的对应关系。

在每次添加或更新地址映射表的表项时，添加或更改的表项被赋予一个计时器。这使得该端口与 MAC 地址的对应关系能够存储一段时间。如果在计时器溢出之前没有再次捕获到该端口与 MAC 地址的对应关系，该表项将被交换机删除。通过移走过时的或老化的表项，交换机维护了一个精确且有用的地址映射表。

4. 转发/过滤决策（Forward/Filter Decisions）

交换机的转发/过滤决策是通过对数据帧的目的地址进行判断来做出的。若目的地址与源地址在同一个端口上，则交换机不对该数据帧做任何处理；若地址表中存在数据帧的目的地址条目，就只把数据帧从相应的端口转发出去，并不转发到其他端口；只有当地址表中没有目的地址的条目时，才采用广播的方式转发到除源端口外的其他所有端口。

5. 回环避免

交换机的回环避免是通过采用生成树协议来实现的，生成树协议既支持路径冗余，又可以防止路径回环。路径回环会产生广播风暴、帧的多个备份、地址表失效等问题。

（1）产生广播风暴。

如果存在两条以上的链路，就必然形成一个环路，交换机并不知道如何处理环路，只是周而复始地转发帧，形成一个"死循环"。最终，这个死循环会造成整个网络处于阻塞状态，导致网络瘫痪，如图 9-4 所示。

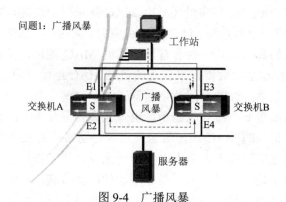

图 9-4　广播风暴

（2）MAC 地址失效。

MAC 地址失效如图 9-5 所示。

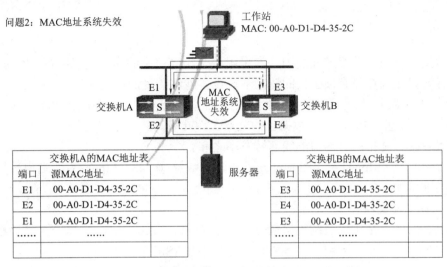

图 9-5 MAC 地址失效

9.2 交换机的性能参数、分类及选购原则

由于交换机具有许多优越性,所以它的应用和发展速度远远高于集线器。各种类型交换机的出现,主要是为了满足各种不同应用环境需求。

9.2.1 交换机的性能参数

目前市场上的交换机品种繁多,应用技术不同,价格差异较大,不同的交换机所能提供的性能也不一样,不同的技术应用影响着企业网络的整体性能。交换机的性能的好坏影响整个网络的状况,因此进一步了解交换机的参数和性能不仅是必要的,而且有助于用户更好地做出符合实际需求的选择。

1. 转发速率

包转发率标志了交换机转发数据包能力的大小,单位是 pps。转发速率(Forwarding Rate)指基于 64 字节分组,在单位时间内交换机转发的数据总数。转发速率体现了交换引擎的转发性能。交换机达到线速时包转发率的计算公式:

(1 000 Mbit×千兆端口数量+100 Mbit×百兆端口数量+10 Mbit×十兆端口数量+其他速率的端口类推累加)/[(64+12+8)bytes×8 bit/bytes]=1.488 Mpps×千兆端口数量+0.148 8 Mpps×百兆端口数量+其他速率的端口类推累加。

如果交换机的该指标参数值小于此公式计算结果,则说明不能够实现线速转发,反之还必须进一步衡量其他参数。

2. 传输速率

交换机的传输速度是指交换机端口的数据交换速度。目前常见的有 10 Mb/s、100 Mb/s、1 000 Mb/s 等几类。除此之外还有 10 Gb/s 交换机,但目前市场供给很少。

10/100 Mb/s 自适应交换机适合工作组级别使用,纯 100 Mb/s 或 1 000 Mb/s 交换机一般应用在部门级以上的应用或骨干级别的应用中。10 Gb/s 的交换机主要用在电信等骨干网络上。

3. 端口吞吐量

该参数反映端口的分组转发能力，常采用两个相同速率的端口进行测试，与被测口的位置有关。吞吐量是指在没有帧丢失的情况下，设备能够接受的最大速率。

吞吐量和转发速率是反映网络设备性能的重要指标，一般采用 FDT（Full Duplex Throughput）来衡量，指 64 字节数据包的全双工吞吐量。

满配置吞吐量是指所有端口的线速转发率之和。

满配置吞吐量（Mpps）=1.488 Mpps×千兆端口数量+0.148 8 Mpps×百兆端口数量+其他速率的端口类推累加

4. 背板带宽与交换容量

交换引擎的作用是实现系统数据包交换、协议分析、系统管理，它是交换机的核心部分，类似于 PC 的 CPU+OS，分组的交换主要通过专用的 ASIC 芯片实现。

背板带宽是指交换机接口处理器或接口卡和数据总线间所能吞吐的最大数据量。由于所有端口间的通信都要通过背板完成，所有背板能够提供的带宽就成为端口间并发通信时的瓶颈。带宽越大，能够给各通信端口提供的可用带宽越大，数据交换速度越快；带宽越小，则能够给各通信端口提供的可用带宽越小，数据交换速度也就越慢。因此，背板带宽越大，交换机的传输速率越快（单位为 b/s）。背板带宽也叫交换带宽。如果交换机背板大于交换容量，则可以实现线速交换。

交换容量（最大转发带宽、吞吐量）是指系统中用户接口之间交换数据的最大能力，用户数据的交换是由交换矩阵实现的。交换机达到线速时，交换容量等于端口数×相应端口速率×2（全双工模式）。如果这一数值小于背板带宽，则可实现线速转发。

5. 端口类型

应用方面：按端口的组合目前主要有三种，纯百兆端口产品、百兆和千兆端口混合产品、纯千兆产品，每一种产品所应用的网络环境不同，如果是应用于核心骨干网络上，最好选择纯千兆产品；如果是处于上连骨干网上，选择百兆+千兆的混合产品；如果是边缘接入，预算多一点就选择混合产品，预算少的话，直接采用原有的纯百兆产品。

6. 端口数量

交换机设备的端口数量是交换机最直观的衡量因素，通常此参数是针对固定端口交换机而言的，常见的标准的固定端口交换机端口数有 8、16、24、48 等（以 8 的倍数提供端口）。

固定端口交换机虽然价格相对便宜，但由于它只能提供有限的端口和固定类型的接口，无论是从可连接的用户数量上，还是从可使用的传输介质上来讲都具有一定的局限性，但这种交换机在工作组中应用较多，一般适用于小型企业网络、管理子系统和工作区子系统环境。

7. 缓存和 MAC 地址数量

每台交换机都维护着一张 MAC 地址表，记录 MAC 地址与端口的对应关系，从而根据 MAC 地址将访问请求直接转发到对应的端口。存储的 MAC 地址数量越多，数据转发的速度和效率也就越高，抗 MAC 地址溢出供给能力也就越强。

缓存用于暂时存储等待转发的数据。如果缓存容量较小，当并发访问量较大时，数据将被丢弃，从而导致网络通信失败。只有缓存容量较大，才可以在组播和广播流量很大的情况下，提供更佳的整体性能，同时保证最大可能的吞吐量。目前，几乎所有的廉价交换机都采用共享内存结构，由所有端口共享交换机内存，均衡网络负载并防止数据包丢失。

8. 管理功能

具有管理功能的交换机是中高端交换机具有的功能，目的是让企业的网络处于可管理状态和提高网络通信的性能。不同的交换机提供的管理内容不同，通常交换机的管理内容包括 VLAN、三层交换、端口聚合、负载均衡、生成树和 SNMP 功能等。根据管理功能的不同，交换机的价格差异较大，从几百元到几十万元不等。可网管交换机在外观上都有一个共同的特点，即在交换机前面板或后面板都提供一个 Console 端口。虽然 Console 端口的接口类型因不同品牌或型号的集线器而可能不同，有的为 DB-9 串行口，有的为 RJ-45 端口。但共同的一点就是在该端口都标注有"Console"字样，只要找到标有这个字样的端口即属于可网管型交换机。

9. 虚拟局域网（VLAN）

VLAN 是一种将局域网设备从逻辑上划分成一个个更小的局域网，从而实现虚拟工作组的数据交换技术。这种技术可以实现端口的分隔，即便在同一个交换机上，处于不同 VLAN 的端口也是不能通信的。它还有利于网络的安全，不同 VLAN 不能直接通信，杜绝了广播信息的不安全性。第三个优势是可以进行灵活的管理，更改用户所属的网络不必换端口和连线，只更改软件配置就可以了。

VLAN 能将网络划分为多个广播域，从而有效地控制广播风暴的发生；可以用于控制网络中不同部门、不同节点之间的互相访问。

10. 冗余支持

冗余组件一般包括：管理卡、交换结构、接口模块、电源、冷却系统、机箱风扇等。另外，对于提供关键服务的管理引擎及交换阵列模块，不仅要求冗余，还要求这些部分具有"自动切换"的特性，以保证设备冗余的完整性，当有一块这样的部件失效时，冗余部件能够接替工作，以保障设备的可靠性。

9.2.2 交换机的分类

1. 按能否改变工作方式分类

按照是否可以改变其工作方式分类，交换机可分为"傻瓜机"和"智能机"。"傻瓜机"的工作方式是固定不变的，不能进行配置和管理。在网络安全性要求不高，或者工作环境基本不变，对性能要求不高的情况下，使用"傻瓜机"是高性价比的选择（"傻瓜机"价格便宜）。图 9-6 所示为智能交换机样例。

2. 从网络覆盖范围划分

（1）广域网交换机。

广域网交换机主要是应用于电信城域网互联、互联网接入等领域的广域网中，提供通信用的基础平台。

（2）局域网交换机。

这种交换机就是常见的交换机，也是学习的重点。局域网交换机应用于局域网络，用于连接终端设备，如服务器、工作站、集线器、路由器、网络打印机等网络设备，

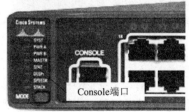

图 9-6 智能交换机样例

提供高速、独立的通信通道。

其实，在局域网交换机中又可以划分为多种不同类型的交换机。下面继续介绍局域网交换机的主要分类标准。

3. 根据传输介质和传输速度划分

根据交换机使用的网络传输介质及传输速度的不同，一般可以将局域网交换机分为以太网交换机、快速以太网交换机、千兆（G位）以太网交换机、10千兆（10G位）以太网交换机、FDDI交换机、ATM交换机和令牌环交换机等。

（1）以太网交换机。

首先要说明的一点是，这里所指的"以太网交换机"是指带宽在100 Mb/s以下的以太网所用交换机，下面讲到的"快速以太网交换机""千兆以太网交换机"和"10千兆以太网交换机"，其实也是以太网交换机，只不过它们所采用的协议标准，或者传输介质不同，当然其接口形式也可能不同。

以太网交换机是最普遍和便宜的，它的档次比较齐全，应用领域也非常广泛，在大大小小的局域网中都可以见到它们的踪影。以太网包括三种网络接口：RJ-45、BNC和AUI，所用的传输介质分别为双绞线和同轴电缆。不要以为以太网都是RJ-45接口的，只不过双绞线类型的RJ-45接口在网络设备中非常普遍而已。当然，现在的交换机通常不可能全是BNC或AUI接口的，因为目前采用同轴电缆作为传输介质的网络已经很少见了，而一般是在RJ-45接口的基础上为了兼顾同轴电缆介质的网络连接，配上BNC或AUI接口。

（2）快速以太网交换机。

这种交换机是用于100 Mb/s快速以太网。快速以太网是一种在普通双绞线或者光纤上实现100 Mb/s传输带宽的网络技术。要注意的是，一提到快速以太网就认为全都是纯正100 Mb/s带宽的端口，事实上目前基本上还是以10/100 Mb/s自适应型的为主。同样地，一般这种快速以太网交换机通常所采用的介质也是双绞线，有的快速以太网交换机为了兼顾与其他光传输介质的网络互联，或许会留有少数的光纤接口"SC"。

（3）千兆以太网交换机。

千兆以太网交换机是用于目前较新的一种网络——千兆以太网中，也有人把这种网络称为"吉位(GB)以太网"，那是因为它的带宽可以达到1 000 Mb/s。它一般用于大型网络的骨干网段，所采用的传输介质有光纤、双绞线两种，对应的接口为"SC"和"RJ-45"两种。

（4）10千兆以太网交换机。

10千兆以太网交换机主要是为了适应当今10千兆以太网络的接入，一般用于骨干网段上，采用的传输介质为光纤，其接口方式也就相应为光纤接口。同样这种交换机也称为"10 G以太网交换机"，道理同上。因为目前10 G以太网技术还处于研发初级阶段，价格也非常昂贵（一般要2万～9万美元），所以10 G以太网在各用户中的实际应用还不是很普遍，再则多数企业用户都早已采用了技术相对成熟的千兆以太网，且认为这种速度已能满足企业数据交换需求。10 G以太网交换机产品全采用光纤接口。

（5）ATM交换机。

ATM交换机是用于ATM网络的交换机产品。ATM网络由于其独特的技术特性，现在还仅广泛用于电信、邮政网的主干网段，因此其交换机产品在市场上很少看到。如下面将要讲的ADSL宽带接入方式中，如果采用PPPoA协议，在局端（NSP端）就需要配置ATM交换机,有线电视的 Cable Modem 互联网接入法在局端也采用 ATM 交换机。它的传输介质一般采用光纤,接口类型同样一般有两种:以太网 RJ-45 接口和光纤接口,这两种接口适合与不同类型的网络互联。相对于物美价廉的以太网交换机而言,ATM 交换机的价格确实是很高的,所以在普通局域网中也就见不到它的踪迹。

(6) FDDI 交换机。

FDDI 技术是在快速以太网技术还没有开发出来之前开发的,它主要是为了解决当时 10 Mb/s 以太网和 16 Mb/s 令牌网速度的局限,因为它的传输速度可达到 100 Mb/s,这比当时的前两个速度高出许多,所以在当时有一定的市场。但它当时是采用光纤作为传输介质的,比以双绞线为传输介质的网络成本高许多,所以随着快速以太网技术的成功开发,FDDI 技术也就失去了它应有的市场。正因如此,FDDI 设备,如 FDDI 交换机也就比较少见了。FDDI 交换机用于老式中小型企业的快速数据交换网络中,它的接口形式都为光纤接口。

4. 根据交换机的结构划分

如果按交换机的端口结构来分,交换机大致可分为固定端口交换机和模块化交换机。其实还有一种是两者兼顾,那就是在提供基本固定端口的基础之上再配备一定的扩展插槽或模块。

(1) 固定端口交换机。

固定端口,顾名思义就是它所带有的端口是固定的,如果是 8 端口的,就只能有 8 个端口,再也不能添加;16 个端口也就只能有 16 个端口,不能再扩展。目前这种固定端口的交换机比较常见,端口数量没有明确的规定,一般的端口标准是 8 端口、16 端口和 24 端口。但现在也是各个生产厂家自行决定,它们认为多少个端口的交换机有市场就生产多少个端口的。目前交换机的端口比较杂,非标准的端口数主要有 4 端口、5 端口、10 端口、12 端口、20 端口、22 端口和 32 端口等。

固定端口交换机虽然相对来说价格便宜一些,但由于它只能提供有限的端口和固定类型的接口,因此,无论是从可连接的用户数量上,还是从可使用的传输介质上来讲都具有一定的局限性,但这种交换机在工作组中应用较多,一般适用于小型网络、桌面交换环境。图 9-7 和图 9-8 所示分别是一款 16 端口和 24 端口的交换机。

图 9-7 16 口固定交换机

图 9-8 24 口固定交换机

(2) 模块化交换机。

模块化交换机虽然在价格上要贵很多,但拥有更大的灵活性和可扩充性,用户可任意选择不同数量、不同速率和不同接口类型的模块,以适应千变万化的网络需求。图 9-9 所示为一款 Cisco Catalyst 4503 模块化交换机。而且,模块化交换机大都有很强的容错能力,支持交换模块的冗余备份,并且往往拥有可热插拔的双电源,以保证交换机的电力供应。在选择交换机时，应按照需要和经费综合考虑选择模块化或固定端口交换机。一般来说，企业级交换机应考虑其扩充性、兼容性和排错性，因此，应当选用模块化交换机；而骨干交换机和工作组交换机则由于任务较为单一，故可采用简单明了的固定式交换机。

图 9-9 模块交换机

5. 按在网络中的地位和作用分类

根据网络中的位置可以将网络交换机划分为：接入层交换机、汇聚层交换机和核心层交换机。

（1）接入层交换机：主要用于用户计算机的连接，如 Cisco Catalyst 2960 系列接入层交换机。

（2）汇聚层交换机：主要用于将接入层交换机进行汇聚，并提供安全控制，如 Cisco Catalyst 4900 系列汇聚层交换机，可用于中型配线间、中小型网络核心层等。

（3）核心层交换机：主要提供汇聚层交换机间的高速数据交换，如 Cisco Catalyst 6500 核心层交换机，它是一个智能化核心交换机，它可用于高性能配线间或网络中心。

如图 9-10 所示，标明了各交换机在所处网络中的位置。通常情况下，支持 500 个信息点以上大型企业应用的交换机为核心层交换机，支持 300 个信息点以下中型企业的交换机为汇聚层交换机，而支持 100 个信息点以内的交换机为接入层交换机。

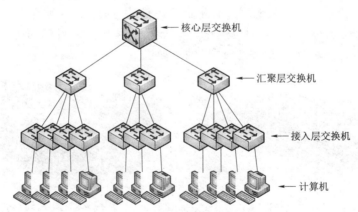

图 9-10 不同位置的交换机

6. 根据工作的层次分类

大家都知道网络设备都是对应工作在 OSI/RM 这一开放模型的一定层次上，工作的层次越高，说明其设备的技术性越高，性能也越好，档次也就越高。交换机也一样，随着交换技术的发展，交换机由原来工作在 OSI/RM 的第二层，发展到现在有可以工作在第四层的交换机出现，所以根据工作的协议层，交换机可分为二层交换机、三层交换机和多层交换机。

（1）二层交换机：根据 MAC 地址进行数据的转发，工作在数据链路层。

（2）三层交换机：三层交换技术就是二层交换技术+三层转发技术，即三层交换机就是具有部分路由器功能的交换机。

（3）多层交换机：会利用第三层以及第三层以上的信息来识别应用数据流会话，这些信息包括 TCP/User 数据报协议（UDP）端口号、标记应用会话开始与结束的"SYN/FIN"位以及 IP 源/目的地址。利用这些信息，多层交换机可以做出向何处转发会话传输流的智能决定。

9.2.3 交换机的选购原则

中小企业网络更加关注网络的稳定、高速，以及资金的投入，因此在选购交换机时，应当遵循以下几个原则：性能选择、端口选择、传输速率选择、外形选择、堆叠功能选择、结构选择、安全性及 VLAN 功能选择、协议层选择、网管功能选择、冗余功能选择和品牌选择。

9.3 交换机指示灯

交换机的前面板有几个指示灯，可以通过灯不同的颜色反映出交换机的工作状态，也能用于监控系统的活动和性能。这些指示灯称为发光二极管（LED）。

前面板上的指示灯包括：系统指示灯、远程电源供应指示灯、端口模式指示灯、端口状态指示灯。

1. 系统指示灯

显示系统是否已经接通电源并且正常工作，如表 9-1 所示。

表 9-1 系统指示灯含义

指示灯颜色	系统状态
关闭	系统未加电
绿色	系统运行正常
琥珀色	系统加电，运行状态不正常

2. 冗余电源（RPS）指示灯

指示灯显示交换机是否有冗余电源。RPS 指示灯表明了交换机的 RPS 状态，如表 9-2 所示。

表 9-2 远程电源供应指示灯颜色解析

指示灯颜色	RPS 状态
关闭	RPS 关闭或未安装
持续绿色	RPS 已连接并可用
闪烁绿色	RPS 正在支持堆叠（stack）中的另一台交换机
淡黄色（琥珀色）	有冗余电源，但不正常
闪烁淡黄色（琥珀色）	交换机内部电源出现故障，正在使用 RPS

3. 端口指示灯

端口模式指示灯显示模式按钮的当前状态。各种模式用于决定如何对端口状态 LED 进行解释。如果要选择或修改端口模式，连续地按压"Mode"按钮直到 Mode LED 指示在所需的模式。端口状态 LED 所代表的含义，取决于 Mode LED 的当前值。

"Mode"按钮有三种状态：STAT（状态，states）、UTL（利用率，Utilization）、FDUP（全双工，full duplex）。如果交换机的状态灯为闪烁的橙色，一般表明在某一个端口，模块或者交换机有硬件故障。如果端口或者模块状态不正常，状态灯也为闪烁的橙色。

4. 端口状态指示灯

LED 端口模式描述：STAT（端口状态）——显示端口状态，这是默认模式；VTIL（交换机利用率）——显示目前该端口被交换机使用的带宽；DUPLX（端口双工模式）——可以是全双工或半双工；SPEED（端口速度）——端口运行速度。

要选择或者改变端口模式，可以通过按压"Mode"按钮直至所需要的模式被选中。端口状态指示灯显示模式如表 9-3 所示。

表 9-3 端口状态指示灯

端口指示灯显示模式	描　　述
端口状态 （STAT 指示灯亮）	灭：没有连接链路。 绿色：连接了链路，但没有活动。 绿色闪烁：链路上有数据流传输。 交替显示绿色和淡黄色：链路出现了故障。错误帧可能影响连接性。冲突过多、循环冗余校验（CRC）错误、帧长错误和超时错误都会导致链路故障。 淡黄色：端口没转发数据（由于端口被管理性关闭）、被挂起（由于地址非法）或为避免网络环路而被生成树协议（STP）挂起
带宽使用情况 （UTL 指示灯亮）	绿色：以对数值指示当前占用的带宽。 淡黄色：交换机通电后最大的带宽使用量。 交替显示绿色和淡黄色：取决于交换机型号，具体情况如下： 对于 Catalyst 2960-12、2960-24、2960C-24 和 2960T-24 交换机，如果所有端口指示灯都为绿色，则使用的带宽不低于总带宽的 50%；如果最右边的指示灯灭，则带宽使用率为 25%～50%；依此类推，如果只有最左边的指示灯呈绿色，则带宽使用率低于 0.048 8%。 对于 Catalyst 2960G-12-EI 交换机，如果所有端口指示灯都呈绿色，则带宽使用率不低于 50%；如果第二个 GBIC(吉比特接口转换器)模块插槽的指示灯不亮，则带宽使用率为 25%～50%；如果两个 GBIC 模块插槽的指示灯都不亮，则带宽使用率低于 25%；依此类推。 对于 Catalyst 2960G-24-EI 和 2960G-24-EI-DC 交换机，如果所有端口指示灯都呈绿色，则带宽使用率不低于 50%；如果第二个 GBIC 模块插槽的指示灯不亮，则带宽使用率为 25%～50%；如果两个 GBIC 模块插槽的指示灯都不亮，则带宽使用率低于 25%；依此类推。 对于 Catalyst 2960G-48-EI 交换机，如果所有端口指示灯都呈绿色，则带宽使用率不低于 50%；如果第二个 GBIC 模块插槽的指示灯不亮，则带宽使用率为 25%～50%；如果两个 GBIC 模块插槽的指示灯都不亮，则带宽使用率低于 25%；依此类推
全双工模式 （FDUP 指示灯亮）	绿色：端口为全双工模式。 灭：端口为半双工模式
速度 （SPEED 指示灯亮）	绿色闪烁：端口的运行速度为 1 Gb/s。 绿色：端口的运行速度为 100 Mb/s

9.4 交换机的级联与堆叠

交换机是一种最为基础的网络连接设备。它是一种不需要任何软件配置即可使用的纯硬件式设备；单个交换机与网络的连接，相信读者已经能够掌握。本文结合图例，主要介绍多台交换机在网络中同时使用时的连接问题。

多台交换机的连接方式无外乎两种：级联与堆叠。下面针对这两种连接方式，分别介绍实现原理及详细的连接过程。

9.4.1 交换机级联

这是最常用的一种多台交换机连接方式，它通过交换机上的级联口（Uplink）进行连接。需要注意的是，交换机不能无限制级联，超过一定数量的交换机进行级联，最终会引起广播风暴，导致网络性能严重下降。级联又分为以下两种：使用普通端口级联和使用 Uplink 端口级联。

1. 使用普通端口级联

所谓普通端口就是通过交换机的某一个常用端口（如 RJ-45 端口）进行连接。需要注意的是，这时所用的连接双绞线要用反线，即是说双绞线的两端要跳线（第 1～3 与 2～6 线脚对调）。其连接示意图如图 9-11 所示。

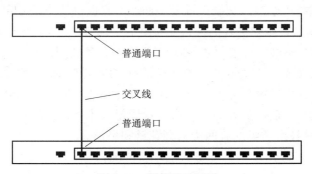

图 9-11　用普通口级联

2. 使用 Uplink 端口级联

在所有交换机端口中，都会在旁边包含一个 Uplink 端口，如图 9-12 所示。此端口是专门为上行连接提供的，只需通过直通双绞线将该端口连接至其他交换机上除"Uplink 端口"外的任意端口即可（注意，并不是 Uplink 端口的相互连接）。

3. 级联的缺点

占用端口、速度有限、连接端口可能成为传输的瓶颈，并会出现一定延时。

4. 级联的结果

在实际的网络中，它们仍然各自工作，仍然是两个独立的交换机。

5. 应注意的问题

交换机不能无限制级联，超过一定数量的交换机进行级联，最终会引起广播风暴，导致网络性能严重下降。

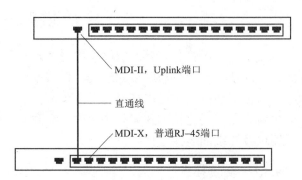

图 9-12 用 Uplink 口级联

9.4.2 交换机堆叠

此种连接方式主要应用在大型网络中对端口需求比较大的情况下。交换机的堆叠是扩展端口最快捷、最便利的方式，同时堆叠后的带宽是单一交换机端口速率的几十倍。但是，并不是所有的交换机都支持堆叠，这取决于交换机的品牌、型号是否支持堆叠，并且还需要使用专门的堆叠电缆和堆叠模块。

堆叠是指使用专门的模块和线缆，将若干交换机堆叠在一起，将它们作为一个逻辑交换机使用和管理，实现高速连接。交换机堆叠是通过厂家提供的一条专用连接电缆，从一台交换机的"UP"堆叠端口直接连接到另一台交换机的"DOWN"堆叠端口，以实现单台交换机端口数的扩充。一般交换机能够堆叠4～9台。堆叠的设备之间是平等关系，它是背板之间的连接，把几台交换机做成一个整体。它的优点是不占用普通端口，将交换机的背板通过高速线缆连接，速度快，性能较好。需要交换机支持堆叠功能，同一组堆叠交换机必须是同一品牌，并且在物理连接完毕后，需要对交换机进行设置，才能正常运行。

Cisco 交换机堆叠技术常见的有两类：菊花链和星形。

（1）菊花链。图 9-13 所示为菊花链式的堆叠情况。

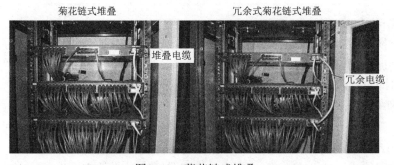

图 9-13 菊花链式堆叠

（2）星形。图 9-14 所示为星形堆叠方式。

不管是菊花链还是星形都属于 GigaStack 堆叠技术。

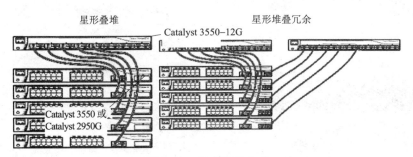

图 9-14 星形堆叠方式

注意：采用堆叠方式的交换机要受到种类和相互距离的限制。首先实现堆叠的交换机必须是支持堆叠的。另外，由于厂家提供的堆叠连接电缆一般都在 1 m 左右，故只能在很近的距离内使用堆叠功能。

总结：交换机的级联方式实现简单，只需一根普通的双绞线即可，节约成本而且基本不受距离的限制；而堆叠方式投资相对较大，且只能在很短的距离内连接，实现起来比较困难。但是，堆叠方式比级联方式具有更好的性能，信号不易衰竭，且通过堆叠方式，可以集中管理多台交换机，大大简化了管理工作量。如果实在需要采用级联，也最好选用 Uplink 端口的连接方式。因为这可以在最大程度上保证信号强度，如果是普通端口之间的连接，必定会使网络信号严重受损。

9.5 交换机的配置

交换机有很多种不同的配置方法，一般新买的交换机必须经过本地练级的配置，当配置过交换机的 IP、用户名、密码等参数后，就可以对交换机进行远程配置了。因为交换机一般工作在机房或者设备区间子系统，所以管理在工作站上就可以完成，除非交换机出现故障，否则一般都可以采用远程配置。

9.5.1 交换机的配置方法

由于交换机没有自己的输入设备，所以在对交换机进行配置时，一般都是通过另一台计算机连接到交换机各种接口上进行配置。又因为交换机所连接的网络情况可能千变万化，为了方便对交换机的管理，必须为交换机提供比较灵活的配置方法。一般来说，对交换机的配置可以通过以下几种方法来进行。

1. 通过 Console 口配置

Console 口是交换机的专用配置口，用 Console 口对交换机进行配置是工作中对交换机进行配置最基本的方法，如图 9-15 所示。在第一次配置路由器时必须采用 Console 口配置方式。用 Console 口配置交换机时需要专用的串口配置电缆连接交换机的 Console 口和主机的串口。把交换机和计算机连接好后，就可以使用超级终端这一通信程序对路由器进行配置了。选择"开始"→"程序"→"附件"→"通信"→"超级终端"命令，将出现如图 9-16 所示的界面。

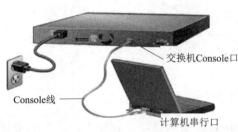

图 9-15　利用 Console 口配置交换机

图 9-16　超级终端界面

在主机上运行 Windows 系统附件中附带的超级终端软件，并注意串口的配置参数设置，如图 9-17 所示（默认值），单击"确定"按钮即可正常建立与路由器的通信。如果交换机已经启动，按"Enter"键即可进入路由器的普通用户模式。若还没有启动，打开路由器的电源会看到如图 9-18 所示的交换机启动过程，启动完成后同样进入普通用户模式。

图 9-17　串口参数设置

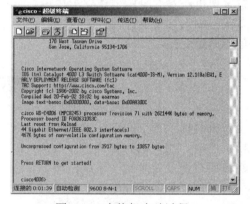

图 9-18　交换机启动过程

交换机启动过程：

C2950 Boot Loader (C2950-HBOOT-M) Version 12.1(11r)EA1, RELEASE SOFTWARE (fc1)

Compiled Mon 22-Jul-02 18:57 by miwang

Cisco WS-C2950-24 (RC32300) processor (revision C0) with 21039K bytes of memory.

2950-24 starting...

Base ethernet MAC Address: 000A.4160.179E

Xmodem file system is available.

Initializing Flash...

flashfs[0]: 1 files, 0 directories

flashfs[0]: 0 orphaned files, 0 orphaned directories

flashfs[0]: Total bytes: 64016384

flashfs[0]: Bytes used: 3058048

```
flashfs[0]: Bytes available: 60958336
flashfs[0]: flashfs fsck took 1 seconds.
...done Initializing Flash.

Boot Sector Filesystem (bs:) installed, fsid: 3
Parameter Block Filesystem (pb:) installed, fsid: 4


Loading "flash:/c2950-i6q4l2-mz.121-22.EA4.bin"...
################################################################### [OK]
            Restricted Rights Legend

Use, duplication, or disclosure by the Government is
subject to restrictions as set forth in subparagraph
(c) of the Commercial Computer Software - Restricted
Rights clause at FAR sec. 52.229-19 and subparagraph
(c) (1) (ii) of the Rights in Technical Data and Computer
Software clause at DFARS sec. 252.229-7013.

           cisco Systems, Inc.
           170 West Tasman Drive
           San Jose, California 95134-1706
Cisco Internetwork Operating System Software
IOS (tm) C2950 Software (C2950-I6Q4L2-M), Version 12.1(22)EA4, RELEASE SOFTWARE(fc1)
Copyright (c) 1986-2005 by cisco Systems, Inc.
Compiled Wed 18-May-05 22:31 by jharirba


Cisco WS-C2950-24 (RC32300) processor (revision C0) with 21039K bytes of memory.
Processor board ID FHK0610Z0WC
Running Standard Image
24 FastEthernet/IEEE 802.3 interface(s)

32K bytes of flash-simulated non-volatile configuration memory.
Base ethernet MAC Address: 000A.4160.179E
Motherboard assembly number: 73-5781-09
Power supply part number: 34-0965-01
Motherboard serial number: FOC061004SZ
Power supply serial number: DAB0609127D
Model revision number: C0
```

```
Motherboard revision number: A0
Model number: WS-C2950-24
System serial number: FHK0610Z0WC

Cisco Internetwork Operating System Software
IOS (tm) C2950 Software (C2950-I6Q4L2-M), Version 12.1(22)EA4, RELEASE SOFTWARE(fc1)
Copyright (c) 1986-2005 by cisco Systems, Inc.
Compiled Wed 18-May-05 22:31 by jharirba
--- System Configuration Dialog ---


Continue with configuration dialog? [yes/no]:
```
要进一步配置交换机可以进入 setup 模式,有两种方式进入该模式:一种就是如上所示,新买回来的交换机 NVRAM 为空,没有任何配置文件,可用它询问用户是否进入该模式;第二种模式就是在特权模式下输入 setup。下面以第二种方式为例对交换机进行初始配置:
```
Switch#setup


            --- System Configuration Dialog ---


Continue with configuration dialog? [yes/no]: yes

At any point you may enter a question mark '?' for help.
Use ctrl-c to abort configuration dialog at any prompt.
Default settings are in square brackets '[]'.



Basic management setup configures only enough connectivity
for management of the system, extended setup will ask you
to configure each interface on the system

Would you like to enter basic management setup? [yes/no]: yes
Configuring global parameters:

  Enter host name [Switch]: nsrjgc              //设置交换机名称

  The enable secret is a password used to protect access to
  privileged EXEC and configuration modes. This password, after
  entered, becomes encrypted in the configuration.
  Enter enable secret: 123                   //设置特权用户密码
```

```
The enable password is used when you do not specify an
enable secret password, with some older software versions, and
some boot images.
    Enter enable password: 456                    //设置非特权用户密码即一般用户密码

The virtual terminal password is used to protect
access to the router over a network interface.
    Enter virtual terminal password: 789         //设置远程登录密码

Current interface summary

Interface        IP-Address      OK?    Method Status              Protocol
...              ...                    ...                        ...
Vlan1            unassigned      YES    manual administratively down down

Enter interface name used to connect to the management network from the above
interface summary: vlan1    //设置管理用的接口名称，交换机缺省管理接口是VLAN1
management network from the above interface summary: vlan1
                                       //设置管理用的接口名称，交换机默认管理接口是VLAN1
Configuring interface Vlan1:
   ConfigureIPon this interface? [yes]:  yes   //回答yes表示继续在该端口设置IP地址
   IP address for this interface: 192.168.1.1  //设置IP地址
   Subnet mask for this interface [255.255.255.0]:  //设置子网掩码，不设置表示默认
The following configuration command script was created:

!
hostname nsrjgc
enable secret 5 $1$mERr$3HhIgMGBA/9qNmgzccuxv0
enable password 456
line vty 0 4
password 789
!
interface Vlan1
 no shutdown
ip address 192.168.1.1 255.255.255.0
!
...
end
[0] Go to the IOS command prompt without saving this config.
```

```
[1] Return back to the setup without saving this config.
[2] Save this configuration to nvram and exit.
Enter your selection [2]:   2
```
//0 表示不保存直接进入 IOS；1 表示回到开始重新配置；2 表示保持配置到 NVRAM 中并退出到 IOS 界面
```
Building configuration...

%LINK-5-CHANGED: Interface Vlan1, changed state to up[OK]
Use the enabled mode 'configure' command to modify this configuration.
```

2. Telnet 配置

把计算机与交换机的某端口（通常是 10/100 Mb/s 自适应端口）用 RJ-45 连接线连接起来，交换机的该端口应已经设置了 IP 地址。各种版本的 Windows 操作系统上都有 Telnet 终端仿真程序。当交换机设置为允许远程访问时，可以在网络上任何一台与之相连的计算机上执行 "telnet ip-address"（交换机的管理端口的 IP 地址）。如图 9-19 所示，登录至该交换机并对其进行管理和配置。出现的操作界面与通过 Console 口以超级终端进行连接时完全相同。例如，交换机的管理端口的 IP 地址为 192.168.1.1，输入 "telnet 192.168.1.1" 即可登录到该交换机，如图 9-20 所示。

图 9-19 Telnet 交换机的管理地址

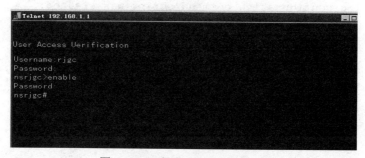

图 9-20 远程登录到交换机界面

3. 通过 Web 或网管软件

通过 Web 浏览器可在网络中对交换机进行远程管理。但通过该方式管理前，必须已经完成交换机 IP 地址的设置，并且将交换机和管理计算机连接在同一 IP 网段。运行 Web 浏览器，在 IP 地址栏中输入欲管理的交换机的 IP 地址或域名后按 "Enter" 键，在弹出的如图 9-21 所示的对话框中输入具有最高权限的用户名和密码（对交换机的访问通常必须设置权限），即可进入如图 9-22 所示的交换机的主 Web 界面，进行一些基本的配置和管理。

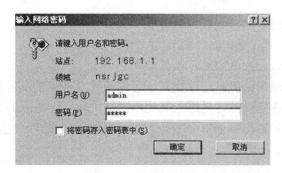

图 9-21　登录界面

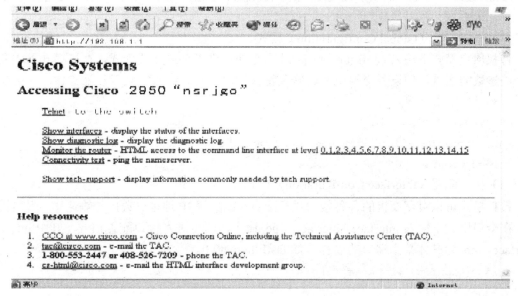

图 9-22　交换机 Web 界面

4．TFTP 配置

这是通过网络服务器中的 TFTP 服务器来进行配置的，TFTP（Trivial File Transfer Protocol）是一个 TCP/IP 简单文件传输协议，可将配置文件从交换机传送到 TFTP 服务器上，也可将配置文件从 TFTP 服务器传送到交换机上。TFTP 不需要用户名和口令，使用非常简单。

9.5.2　交换机的基本配置

1．交换机的工作模式

CLI 采用多种命令模式以保障系统的安全性。操作交换机的命令称为 EXEC 命令，使用 EXEC 命令之前必须先登录交换机。为保证交换机的安全，EXEC 指令具有二级保护，即为用户模式及特权模式。在用户模式下只能执行部分指令，在特权模式下可以执行所有指令。

（1）普通用户（User EXEC）模式。

交换机启动后直接进入该模式，在此模式下，用户只能查看交换机的部分系统和配置信息，但不能进行配置。只能输入一些有限的命令，这些命令通常对交换机的正常工作没有什

么影响。（nsrjgc 是交换机的名称）

普通用户模式的提示符：nsrjgc>

（2）特权用户（Priviledge EXEC）模式。

该模式下可以配置口令保护，在该模式下可以查看交换机的配置信息和调试信息，保存或删除配置文件等。而且特权模式是进入其他模式的关口，欲进入其他模式必须先进入特权模式。在普通用户模式下输入 enable 命令即可进入特权用户模式，也可以输入"en"，IOS 就会自动识别该命令为"enable"。

```
nsrjgc>en
Password:     !输入特权用户密码，如果没有就输入非特权用户密码，而且它们都不显示输入的内容
nsrjgc#
```

（3）全局配置（Global Configuration）模式。

特权用户模式下输入 configure terminal 命令即可进入全局配置模式，在该模式下主要完成全局参数的配置，如设置交换机名、修改特权用户密码、进入一些专项配置状态（如端口配置、VLAN 配置）等。

```
nsrjgc#config terminal
Enter configuration commands, one per line. End with CNTL/Z.
nsrjgc(config)#
```

（4）接口配置（Interface Configuration）模式。

接口模式可以对交换机的各种接口进行配置，如配置 IP 地址、数据传输速率、封装协议等。在全局模式下输入 interface interface-type 命令，即可进入接口配置模式，其中 interface interface-type 为具体某个端口的名称，如 fastEthernet0/0。

```
nsrjgc(config)#int fastEthernet 0/0   //进入 F0/0 接口
nsrjgc(config-if)#
nsrjgc(config)#int vlan1   //进入 VLAN1 接口
nsrjgc(config-if)#
```

不管在任何模式，用 exit 命令可返回上一级模式，按"Ctrl+Z"组合键键可返回特权用户模式。

在交换机中还有很多其他的命令规则，都与交换机基本相同，比如命令补齐、简写命令、删除命令、问号帮助命令等。如下就是帮助命令的例子。

```
nsrjgc(config)#?
Configure commands:
  banner           Define a login banner
  boot             Boot Commands
  cdp              Global CDP configuration subcommands
  clock            Configure time-of-day clock
  do               To run exec commands in config mode
  enable           Modify enable password parameters
  end              Exit from configure mode
```

```
exit                  Exit from configure mode
hostname              Set system's network name
interface             Select an interface to configure
ip                    Global IP configuration subcommands
line                  Configure a terminal line
mac-address-table     Configure the MAC address table
no                    Negate a command or set its defaults
service               Modify use of network based services
spanning-tree         Spanning Tree Subsystem
username              Establish User Name Authentication
vlan                  Vlan commands
vtp                   Configure global VTP state
```

2. 基本接口配置

（1）配置主机名：

```
Switch>enable
Switch#configure terminal
Enter configuration commands, one per line.  End with CNTL/Z.
Switch(config)#hostname nsrjgc
nsrjgc(config)#
```

（2）配置密码：

```
nsrjgc(config)#enable secret rjgc           //设置特权加密口令 rjgc
nsrjgc(config)#enable password 123          //设置非特权加密口令 123
nsrjgc(config)#line vty 0 15                //进入虚拟终端
nsrjgc(config-line)#password wlgc           //要求口令验证 wlgc
nsrjgc(config-line)#login
```

（3）配置管理地址：

```
nsrjgc(config)#int vlan 1         //进入 VLAN1
nsrjgc(config-if)#ip address 192.168.1.1 255.255.255.0     //给 VLAN1 划分地址
nsrjgc(config-if)#no shutdown     //开启端口
%LINK-5-CHANGED: Interface Vlan1, changed state to up
nsrjgc(config-if)#exit
nsrjgc(config)#ip default-gateway 192.168.1.254   //给交换机设置默认网关
```

给 VLAN1 配置管理地址，计算机可以通过 Telnet 或者 Web 方式访问该地址。为了允许其他网段的计算机也能通过 Telnet 访问，在交换机上配置了默认网关。

（4）设置以太网端口的工作模式和速率：

```
nsrjgc(config)#interface f0/1
nsrjgc(config-if)#duplex ?
  auto  Enable AUTO duplex configuration              //自动检测双工模式
```

```
  full    Force full duplex operation            //全双工
  half    Force half-duplex operation            //半双工
nsrjgc(config-if)#speed ?
  10      Force 10 Mbps operation                //10 Mb/s
  100     Force 100 Mbps operation               //100 Mb/s
  auto    Enable AUTO speed configuration        //自动检测接口速度
```

（5）端口安全配置常用命令：

```
nsrjgc(config)#int f0/1
nsrjgc(config-if)#switchport ?
  access          Set access mode characteristics of the interface
  mode            Set trunking mode of the interface
  native          Set trunking native characteristics when interface is in
                  trunking mode
  nonegotiate     Device will not engage in negotiation protocol on this
                  interface
  port-security   Security related command
  trunk           Set trunking characteristics of the interface
  voice           Voice appliance attributes
nsrjgc(config-if)#switchport port-security ?       //设置端口的安全性
  mac-address   Secure mac address          //设置安全MAC地址
  maximum       Max secure addresses        //设置端口允许最多MAC地址数量
  violation     Security violation mode     //设置端口发生安全违规时的举措
nsrjgc(config-if)#switchport port-security violation ?
  shutdown   Security violation shutdown mode    //当端口违规时立即关闭
```

（6）保存配置：

```
nsrjgc#copy running-config startup-config
Destination filename [startup-config]?
Building configuration...
[OK]
nsrigc#
```

（7）清除配置信息：

```
nsrjgc#erase startup-config
Erasing the nvram filesystem will remove all configuration files! Continue?
[confirm]
[OK]
Erase of nvram: complete
%SYS-9-NV_BLOCK_INIT: Initialized the geometry of nvram
nsrjgc#
```

(8) 查看配置：

```
nsrjgc#show running-config
Building configuration...

Current configuration : 1 010 bytes
!
version 12.1
no service password-encryption
!
hostname nsrjgc
!
enable secret 5 $1$mERr$Uh5awwd1NgsF4yapy1AE20    //特权用户加密显示
enable password 123                                //非特权明文显示
!
!
!
interface FastEthernet0/1
!
…
interface Vlan1
 ip address 192.168.1.1 255.255.255.0              //管理地址
!
ip default-gateway 192.168.1.254                   //默认网关
!
line con 0
!
line vty 0 4
 password wlgc                                      //登录密码
 login
line vty 5 15
 password wlgc
 login
!
!
```

习 题 9

1. 交换机的功能是什么？工作原理是什么？
2. 交换机是如何分类的？性能指标有哪些？
3. 交换机各指示灯代表的含义有哪些？
4. 交换机的基本配置方法有哪些？

第 10 章 虚拟局域网技术

第二层交换式网络存在很多缺陷。如以太网是一个广播型网络，所有主机处在同一个广播域中，极易形成广播风暴和碰撞等问题。集线器是物理层设备，没有交换功能，接收的报文会向所有端口转发；交换机是链路层设备，具备根据报文的目的 MAC 地址进行转发的能力，但在收到广播报文或未知单播报文（报文的目的 MAC 地址不在交换机 MAC 地址表中）时，也会向除报文入端口之外的所有端口转发。上述情况使网络中的主机会收到大量并非以自身为目的地的报文，这样所有用户就能监听到服务器以及其他用户设备端口发出的数据包，导致浪费大量带宽资源的同时，也造成了严重的安全隐患。

隔离广播域的传统方法是使用路由器，但是路由器成本较高，而且端口较少，无法划分细致的网络。为解决交换机在 LAN 中无法限制广播的问题，出现了 VLAN（Virtual Local Area Network，虚拟局域网）技术。

10.1 VLAN 概述

10.1.1 VLAN 产生的原因

1. 广播域

使用集线器或交换机所构成的一个物理局域网，整个网络属于同一个广播域，如图 10-1 所示。网桥、集线器和交换机设备都会转发广播帧，因此任何一个广播帧或多播帧（Multicast Frame）都将被广播到整个局域网中的每一台主机。

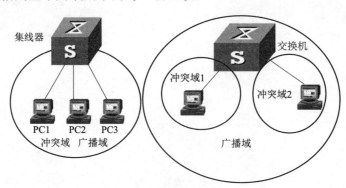

图 10-1 使用集线器和交换机带来的问题

在网络通信中，广播信息是普遍存在的，这些广播帧将占用大量的网络带宽，导致网络速度和通信效率的下降，并额外增加了网络主机为处理广播信息所产生的负荷。如图 10-2 所示，就会产生广播风暴。

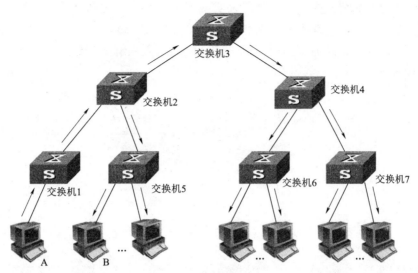

图 10-2　广播风暴

2. 广播风暴的解决方法

方法一：利用路由器。路由器具有路由转发、防火墙和隔离广播的作用，路由器不会转发广播帧，因此，要实现对网络的分段和广播域的隔离，应使用路由器来实现。可以路由器上的以太网接口为单位来划分网段，从而实现对广播域的分割和隔离，如图 10-3 所示。

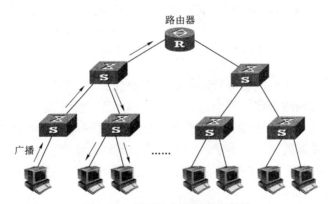

图 10-3　使用路由器隔离广播域

虽然可以利用路由器来隔离广播域，但是它存在一些弊端：
① 传统路由器路由算法复杂，成本高，维护和配置困难。
② 路由器对任何数据包都要有一个"拆打"过程，导致其不可能具有很高的吞吐量。
③ 目前网络的流量情况由"80/20 分配"向"20/80 分配"规则发展，路由器在转发数据方面成为网络瓶颈。
④ 路由器不会有太多的网络接口，其数目在 1～4 个。

方法二：利用 VLAN（Virtual Local Area Network）。VLAN 是一种通过将局域网内的设

备逻辑地而不是物理地划分成一个个网段来实现虚拟工作组的技术。VLAN 技术允许网络管理者将一个物理的 LAN 逻辑地划分成不同的广播域（或称虚拟 LAN，即 VLAN），每一个 VLAN 都包含一组有着相同需求的计算机。VLAN 的引入为解决广播报文的泛滥提供了新的方法，如图 10-4 所示。

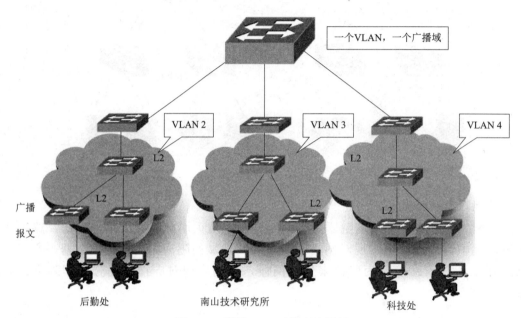

图 10-4　利用 VLAN 隔离广播域

10.1.2　VLAN 的特点

VLAN 的特点是可以实现网络分段，网络管理更加灵活，相对比较安全，具体如下：

第一个特点是实现网络分段。网络分段就是分割网络广播，交换机所有的端口都在一个 VLAN 里，也就是在同一个广播域中，而使用了 VLAN 以后，VLAN 的数目增加了，广播域增加了，但每一个广播域的范围缩小了。一个交换机可以分成两个 VLAN、三个 VLAN，甚至更多的 VLAN，从而实现只能是同一个 VLAN 中的节点才可以通信。如果不同 VLAN 中的节点想通信，就需要借助路由。

第二个特点是灵活。如图 10-5 所示，可以看到不论哪一个处室都会跨越三个楼层，如一楼有科技处的 PC，二楼也有，三楼还有，其他两个处室也一样，但需要实现同一个部门之间的 PC 可以通信，这使用 VLAN 也可以实现，如果没有 VLAN，就需要一个部门只能在同一个楼层，接在同一个交换机上了，但现在有了 VLAN，即使 PC 不在同一个交换机上，但只要在同一个 VLAN 上也可以进行通信。

第三个特点是安全：把网络分段后，同一个 VLAN 是一个广播域，默认跟其他 VLAN 不能通信，也就是说，科技处与其他处室的 PC 默认是不能通信的，相对来说安全许多。

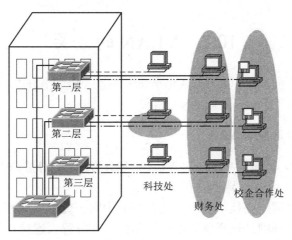

图 10-5　VLAN

10.1.3　VLAN 的实现原理与主要特征

1. VLAN 的实现原理

VLAN 的实现原理是：当 VLAN 交换机从工作站接收到数据后，将对数据的部分内容进行检查，并与一个 VLAN 配置数据库（该数据库含有静态配置的或者动态学习而得到的 MAC 地址等信息）中的内容进行比较，然后确定数据去向。如果数据要发往一个 VLAN 设备（VLAN-aware），则给这个数据加上一个标记（Tag）或者 VLAN 标识，根据 VLAN 标识和目的地址，VLAN 交换机就可以将该数据转发到同一 VLAN 上适当的目的地；如果数据发往非 VLAN 设备（VLAN-unaware），则 VLAN 交换机发送不带 VLAN 标识的数据。

2. VLAN 的主要特征

（1）所有成员组成一个 VLAN。同一个 VLAN 中的所有成员共同组成一个"独立于物理位置而具有相同逻辑的广播域"，共享一个 VLAN 标志（VLAN ID），组成一个虚拟局域网络。

（2）成员间收发广播包的特点是同一个 VLAN 中的所有成员均能收到由同一个 VLAN 中的其他成员发送来的每一个广播包，但收不到其他 VLAN 中成员发来的广播包。

（3）成员间通信的特点是同一个 VLAN 中的所有成员之间的通信，通过 VLAN 交换机可以直接进行，不需路由支持；不同 VLAN 成员之间不能直接通信，无论采用传统路由器方式还是虚拟路由方式，均需要通过路由支持才能进行。

（4）便于工作组优化组合。控制通信活动，隔离广播数据，顺化网络管理，方便工作组优化组合。VLAN 中的成员只要拥有一个 VLAN ID，就可以不受物理位置的限制，随意移动工作站的位置。

（5）网络安全性强。通过路由访问列表、MAC 地址分配等 VLAN 划分原则，可以控制用户的访问权限和逻辑网段的大小。VLAN 交换机就像是一道道"屏风"，只有具备 VLAN 成员资格的分组数据才能通过，这比用计算机服务器做防火墙要安全得多，增加了网络的安全性，提高了网络的整体安全能力。

（6）网络性能高。网络带宽得到充分利用，网络性能大大提高。

（7）网络管理简单、直观。

10.2 VLAN 的分类

根据划分方式的不同，可以将 VLAN 分为不同类型。常见的即分为静态 VLAN（Static VLAN）和动态 VLAN（Dynamic VLAN）两种。

10.2.1 基于端口的静态 VLAN

基于端口的 VLAN 是最简单的一种 VLAN 划分方法。划分静态 VLAN 是一种最简单的 VLAN 创建方式，这种 VLAN 易于建立与监控。

在划分时，既可把同一交换机的不同端口划分为同一虚拟局域网，也可把不同交换机的端口划分为同一虚拟局域网。这样就可把位于不同物理位置、连接在不同交换机上的用户按照一定的逻辑功能和安全策略进行分组，根据需要将其划分为同一或不同的 VLAN。用户可以将设备上的端口划分到不同的 VLAN 中，此后从某个端口接收的报文将只能在相应的 VLAN 内进行传输，从而实现广播域的隔离和虚拟工作组的划分。如图 10-6 所示，将 4 台计算机划分到两个组中。

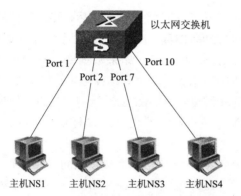

图 10-6 基于端口的划分

基于端口划分也有缺点，如：
- 网络中的计算机数目超过一定数字，设定端口变得繁杂无比；
- 客户机每次变更所连端口，必须同时更改该端口所属 VLAN 的设定。

10.2.2 动态 VLAN

动态 VLAN 相对静态 VLAN 是一种较为复杂的划分方法。它可以通过智能网络管理软件基于硬件的 MAC 地址、IP 地址或者基于组播等条件来动态地划分 VLAN。

1. 基于 MAC 的 VLAN

通过 MAC 地址进行 VLAN 划分时，首先，硬件设备的 MAC 地址会存储进 VLAN 的应用管理数据库中，当该主机移到一个没划分 VLAN 的交换机端口时，其硬件地址信息将会被读取，与在 VLAN 管理数据库中的进行比较，如果找到匹配的数据，管理软件会自动地配置该端口，以使其能够加入正确的 VLAN 里，如图 10-7 所示。

VLAN 应用管理数据库是由网络管理员人工进行初始化的，在 Cisco Catalyst 系列交换机中，是通过使用 VLAN 成员策略管理服务器（VLAN Membership Policy Server，VMPS）来实现动态 VLAN 的划分的。VMPS 通过 MAC 地址数据库将 MAC 地址映射成相应的 VLAN。当交换机检测到新设备时，会自动查询 VLAN 服务器，以获得正确信息。

这种划分方式，一个交换机端口同时只能属于一个 VLAN，在相同 VLAN 里的动态 VLAN 用户可以灵活地移动，在用户随意移动或调换端口时，交换机能够为动态 VLAN 用户自动选择正确的 VLAN 配置，而不必由网络管理员来手动进行分配。

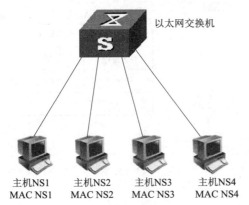

图 10-7 基于 MAC 地址划分 VLAN

基于 MAC 地址划分的缺点：
- 在设定前必须调查所有计算机的 MAC 地址；
- 计算机更换网卡，需要更改设定。

2. 基于 IP/IPX 划分

基于 IP 子网的 VLAN 可按照 IPv4 和 IPv6 方式来划分。每个 VLAN 都是和一段独立的 IP 网段相对应，如图 10-8 所示。这种方式有利于在 VLAN 交换机内部实现路由，也有利于与动态主机配置（DHCP）技术结合起来，而且用户可以移动工作站而不需要重新配置网络地址，便于网络管理。该方式的主要缺点在于效率要比第二层差，因为查看三层 IP 地址比查看 MAC 地址所消耗的时间多。

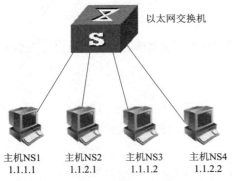

图 10-8 基于 IP 划分 VLAN

3. 基于网络层协议划分

按照网络层协议可分为 IP、IPX、DECnet、AppleTalk、Banyan 等 VLAN 网络。这种按

网络层协议组成的 VLAN，可使广播域跨越多个 VLAN 交换机。对于希望针对具体应用和服务来组织用户的网络管理员来说，是非常具有吸引力的。而且用户可以在网络内部自由移动，但其 VLAN 成员身份仍然可以保留不变。这种方式的不足之处在于广播域跨越多个 VLAN 交换机，容易造成某些 VLAN 站点数目过多，产生大量的广播包，从而使 VLAN 交换机的效率降低。基于网络层划分 VLAN 的例子如图 10-9 所示。

图 10-9　基于网络层协议划分 VLAN

10.3　VLAN 配置

通常交换机可以划分很多个 VLAN，VLAN 号可以从 1 到 4 094，VLAN 号 1 002～1 005 保留给令牌环及 FDDI VLAN。1～1 005 为普通模式下的 VLAN，大于 1 005 的属于扩展 VLAN，不存在 VLAN 数据库中。默认情况下所有端口都属于 VLAN 1，VLAN 1 用于管理本交换机，并且不可删除。在二层交换机中可以对 VLAN 设置 IP 地址，对以太网端口不能设置 IP 地址（VLAN 号 1，1 002 到 1 005 是自动生成的，不能被去掉，它们都保存在 vlan.dat 中，vlan.dat 文件被存放在 NVRAM 中）。

当 VLAN 之间要进行数据转发时，可以通过三层交换机转发或路由器完成。

10.3.1　配置正常范围的 VLAN

1. 创建 VLAN

创建 VLAN 有两种方法，一种是进入 VLAN 数据库，另一种是直接在全局配置模式下创建 VLAN。

首先看第一种方法：

```
nsrjgc#vlan database                //进入 VLAN 设置界面
nsrjgc(vlan)# vlan vlan_id  name    //创建 VLAN 并命名
```

举例：

```
nsrjgc#vlan database                //进入 VLAN 设置界面
nsrjgc(vlan)#vlan 2 name work1      //创建 VLAN2，其名称为 work1
VLAN 2 modified:
Name: work1
```

然后看第二种方法，如表 10-1 所示。

表 10-1　创建 VLAN 的方法

步骤 1	configure terminal	进入全局配置模式
步骤 2	vlan vlan-id	输入一个 VLAN ID。如果输入的是一个新的 VLAN ID，则交换机会创建一个 VLAN；如果输入的是已经存在的 VLAN ID，则修改相应的 VLAN ID
步骤 3	End	回到特权命令模式
步骤 4	show vlan {id vlan-id}	检查刚才的配置是否正确

举例：创建 VLAN 10。

```
nsrjgc# configure terminal
nsrjgc(config)# vlan 10
nsrjgc(config-vlan)# end
```

2. 删除 VLAN

方法一：

```
Switch1#vlan database                    //进入 VLAN 设置界面
Switch1(vlan)#no vlan vlan_id  name      //清除 VLAN 名称
Switch1(vlan)#no vlan vlan_id            //清除 VLAN
```

方法二：如表 10-2 所示。

表 10-2　删除 VLAN 的方法

步骤 1	configure terminal	进入全局配置模式
步骤 2	no vlan vlan-id	输入一个 VLAN ID，删除它
步骤 3	end	回到特权命令模式
步骤 4	show vlan	检查是否正确删除

举例：删除 VLAN 10。

```
nsrjgc# configure terminal
nsrjgc(config)# no vlan 10
nsrjgc(config-vlan)# end
```

注意：不能删除默认 VLAN（即 VLAN 1）。

3. 将端口加入 VLAN

将端口加入 VLAN，如表 10-3 所示。

表 10-3　将端口加入 VLAN

步骤 1	configure terminal	进入全局配置模式
步骤 2	Interface interface-id	输入想要加入的 VLAN interface-id
步骤 3	switchport mode access	定义该接口的成员类型（二层口）VLAN Access
步骤 4	switchport access vlan vlan-id	将这个口分配给一个 VLAN
步骤 5	end	回到特权命令模式

举例:将某一个端口加入 VLAN:
```
nsrjgc(config)#interface fastethernet0/2      //进入端口配置模式
nsrjgc(config-if)#switchport mode access      //配置端口为 Access 模式
nsrjgc(config-if)#switchport access vlan 3    //将端口划分到 VLAN 3
```
将一组接口加入某一个 VLAN:
```
nsrjgc(config)#interface range fastEthernet 0/1 - fastEthernet 0/5
nsrjgc(config-if-range)#
nsrjgc(config-if-range)#switchport access vlan 2
```
查看一下,发现 1~5 号端口已经加入 2 号 VLAN。
```
nsrjgc#show vlan
VLAN Name                             Status    Ports
---- -------------------------------- --------- -------------------------------
1    default                          active    Fa0/6, Fa0/7, Fa0/8, Fa0/9
                                                Fa0/10, Fa0/11, Fa0/12, Fa0/13
                                                Fa0/14, Fa0/15, Fa0/16, Fa0/17
                                                Fa0/18, Fa0/19, Fa0/20, Fa0/21
                                                Fa0/22, Fa0/23, Fa0/24
2    VLAN0002                         active    Fa0/1, Fa0/2, Fa0/3, Fa0/4
                                                Fa0/5
3    VLAN0003                         active
1002 fddi-default                     active
1003 token-ring-default               active
1004 fddinet-default                  active
1005 trnet-default                    active
```

10.3.2 配置扩展 VLAN

在上面提到大于 1 025 的 VLAN 号是属于扩展 VLAN,这些仅限于以太网的 VLAN,VTP 版本 1 和版本 2 不支持,VTP 版本 3 支持。为了能配置扩展 VLAN,交换机必须处于 VTP 透明模式。

VTP(Vlan Trunk Protocol)即 VLAN 中继协议。随着中小企业网络中交换机数量的增加,全局统筹管理网络中多个 VLAN 和中继成为一大难题。思科开发了一款帮助网管自动完成 VLAN 创建、删除同步等技术的协议。它是 Cisco 专用协议,大多数交换机都支持该协议。VTP 负责在 VTP 域内同步 VLAN 信息,这样就不必在每个交换上配置相同的 VLAN 信息。VTP 通过网络(ISL 帧或 Cisco 私有 DTP 帧)保持 VLAN 配置统一性。VTP 在系统级管理增加、删除、调整的 VLAN,自动地将信息向网络中其他的交换机广播。此外,VTP 减小了那些可能导致安全问题的配置。为便于管理,只要在 vtp server 做相应设置,vtp client 便会自动学习 vtp server 上的 VLAN 信息。

VTP 有三种工作模式:VTP Server、VTP Client 和 VTP Transparent。一般,一个 VTP 域内的整个网络只设一个 VTP Server。VTP Server 维护该 VTP 域中所有 VLAN 信息列表,

VTP Server 可以建立、删除或修改 VLAN。VTP Client 虽然也维护所有 VLAN 信息列表，但其 VLAN 的配置信息是从 VTP Server 学到的，VTP Client 不能建立、删除或修改 VLAN。VTP Transparent 相当于是一台独立的交换机，它不参与 VTP 工作，不从 VTP Server 学习 VLAN 的配置信息，而只拥有本设备上自己维护的 VLAN 信息。VTP Transparent 可以建立、删除和修改本机上的 VLAN 信息。

在 VTP 域中有两个重要的概念：

VTP 域：也称 VLAN 管理域，由一个以上共享 VTP 域名的相互连接的交换机组成。也就是说 VTP 域是一组域名相同并通过中继链路相互连接的交换机。

VTP 通告：在交换机之间用来传递 VLAN 信息的数据包被称为 VTP 数据包。

VTP 通告包括：汇总通告，子集通告，通告请求。

若给 VTP 配置密码，那么本域内的所有交换机的 VTP 密码必须保持一致。

配置交换机的 VTP 模式

```
switch(config)#vtp domain DOMAIN_NAME
```

三种模式 server client transparent（透明模式）

```
switch(config)# vtp mode server | client | transparent
```

配置 VTP 口令

```
switch (config) # vtp password PASSWORD
```

配置 VTP 修剪

```
switch (config) # vtp pruning
```

配置 VTP 版本

```
switch (config) # vtp version 2(默认是版本 1)
```

查看 VTP 配置信息

```
switch# show vtp status
```

10.4 跨越交换机的 VLAN

同一个交换机下的 VLAN 之间要通信要通过路由器或者其他第三层设备，那么要实现不同交换机下的 VLAN 通信该怎么处理呢？这分两种情况：第一种情况是不同交换机下不同 VLAN 的通信，这就不用说了，实现不同 VLAN 通信肯定要通过第三层设备；第二种情况是实现不同交换机下相同 VLAN 通信，如图 10-10 所示，两台不同交换机 NS1 和 NS2 分别连接 4 台计算机 RJ1、RJ2、RJ3、RJ4，4 台电脑的 VLAN 情况如图上标明。

要解决这个问题首先要了解以太网交换机的端口链路类型。常见的有两种：Access、Trunk。这两种端口在加入 VLAN 和对报文进行转发时会进行不同的处理（华为交换机常见的有三种：Access、Trunk、Hybrid。Hybrid：端口可以属于多个 VLAN，接收和发送多个 VLAN 的报文，可以用于交换机之间连接，或用于连接用户计算机）。

当使用多台交换机分别配置 VLAN 后，可以使用 Trunk（干道）方式实现跨交换机的 VLAN 内部连通，交换机的 Trunk 端口不隶属于某个 VLAN，而是可以承载所有 VLAN 的帧。

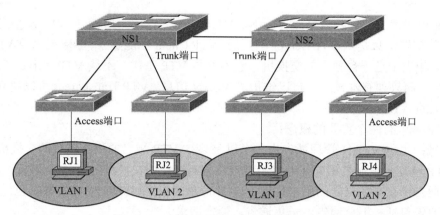

图 10-10 不同交换机相同 VLAN 的通信

10.4.1 Trunk

当一个 VLAN 跨过不同的交换机时，在同一 VLAN 上但在不同的交换机上的计算机进行通信时需要使用 Trunk。Trunk 技术使得在一条物理线路上可以传送多个 VLAN 的信息，交换机从属于某一 VLAN（如 VLAN 3）的端口接收到数据，在 Trunk 链路上进行传输前，会加上一个标记，表明该数据是 VLAN 3 的；到了对方交换机，交换机会把该标记去掉，只发送到属于 VLAN 3 的端口上。

有两种常见的帧标记技术：ISL 和 802.1Q。ISL 技术在原有的帧上重新加了一个帧头，并重新生成了帧校验序列（FCS），ISL 是 Cisco 特有的技术，因此不能在 Cisco 交换机和非 Cisco 交换机之间使用。而 802.1Q 技术在原有帧的源 MAC 地址字段后插入标记字段，同时用新的 FCS 字段替代了原有的 FCS 字段，该技术是国际标准，得到所有厂家的支持。

所谓的 Trunk 是用来在不同的交换机之间进行连接，以保证在跨越多个交换机上建立的同一个 VLAN 的成员能够相互通信，其中交换机之间互联用的端口就称为 Trunk 端口。

Trunk 这个词是干线或者树干的意思，不过一般不翻译，直接用原文。Trunk 端口只允许默认 VLAN 的报文发送时不打标签。一个 Trunk 是连接一个或多个以太网交换接口和其他的网络设备（如路由器或交换机）的点对点链路，一个 Trunk 可以在一条链路上传输多个 VLAN 的流量。可以把一个普通的以太网端口，或者一个 Aggregate Port 设为一个 Trunk 口，如果要把一个接口在 Access 模式和 Trunk 模式之间进行切换，请用 switchport mode 命令。

```
switchport mode access [vlan vlan-id]   //将一个接口设置成为模式 Access
Switchport mode trunk   //将一个接口设置成为 Trunk 模式
```

注意：与一般的交换机的级联不同，Trunk 是基于 OSI 第二层的。

交换机端口 Trunk 属性通常使用在三种情况下：

● 在一个公司内部，相同的部门之间实现二层互通，不同的部门之间隔离，而这些部门分散在不同的交换机上，这个时候就可以在各台交换机上将属于一个部门的端口划分到相同的 VLAN 里，交换机之间互联的端口使用 Trunk 属性，这样就可以实现同一 VLAN 的多台主机在交换机间互通；

● 在一个组网环境中，用户接入使用二层交换机，如果要实现这个二层交换机上的 VLAN 之间的互通，一般需要将这些 VLAN 透传到一个三层设备上，可以是三层交换机或者路由器，由这些三层设备实现用户第三层的互通，这时就需要将二层交换机与三层设备互联的端口设置成 Trunk 属性；

● 在一个组网环境中，需要对用户实现详细的认证和计费策略，如到 BAS 设备认证后，再获取 IP 地址，才能访问其他一些资源，这个时候也需要将交换机的外联端口设置成 Trunk 属性。

具体 Trunk 的配置如表 10-4 所示。

表 10-4 Trunk 属性配置

步骤 1	configure terminal	进入全局配置模式
步骤 2	interface interface-id	输入想要配成口的 Trunk interface-id
步骤 3	switchport mode trunk	定义该接口的类型为二层口 Trunk
步骤 4	switchport trunk native vlan vlan-id	为这个口指定一个 native VLAN
步骤 5	end	回到特权命令模式
步骤 6	show interfaces interface-id switchport	检查接口的完整信息
步骤 7	show interfaces interface-id trunk	显示这个接口的设置 Trunk

定义 Trunk 口的许可 VLAN 列表：

一个 Trunk 口默认可以传输本交换机支持的所有 VLAN（1～4 094）的流量，也可以通过设置 Trunk 口的许可 VLAN 列表来限制某些 VLAN 的流量不能通过这个 Trunk 口。在特权模式下，利用表 10-5 所示的步骤可以修改一个 Trunk 口的许可 VLAN 列表。

如果想把 Trunk 的许可 VLAN 列表改为默认的许可所有 VLAN 的状态，使用 no switchport trunk allowed vlan 接口配置命令。

表 10-5 Trunk 允许配置

步骤 1	configure terminal	进入全局配置模式
步骤 2	interface interface-id	输入想要修改许可列表的口的 VLAN Trunk interface-id
步骤 3	switchport mode trunk	定义该接口的类型为二层口 Trunk
步骤 4	switchport trunk allowed vlan { all	[add| remove |except]}vlan-list	配置这个口的许可列表
步骤 5	end	回到特权命令模式

举例：假如 1 号端口为两个交换机之间连接的端口。

```
nsrjgc(config)#interface fastethernet0/1         //进入端口配置模式
nsrjgc(config-if)#switchport mode trunk          //配置端口为 Trunk 模式
nsrjgc(config-if)#switchport trunk allowed vlan all  允许所有的 VLAN 都通过
nsrjgc(config-if)#switchport trunk allowed vlan 2   //允许所属 VLAN 2 中的帧通过
```

在交换机之间或交换机与路由器之间，互相连接的端口上配置中继模式，使得属于不同 VLAN 的数据帧都可以通过这条中继链路进行传输。

帧的格式分为两种：ISL 和 IEEE 802.1Q。

ISL：Inter Switch Link，是 Cisco 交换机独有的协议。

IEEE 802.1Q：是国际标准协议，被几乎所有的网络设备生产商所共同支持。

1996 年 3 月，IEEE 802.1 Internet Working 委员会结束了对 VLAN 初期标准的修订工作，统一了 Frame Tagging（帧标记）方式中不同厂商的标签格式，制定 IEEE 802.1Q VLAN 标准，进一步完善了 VLAN 的体系结构；802.1Q 定义了 VLAN 的桥接规则，能够正确识别 VLAN 的帧格式，更好地支持多媒体应用；它为以太网提供了更好的服务质量（QoS）保证和安全能力。

802.1Q 工作特点：

- 802.1Q 数据帧传输对于用户是完全透明的。
- Trunk 上默认会转发交换机上存在的所有 VLAN 的数据。
- 交换机在从 Trunk 口转发数据前会给数据打上一个 Tag 标签，在到达另一交换机后，再剥去此标签。其工作原理如图 10-11 所示。

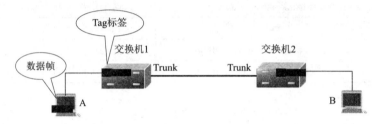

图 10-11　802.1Q 工作原理图

基于 802.1Q Tag VLAN 用 VID 来划分不同 VLAN，当数据帧通过交换机的时候，交换机根据数据帧中 Tag 的 VID 信息来识别它们所在的 VLAN（若帧中无 Tag 头，则应用帧所通过端口的默认 VID 来识别它们所在的 VLAN）。

这使得所有属于该 VLAN 的数据帧，不管是单播帧、组播帧还是广播帧，都将被限制在该逻辑 VLAN 中传输。当使用多台交换机分别配置 VLAN 后，可以使用 Trunk 方式实现跨交换机的 VLAN 内部连通，交换机的 Trunk 端口不隶属于某个 VLAN，而是可以承载所有 VLAN 的帧。如图 10-12 所示，描述了不同端口的作用。

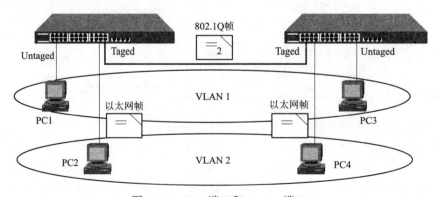

图 10-12　Tag 端口和 Access 端口

10.4.2　Port VLAN 和 Tag VLAN

在 VLAN 配置中，使用 switchport mode 命令来指定一个二层接口（switchport）的模式，可以指定该接口为 Access Port 或者为 Trunk Port。

Access 类型：端口只能属于一个 VLAN，一般用于交换机与终端用户之间的连接，只能传送标准以太网帧的端口；

Trunk 类型：端口可以属于多个 VLAN，可以接收和发送多个 VLAN 的报文，一般用于交换机，既可以传送有 VLAN 标签的数据帧，也可以传送标准以太网帧的端口。

使用该命令的 no 选项将该接口的模式恢复为默认值（access）。

其命令执行在接口模式下，语法格式如下：

```
switchport mode {access | trunk}
no switchport mode
```

如果一个 switchport 的模式是 Access，则该接口只能为一个 VLAN 的成员；可以使用 switchport access vlan 命令指定该接口是哪一个 VLAN 的成员，这种接口又称为 Port VLAN；

如果一个 switchport 的模式是 Trunk，则该接口可以是多个 VLAN 的成员，这种配置被称为 Tag VLAN。

Trunk 接口默认可以传输本交换机支持的所有 VLAN（1～4 094），但是也可以通过设置接口的许可 VLAN 列表来限制某些 VLAN 的流量不能通过这个 Trunk 口。在 Trunk 口修改许可 VLAN 列表的命令如下：

```
switchport trunk allowed vlan { all | [add | remove | except] vlan-list }
```

举例：配置 Tag VLAN-Trunk。

- 把 Fa0/1 配成 Trunk 口：
  - nsrjgc # configure terminal
  - nsrjgc（config）# interface fastethernet0/1
  - nsrjgc（config-if）# switchport mode trunk
- 把端口 Fa0/2 配置为 Trunk 端口，但是不包含 VLAN 2：
  - nsrjgc（config）# interface fastethernet 0120
  - nsrjgc（config-if）# switchport trunk allowed vlan remove 2
  - nsrjgc（config-if）# end

项目一：图 10-13 所示某学院的网络中，计算机 Rj1 和 Rj3 属于网络技术教研室，Rj2 和 rj4 属于动画教研室，Rj1 和 Rj2 连接在交换机 NS1 上，Rj3 和 Rj4 连接在交换机 NS2 上，而两个教研室要求互相隔离，本实验的目的是实现跨两台交换机将不同端口划归不同的 VLAN。

具体规划如下：

Rj1：192.1610.130.91/24 gw 192.1610.130.1   Rj2：192.1610.197.191/24 gw 192.1610.197.1

Rj2：192.1610.197.191/24 gw 192.1610.197.1

Rj3：192.1610.130.99/24 gw 192.1610.130.1   Rj4：192.1610.197 .191/24 gw 192.1610.197.1

其中，网络技术教研室属于 VLAN 2，动画教研室属于 VLAN 3。

NS1 配置如下：

```
Switch>en
Switch#conf t
```

教学视频扫一扫

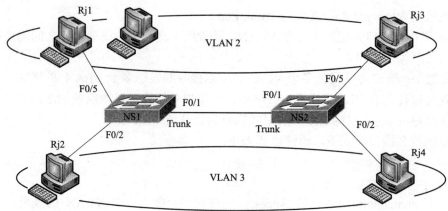

图 10-13 项目一图例

```
Enter configuration commands, one per line.  End with CNTL/Z.
Switch(config)#hostname NS1
NS1(config)#vlan 2
NS1(config-vlan)#exit
NS1(config)#vlan 3
NS1(config-vlan)#exit
NS1(config)#int f0/2
NS1(config-if)#switchport access vlan 3
NS1(config-if)#exit
NS1(config)#int f0/5
NS1(config-if)#switchport access vlan 2
NS1(config-if)#exit
NS1(config)#
```

NS2 配置如下：

```
Switch>en
Switch#conf t
Enter configuration commands, one per line.  End with CNTL/Z.
Switch(config)#hostname NS2
NS2(config)#vlan 2
NS2(config-vlan)#exit
NS2(config)#vlan 3
NS2(config-vlan)#exit
NS2(config)#int f0/5
NS2(config-if)#switchport access vlan 2
NS2(config-if)#exit
NS2(config)#int f0/2
```

```
NS2(config-if)#switchport access vlan 3
NS2(config-if)#exit
NS2(config)#
```
此时各主机已经都划分到了正确的 VLAN 中,目前肯定是同教研室之间是不能通信的,要实现通信必须配置 Trunk 了。
```
NS1(config)#int f0/1
NS1(config-if)#switchport mode trunk
%LINEPROTO-5-UPDOWN: Line protocol on Interface FastEthernet0/1, changed state to down
%LINEPROTO-5-UPDOWN: Line protocol on Interface FastEthernet0/1, changed state to up
NS1(config-if)#switchport trunk allowed vlan all
NS1(config-if)#

NS2(config)#int f0/1
NS2(config-if)#switchport mode trunk
NS2(config-if)#switchport trunk allowed vlan all
NS2(config-if)#
```
配置完以上属性后,那么同教研室之间的主机就能实时通信了。

10.5 单臂路由

虚拟局域网(VLAN)技术是现在局域网建设中重要的网络技术,通过在交换机上划分适当数目的 VLAN,不仅能有效隔离广播风暴,还能提高网络安全系数及网络带宽的利用效率。划分 VLAN 之后,不同 VLAN 间的连通问题就成了在网络配置过程中经常遇到的问题,通常采用路由器(图 10-14)或三层交换设备(图 10-15)来解决这个问题。路由器实现路由功能通常是数据报从一个接口进来,然后从另一个接口出来,现在路由器与交换机之间通过一条主干实现通信或数据转发,也就是说,路由器仅用一个接口实现数据的进与出,因此人们形象地称它为单臂路由。单臂路由是解决 VLAN 间通信的一种廉价而实用的解决方案。

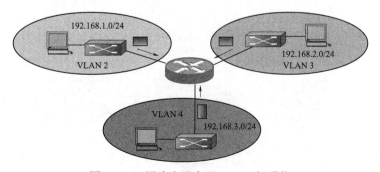

图 10-14 用路由器实现 VLAN 间通信

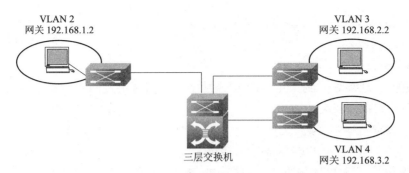

图 10-15　用交换机实现 VLAN 间通信

当然有时也常常用三层交换机代替路由器的网络结构，而且用三层交换机可能更具有普遍意义。因为传统的路由器要将每一个数据包进行路由和交换处理，速度慢、效率低，而三层交换机是将许多同类型的数据包进行一次路由，多次交换，同样的功能，这样速度更快且效率更高。Cisco Catalyst 2950-24 是 Cisco 产品线中的工作组级交换机。下面介绍具体的实验步骤。

首先，要配置单臂路由，路由器必须有快速以太口支持 Trunk 协议的封装。比如选择通过 F0/0 与交换机做 Trunk，就需要在 F0/0 上配置子接口，并在路由器上配置路由协议。前面提到过：目前以太网 Trunk 的封装模式共有两种 802.1Q 和 ISL，其中 802.1Q 是一种 IEEE 标准，各个交换机厂商均兼容这种 Trunk 封装模式。而 ISL 是 Cisco 特有的一种 Trunk 封装模式，只有 Cisco 的产品支持 Trunk 封装模式。ISL 封装添加到以太网数据帧 30 个额外的字节，其中 26 字节的 ISL 标记在头部，4 字节的帧校验序列（FCS）在尾部。而 802.1Q 通过在帧头插入一个 4 字节的 VLAN 标识符来标识 VLAN，该过程被称为"帧标记（Frame Tagging）"。此前在路由器中介绍过子接口相关情况，这里不再介绍。

其次，用 2950 交换机做 Trunk。有些交换机可以选择 Trunk 封装模式，而 2950 交换机仅支持 802.1Q，所以不需要指定 Trunk 封装模式，然后在交换机 Catalyst 2950 的 VLAN 库中创建 VLAN。

项目二：单臂路由。如图 10-16 所示，设置 VLAN 间通信，通过一个路由器的一个接口实现三层转发。

Rj1：192.1610.1.2/24　网关：192.1610.1.1　属于 VLAN 2
Rj2：192.1610.2.2/24　网关：192.1610.2.1　属于 VLAN 3
Rj3：192.1610.3.2/24　网关：192.1610.3.1　属于 VLAN 4

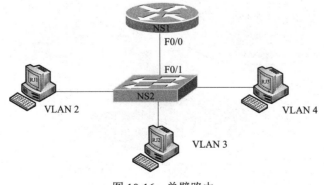

图 10-16　单臂路由

交换机配置：

```
Switch>en
Switch#conf t
Enter configuration commands, one per line.  End with CNTL/Z.
Switch(config)#hostname NS2
NS2(config)#vlan 2
NS2(config-vlan)#exit
NS2(config)#vlan 3
NS2(config-vlan)#exit
NS2(config)#vlan 4
NS2(config-vlan)#exit
NS2(config)#int f0/2
NS2(config-if)#switchport access vlan 2
NS2(config-if)#exit
NS2(config)#int f0/3
NS2(config-if)#switchport access vlan 3
NS2(config-if)#exit
NS2(config)#int f0/4
NS2(config-if)#switchport access vlan 4
NS2(config-if)#exit
NS2(config)#int f0/1
NS2(config-if)#switchport mode trunk
```

教学视频扫一扫

```
    %LINEPROTO-5-UPDOWN: Line protocol on Interface FastEthernet0/1, changed state
to down
    %LINEPROTO-5-UPDOWN: Line protocol on Interface FastEthernet0/1, changed state
to up
    NS2(config-if)#switchport trunk allowed vlan all
    NS2(config-if)#
```

路由器配置：

```
Router>enable
Router#configure terminal
Enter configuration commands, one per line.  End with CNTL/Z.
Router(config)#hostname NS1
NS1(config)#int f0/0
NS1(config-if)#no shut

%LINK-5-CHANGED: Interface FastEthernet0/0, changed state to up
```

```
%LINEPROTO-5-UPDOWN: Line protocol on Interface FastEthernet0/0, changed state to up
NS1(config-if)#exit
NS1(config)#int f0/0.2

%LINK-5-CHANGED: Interface FastEthernet0/0.2, changed state to up
%LINEPROTO-5-UPDOWN: Line protocol on Interface FastEthernet0/0.2, changed state to upNS1(config-subif)#
NS1(config-subif)#encapsulation dot1Q 2
NS1(config-subif)#ip add 192.1610.1.1 255.255.255.0
NS1(config-subif)#no shut
NS1(config-subif)#exit
NS1(config)#int f0/0.3

%LINK-5-CHANGED: Interface FastEthernet0/0.3, changed state to up
%LINEPROTO-5-UPDOWN: Line protocol on Interface FastEthernet0/0.3, changed state to upNS1(config-subif)#
NS1(config-subif)#encapsulation dot1Q 3
NS1(config-subif)#ip add 192.1610.2.1 255.255.255.0
NS1(config-subif)#no shut
NS1(config-subif)#exit
NS1(config)#int f0/0.4

%LINK-5-CHANGED: Interface FastEthernet0/0.4, changed state to up
%LINEPROTO-5-UPDOWN: Line protocol on Interface FastEthernet0/0.4, changed state to upNS1(config-subif)#
NS1(config-subif)#encapsulation dot1Q 4
NS1(config-subif)#ip add 192.1610.3.1 255.255.255.0
NS1(config-subif)#no shut
NS1(config-subif)#exit
NS1(config)#
```

注意：一定要先封装再配置地址。因为802.1Q是标准协议，要能正常通信所有设备都要遵循同样的协议，否则不能正常通信。

单臂路由的缺点：一方面非常消耗路由器CPU与内存的资源，在一定程度上影响了网络数据包传输的效率；另一方面将本来可以由三层交换机内部完成的工作交给了额外的设备完成，对于连接线路要求非常高。另外，通过单臂路由将本来划分完好的VLAN彻底打破，原有的提高安全性与减少广播数据包等措施起到的效果也大大降低了。当然不管怎么说，单臂路由仍然是企业网络升级，经费紧张时是一个不错的选择。

总结：

单臂路由方式仅仅是对现有网络升级时采取的一种策略，在企业内部网络中划分了 VLAN，当 VLAN 之间有部分主机需要通信，但交换机不支持三层交换，这时使用该方法来解决实际问题。

10.6　VLAN 中继协议

VTP（VLAN Trunking Protocol，VLAN 中继协议/虚拟局域网干道协议），它是 Cisco 私有协议。在大型的网络中会有多个交换机，同时也会有多个 VLAN，如果在每个交换机上分别把 VLAN 创建一遍，这会是一个工作量很大的任务。假设网络中有 M 个交换机，共划分了 N 个 VLAN，则为了保证网络正常工作，需要在每个交换机上都创建 N 个 VLAN，共 $M \times N$ 个 VLAN，随着 M 和 N 的增大，这项任务将会枯燥而繁重。VTP 协议可以帮助减少这些枯燥繁重的工作。管理员在网络中设置一个或者多个 VTP 服务器，然后在服务器上创建和修改 VLAN，VTP 协议会将这些修改通告给其他交换机，这些交换机更新 VLAN 信息（VLAN ID 和 VLAN Name）。VTP 使得 VLAN 的管理自动化。

10.6.1　VTP 原理

VTP Domain（VTP 域）：由需要共享相同 VLAN 信息的交换机组成，只有在同一个 VTP 域（即 VTP 域的名字相同）的交换机才能同步 VLAN 信息。

根据交换机在 VTP 域中的作用不同，VTP 可以分为以下三种模式：

Server（服务器模式）：在 VTP 服务器上能创建、修改和删除 VLAN，同时这些信息会在 Trunk 链路上通告给域中的其他交换机；VTP 服务器收到其他交换机的 VTP 通告后会更改自己的 VLAN 信息，并进行转发。VTP 服务器会把 VLAN 信息保存在 NVRAM（即 flash: vlan.dat 文件）中，就是重新启动交换机这些 VLAN 还会存在。默认情况下，交换机是服务器模式。每个 VTP 域必须至少有 1 台服务器，当然也可以有多台。

Client（客户机模式）：在 VTP 客户机上不允许创建、修改和删除 VLAN，但它会监听来自其他交换机的 VTP 通告并更改自己的 VLAN 信息，接收到的 VTP 信息也会在 Trunk 链路上向其他交换机转发，因此这种交换机还能充当 VTP 中继；VTP Client 把 VLAN 信息保存在 RAM 中，交换机重启动后这些信息会丢失。

Transparent（透明模式）：的交换机不完全参与 VTP。可以在这种模式的交换机上创建、修改和删除 VLAN，但是这些 VLAN 信息并不会通告给其他交换机，它也不接受其他交换机的 VTP 通告而更新自己的 VLAN 信息。然而，它会通过 Trunk 链路转发收到的 VTP 通告从而充当了 VTP 中继的绝色，因此完全可以把该交换机看成是透明的。VTP Transparent 仅会把本交换机上的 VLAN 信息保存在 NVRAM 中。

10.6.2　VTP 通告

VLAN 信息的同步是通过 VTP 通告来实现的，VTP 通告只能在 Trunk 链路上传输（因此交换机之间的链路必须成功配置 Trunk）。VTP 通告是以组播帧的方式发送的，VTP 通告中有一个字段称为修订号（Revision），代表 VTP 帧的修订级别，它是一个 32 位的数字。交换机的默认修订号为 0。每次添加或删除 VLAN 时，修订号都会递增。修订号用于确定从另一台交换机收到的 VLAN 信息是否比储存在本交换机上的信息更新。如果收到的 VTP 通告修订号更高，则本交换机将根据此通告更新自身的 VLAN 信息；如果交换机收到修订号更低的通告，则会用自己的 VLAN 信息反向覆盖。需要注意的是：高修订号的通告会覆盖低修订号的通告，而不管自己或者对方是 Server 还是 Client。

VTP 通告包含以下三种通告类型：
- 总结通告：

触发总结通告的情况：VTP 服务器或客户机每 300 s 发送一次给邻居交换机；执行配置操作后也会立即发送。

总结通告包含的信息：VTP 域名、当前修订号、VTP 配置详细信息等。
- 子集通告：

触发子集通告的情况：创建或删除 VLAN、暂停或激活 VLAN、更改 VLAN 名称和更改 VLAN 的 MTU。

子集通告包含的信息：VLAN 信息。
- 请求通告：

当向 VTP 域中的 VTP 服务器发送请求通告时，VTP 服务器的响应方式是：先发送总结通告，接着送出子集通告。

触发请求通告的情况：VTP 域名变动、交换机收到的总结通告包含比自身更高的修订号、子集通告消息由于某些原因丢失、交换机被重置。

下面通过实验案例来对 VTP 工作流程进行分析，如图 10-17 所示。

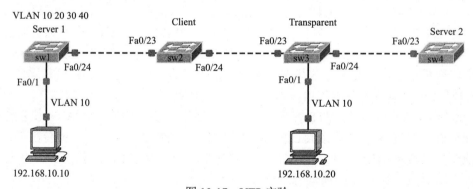

图 10-17　VTP 实验

VTP 服务器会发送 VTP 通告到同一域内网络中每台开启 VTP 的交换机中，交换机的默认 VTP 状态是服务器，这种状态的交换机会参与通告的发送与转发，并更新自身 VTP 状态。现在通过 4 台交换机来验证，如表 10-6 所示。

表 10-6　VTP 状态

项　目	VTP Server	VTP Client	VTP Transparent
VTP 通告	发送/转发	发送/转发	转发
是否更新状态	是	是	否

配置步骤：

Switch>en
Switch#conf t
Switch(config)#hostname SW1
SW1(config)#int fa 0/24
SW1(config-if)#switchport mode trunk //定义端口为 Trunk 模式，用来传输各个 VLAN 信息
SW1(config-if)#exit
SW1(config)#vtp domain rj //定义 VTP 工作域
SW1(config)#vtp password 123 //定义 VTP 认证口令，其他设备必须定义相同口令才能完成
VTP 通告的流畅转发
SW1(config)#vtp mode server //定义 VTP 工作模式，Cisco 设备默认是 Server 模式。
SW1(config)#vlan 10
SW1(config-vlan)#vlan 20
SW1(config-vlan)#vlan 30
SW1(config-vlan)#vlan 40
SW1(config-vlan)#vlan 50
SW1(config-vlan)#exit
SW1(config)#int fa 0/1
SW1(config-if)#switchport mode access //设置端口为接入模式
SW1(config-if)#switchport access vlan 10 //将端口接入 VLAN 10

==

Switch>en
Switch#conf t
Switch(config)#hostname SW2
SW2(config)#int range fa 0/23 - 24 //范围选取端口，将 23~24 范围内的端口选中
SW2(config-if-range)#switchport mode trunk
SW2(config-if-range)#exit
SW2(config)#vtp domain rj
SW2(config)#vtp mode client
SW2(config)#vtp password 123
SW2(config)#exit

==

Switch>en
Switch#conf t
Switch(config)#hostname SW3

```
SW3(config)#int range fa 0/23 - 24
SW3(config-if-range)#switchport mode trunk
SW3(config-if-range)#int fa 0/1
SW3(config-if)#switchport mode access
SW3(config-if)#switchport access vlan 10 //透明模式只转发VTP通告,不同步VLAN信息,
```
所以SW3设备上没有VLAN 10,这里直接将fa0/1端口接入VLAN 10,设备将自动创建一个VLAN 10
```
SW3(config-if)#exit
SW3(config)#vtp domain rj
SW3(config)#vtp mode transparent
SW3(config)#vtp password 123

=================================================

Switch>en
Switch#conf t
Switch(config)#hostname SW4
SW4(config)#int fa 0/23
SW4(config-if)#switchport mode trunk
SW4(config-if)#exit
SW4(config)#vtp domain rj
SW4(config)#vtp mode server
SW4(config)#vtp password 123
SW4(config)#exit
```

10.7 虚拟专用网(VPN)

目前 VPN 技术凭借其特有的灵活性、安全性、经济性和扩展性等,已成为企业主流的远程访问方式之一。VPN 技术的最大优点在于利用了 Internet 这个廉价的公共网络平台安全地传输信息,大大降低了建设专用网络连接所需的高昂线路租用费用,同时使得企业网络可以无限延伸到地球的每一个角落,无论是在家办公还是在外出差的员工,借助 VPN 技术都能安全地访问企业内部网的资源。

10.7.1 VPN 定义

随着企业业务的不断发展,越来越多的员工需要到外地出差或在家办公。由于工作的需要,他们经常要连接到企业的内部网络,那么如何能安全地将这些地理位置分散的员工连接到企业的内部网呢?传统解决方法是在企业内部架设远程访问服务器,远程用户通过电话线路或者 ISDN 线路远程拨号连接到远程访问服务器,实现与企业内部网络的数据传递和信息交换。这种解决方法的缺点一是通信速度慢,二是成本非常高。

如一个员工在北京出差,其企业总部在广州,一个星期下来,光电话费都不少,而且最

多也只能达到 ISDN 的连接速度。此外，为了支持多用户的同时访问，企业还需要配备多条连接线路。虚拟专用网络（Virtual Private Network，VPN）技术却正好弥补了这一缺陷，它能够利用廉价的 Internet 或其他公共网络传输数据，即能达到传统专用网络的安全性。远程用户只要能连接上 Internet 随时随地可以安全地接入企业内部网络，在连接时只需要向当地 ISP 支付廉价的 Internet 连接费用即可，而且还可以充分利用宽带接入（如 ADSL）的速度。

使用 VPN 技术实现远程用户接入企业内部网的拓扑，如图 10-18 所示。

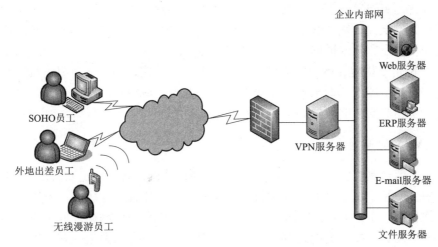

图 10-18 VPN 技术实现远程接入的拓扑图

对于 VPN 技术，可以把它理解成是虚拟出来的企业内部专线。它可以通过特殊的加密通信协议在位于 Internet 不同位置的两个或多个企业内联网络之间建立专有的通信线路。就好像架设了一条专线一样，但是它并不需要真正地去铺设光缆之类的物理线路。这好比去电信局申请专线，但是不用给铺设线路的费用，也不用购买路由器等硬件设备。VPN 技术最早是路由器的重要技术之一，而且前交换机、防火墙设备甚至 Windows 2000 等软件也都开始支持 VPN 功能。总之，VPN 的核心就是利用公共网络资源为用户建立虚拟的专用网络。

虚拟专用网是一种网络新技术，它不是真的专用网络，但能够实现专用网络的功能。虚拟专用网指的是依靠 ISP（Internet 服务提供商）和其他 NSP（网络服务提供商），在公用网络中建立专用的数据通信网络的技术。在虚拟专用网中，任意两个节点之间的连接并没有传统专网所需的端到端的物理链路，而是利用某种公众网络资源动态组成的。所谓虚拟是指用户不再需要拥有实际的物理上存在的长途数据线路，而是使用 Internet 公众数据网络的长途数据线路。所谓专用网络是指用户可以为自己制定一个最符合自己需求的网络。

简单地说，VPN 是指通过一个公用网络（通常是 Internet）建立一个临时的、安全的连接，是一条穿过混乱的公用网络的安全、稳定的隧道。它能够让各单位在全球范围内廉价架构起自己的"局域网"，是单位局域网向全球化的延伸，并且此网络拥有与专用内联网络相同的功能及在安全性、可管理性等方面的特点。VPN 对客户端透明，用户好像使用一条专用线路在客户计算机和企业服务器之间建立点对点连接，进而进行数据的传输。虽然 VPN 通信建立在公共互联网络的基础上，但是用户在使用 VPN 时感觉如同在使用专用网络进行通信，所以得名虚拟专用网络。VPN 是原有专线式专用广域网络的代替方案，代表了当今网络发展的最新趋势。VPN 并非改变原有广域网络的一些特性，如多重协议的支持、高可靠性及高扩充性，而是在更为符合成本效益的基础上达到这些特性。

通过以上分析，可以从通信环境和通信技术层面给出 VPN 的详细定义：

（1）在 VPN 通信环境中，存取受到严格控制，当只有被确认为是在同一个公共体的内部同层（对等）连接时，才允许它们进行通信。而 VPN 环境的构建则是通过对公共通信基础设施的通信介质进行某种逻辑分割来实现的。

（2）VPN 通过共享通信基础设施为用户提供定制的网络连接服务，这种定制的连接要求用户共享相同的安全性、优先级服务、可靠性和可管理性策略，在共享的基础通信设施上采用隧道技术和特殊配置技术措施，仿真点到点的连接。

总之，VPN 可以构建在两个端系统之间、两个组织机构之间、一个组织机构内部的多个端系统之间、跨越全球性 Internet 的多个组织之间及单个或组合的应用之间，为企业之间的通信构建了一个相对安全的数据通道。

10.7.2 VPN 的原理

一般来说，两台具有独立 IP 并连接上互联网的计算机，只要知道对方的 IP 地址就可以进行直接通信。但是，位于这两台计算机之下的网络是不能直接互联的。原因是这些私有网络和公用网络使用了不同的地址空间或协议，即私有网络和公用网络之间是不兼容的。VPN 的原理就是在这两台直接和公网连接的计算机之间建立一条专用通道。私有网络之间的通信内容经过发送端计算机或设备打包，通过公用网络的专用通道进行传输，然后在接收端解包，还原成私有网络的通信内容，转发到私有网络中。这样对于两个私有网络来说，公用网络就像普通的通信电缆，而接在公用网络上的两台私有计算机或设备则相当于两个特殊的节点。由于 VPN 连接的特点，私有网络的通信内容会在公用网络上传输，出于安全和效率的考虑，一般通信内容需要加密或压缩。而通信过程的打包和解包工作则必须通过一个双方协商好的协议进行，这样在两个私有网络之间建立 VPN 通道将需要一个专门的过程，依赖于一系列不同的协议。这些设备和相关的设备及协议组成了一个 VPN 系统。一个完整的 VPN 系统一般包括以下 3 个单元：

1. VPN 服务器端

VPN 服务器端是能够接收和验证 VPN 连接请求，并处理数据打包和解包工作的一台计算机或设备。VPN 服务器端的操作系统可以选择 Windows NT 4.0/Windows 2000/Windows XP/Windows 2003，相关组件为系统自带，要求 VPN 服务器已经接入 Internet，并且拥有一个独立的公网 IP。

2. VPN 客户机端

VPN 客户机端是能够发起 VPN 连接请求，并且也可以进行数据打包和解包工作的一台计算机或设备。VPN 客户机端的操作系统可以选择 Windows 98/Windows NT 4.0/Windows 2000/Windows XP/Windows 2003，相关组件为系统自带，要求 VPN 客户机已经接入 Internet。

3. VPN 数据通道

VPN 数据通道是一条建立在公用网络上的数据链接。其实，所谓的服务器端和客户机端在 VPN 连接建立之后，在通信过程中扮演的角色是一样的，区别仅在于连接是由谁发起的而已。

假定现在有一台主机想要通过公共网络（如 Internet）连入公司的内部网。首先该主机通过拨号等方式连接到公共网络，然后再通过 VPN 拨号方式与公司的 VPN 服务器建立一条虚拟连接，在建立连接的过程中，双方必须确定采用何种 VPN 协议和链接线路的路由路径等，如图 10-19 所示。

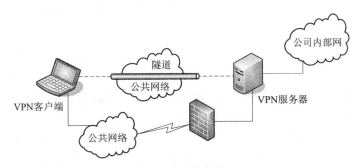

图 10-19 用隧道技术实现 VPN

当隧道建立完成后，用户与公司内部网之间要利用该虚拟专用网进行通信时，发送方会根据所使用的 VPN 协议，对所有的通信信息进行加密，并重新添加上数据报的首部封装成为在公共网络上发送的外部数据报。然后通过公共网络将数据发送至接收方。接收方在接收到该信息后也根据所使用的 VPN 协议，对数据进行解密。

由于在隧道中传送的外部数据报的数据部分（即内部数据报）是加密的，因此在公共网络上所经过的路由器都不知道内部数据报的内容，确保了通信数据的安全。同时也因为会对数据报进行重新封装，所以可以实现其他通信协议数据报在 TCP/IP 网络中的传输。

10.7.3 VPN 协议

隧道技术是 VPN 技术的基础，在创建隧道过程中，隧道的客户机和服务器双方必须使用相同的隧道协议。

按照开放系统互联（OSI）的参考模型划分，隧道技术可以分为第二层和第三层隧道协议。第二层隧道协议使用帧作为数据交换单位。PPTP、L2TP 和 L2F 都属于第二层隧道协议，它们都是将数据封装在点对点协议（PPP）帧中通过互联网发送的。第三层隧道协议使用包作为数据交换单位。IP over IP 和 IPSec 隧道模式都属于第三层隧道协议，它们都是将 IP 包封装在附加的 IP 包头中通过 IP 网络传送。下面介绍几种常见的隧道协议。

1. L2TP 协议（第二层隧道协议）

L2TP 协议是基于 RFC 的隧道协议，它依赖于加密服务的 Internet 协议安全性（IPSec）。该协议允许客户通过其间的网络建立隧道，L2TP 还支持信道认证，但它没有规定信道保护的方法。

2. PPTP 协议（点对点隧道协议）

PPTP 协议是点对点协议（PPP）的扩展，并协调使用 PPP 的身份验证、压缩和加密机制。它允许对 IP、IPX 或 NetBEUI 数据流进行加密，然后封装在 IP 包头中通过诸如 Internet 这样的公共网络发送，从而实现多功能通信。

PPTP 协议是使用一般路由封装（GRE）报头和 IP 报头封装 PPP 帧（包含一个 IP、IPX

或APpletalk数据报)的,响应VPN客户端和VPN服务器的源IP地址及目标IP地址位于IP报头中,如图10-20所示。

图10-20 PPTP封装包结构

通过PPTP也可以使非IP网络进行Internet通信,但需要注意的是PPTP会话不能够通过代理服务器进行。

3. IPSec(Internet协议安全性)

IPSec是由IETF(Internet Engineering Task Force)定义的一套在网络层提供IP安全性的协议。它主要用于确保网络层之间的安全通信。该协议使用IPSec协议集保护IP网和非IP网上的L2TP业务。在IPSec协议中,一旦IPSec通道建立,在通信双方网络层之上的所有协议(如TCP、UDP、SNMP、HTTP、POP等)就要经过加密,而不管这些通道构建时所采用的安全和加密方法如何。

10.8 三层交换

10.8.1 三层交换技术概述

简单地说,三层交换技术就是:二层交换技术+三层转发技术,是相对于传统交换概念而提出的。众所周知,传统的交换技术是在OSI网络标准模型中的第二层——数据链路层进行操作的,而三层交换技术是在网络模型中的第三层实现了数据包的高速转发。

三层交换机可以看作是路由器的简化版,是为了加快路由速度而出现的一种网络设备。路由器的功能虽然非常完备,但完备的功能使得路由器的运行速度变慢,而三层交换机则将路由工作接过来,并改为硬件来处理(路由器是由软件来处理路由的),从而达到了加快路由速度的目的。

一个具有第三层交换功能的设备是一个带有第三层路由功能的二层交换机。

在传统网络中,路由器实现了广播域隔离,同时提供了不同网段之间的通信。图10-22中的3个IP子网分别为C类IP地址构成的网段,根据IP网络通信规则,只有通过路由器才能使3个网段相互访问,即实现路由转发功能。传统路由器是依靠软件实现路由功能的,同时提供了很多附加功能,因此分组交换速率较慢。若用二层交换机替换路由器,将其改造为交换式局域网,不同子网之间又无法访问,只有重新设定子网掩码,扩大子网范围,如对图10-21所示的子网,只要将子网掩码改为255.255.0.0,就能实现相互访问,但同时又产生新的问题:逻辑网段过大、广播域较大、所有设备需要重新设置。若引入三层交换机,并基于IP地址划分VLAN,既实现了广播域的控制,也解决了网段划分之后,网段中子网必须依赖路由器进行管理的局面,解决了传统路由器低速、复杂所造成的网络瓶颈问题,又实现了子网之间的互访,提高了网络的性能。

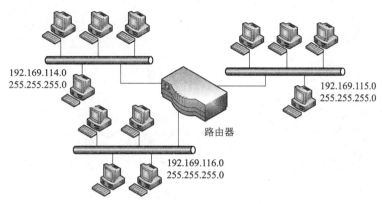

图 10-21 传统以路由器为中心的网络结构

三层交换机可以定义为在第二层交换机的基础上，理解第三层信息（如第三层协议、获取 IP 地址）并能基于第三层信息转发数据的设备。三层交换机并非继承了传统路由器的所有功能及服务，它减少了处理的协议数，如三层只处理 IP、二层只针对以太网，路由转发功能做到硬件中（如用 ASIC 芯片），因此实现了所谓第三层线性交换功能，从而使基于三层的交换式网络具有高速通信能力。因为传统的网络中只有路由器可以读懂第三层分组信息，所以也称三层交换机为路由式交换机，当然它绝不是路由器的换代产品。三层交换机的主要用途是代替传统路由器作为网络的核心，因此，凡是没有广域网连接需求，同时需要路由器的地方，都可以用三层交换机代替路由器。图 10-22 所示为一款三层交换机。

在企业网和教学网中，一般会将三层交换机用在网络的核心层，用三层交换机上的千兆端口或百兆端口连接不同的子网或 VLAN。因为其网络结构相对简单，节点数相对较少。另外，它不需要较多的控制功能，并且成本较低。

图 10-22 三层交换机

在目前的宽带网络建设中，三层交换机一般被放置在小区的中心和多个小区的汇聚层，核心层一般采用高速路由器。这是因为，在宽带网络建设中网络互联仅仅是其中的一项需求，因为宽带网络中的用户需求各不相同，所以需要较多的控制功能，这正是三层交换机的弱点，因此，宽带网络的核心一般采用高速路由器。

图 10-23 给出了三层交换机工作过程的一个实例。图中计算机具有 C 类 IP 地址，共两个子网：192.1610.114.0、192.1610.115.0。现在用户 X 基于 IP 需向用户 W 发送信息，由于并不知道 W 在什么地方，X 首先发出 ARP 请求，三层交换机能够理解 ARP 协议，并查找地址列表，将数据只放到连接用户 W 的端口，而不会广播到所有交换机的端口。

10.8.2 第三层交换技术的原理

一个具有第三层交换功能的设备是一个带有第三层路由功能的第二层交换机。简单地说，三层交换技术就是二层交换技术+。

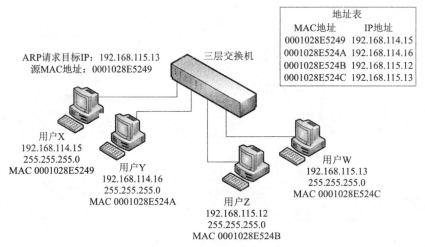

图 10-23 三层交换机工作过程图

第三层交换机的实际上已经历了三代。第一代产品相当于运行在一个固定内存处理机上的软件系统，性能较差。虽然在管理和协议功能方面有许多改善，但当用户的日常业务更加依赖于网络，导致网络流量不断增加时，网络设备便成了网络传输瓶颈。第二代交换机的硬件引进了专门用于优化第二层处理的专用集成电路芯片（ASIC），性能得到了极大改善与提高，并降低了系统的整体成本，这就是传统的第二层交换机。第三代交换机并不是简单地建立在第二代交换设备上，而是在第三层路由、组播及用户可选策略等方面提供了线速性能，在硬件方面也采用了性能与功能更先进的 ASIC 芯片。

第三层交换机实际上就好像是将传统二层交换机与传统路由器结合起来的网络设备，它既可以完成传统交换机的端口交换功能，又可以完成路由器的路由功能。当然，它是二者的有机结合，并不是把路由器设备的硬件和软件简单地叠加在局域网交换机上，而是各取所长的逻辑结合。其中最重要的表现是，当某一信息源的第一个数据流进入第三层交换机后，其中的路由系统将会产生一个 MAC 地址与 IP 地址的映射表，并将该表存储起来，当同一信息源的后续数据流再次进入第三层交换时，交换机将根据第一次产生并保存的地址映射表，直接从二层由源地址传输到目的地址，而不再经过第三层路由系统处理，从而消除了路由选择时造成的网络延迟，提高了数据包的转发效率，解决了网间传输信息时路由产生的速率瓶颈。

如图 10-24 所示，假设两个使用 IP 协议的站点 A、B 通过第三层交换机进行通信，发送站点 A 在开始发送时，已经知道目的站 B 的 IP 地址，但尚不知道在局域网上发送所需要的 B 站的 MAC 地址，要采用地址解析协议 ARP 来确定目的站 B 的 MAC 地址。发送站 A 把自己的 IP 地址与目的站 B 的 IP 地址比较，采用其软件中配置的子网掩码提取

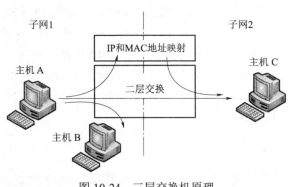

图 10-24 三层交换机原理

出网络地址来确定 B 站是否与自己在同一子网内。若目的站 B 与发送站 A 在同一子网中，则只需进行二层的转发。A 会广播一个 ARP 请求，B 接到请求后返回自己的 MAC 地址，A 得到目的站点 B 的 MAC 地址后将这一地址缓存起来，第二层交换模块根据此 MAC 地址查找 MAC 转发表，确定将数据发送到哪个目的端口。若两个站点不在同一个子网 1 中，如发送站 A 要与目的站 C 通信，发送站 A 要向默认网关发送 ARP 包，而默认网关的 IP 地址已经在系统软件中设置，这个 IP 地址实际上对应第三层交换机的第三层交换模块。所以当发送站 A 对默认网关的 IP 地址发出一个 ARP 请求时，若第三层交换模块在以往的通信过程中已得到目的站 C 的 MAC 地址，则向发送站 A 回复 C 站的 MAC 地址；否则第三层交换模块根据路由信息向目的站 C 发出一个 ARP 请求，目的站 C 得到此 ARP 请求后向第三层交换模块回复其 MAC 地址，第三层交换模块保存此地址并回复给发送站 A，同时将 C 站的 MAC 地址发送到二层交换引擎的 MAC 转发表中。从这以后，当 A 再向 C 发送数据包时，便全部交给二层交换处理，信息得以高速交换。由于仅仅在路由过程中才需要三层处理，绝大部分数据都通过二层交换转发，因此三层交换机的速度很快，接近二层交换机的速度，同时比相同路由器的价格低很多。

第三层交换具有以下突出特点：
（1）有机的软硬件结合使得数据交换加速。
（2）优化的路由软件使得路由过程效率提高。
（3）除了必要的路由决定过程外，大部分数据转发过程由第二层交换处理。
（4）多个子网互联时只是与第三层交换模块逻辑连接，不像传统的外接路由器那样需要增加端口，保护了用户的投资。

第三层交换是实现 Intranet 的关键，它将第二层交换机和第三层路由器两者的优势结合成一个灵活的解决方案，可在各个层次提供线速性能。这种集成化的结构还引进了策略管理属性，它不仅使第二层与第三层相互关联起来，而且还提供流量优化处理、安全保障以及多种其他的灵活功能，如端口链路聚合、VLAN 和 Intranet 的动态部署。

第三层交换机分为接口层、交换层和路由层三部分。接口层包含了所有重要的局域网接口：10/100 Mb/s 以太网、千兆以太网、FDDI 和 ATM。交换层集成了多种局域网接口并辅之以策略管理，同时还提供链路汇聚、VLAN 和 Tagging 机制。路由层提供主要的局域网路由协议：IP、IPX 和 Appletalk，并通过策略管理，提供传统路由或直通的第三层转发技术。策略管理使网络管理员能根据企业的特定需求调整网络。

10.8.3 三层交换机的种类

三层交换机可以根据其处理数据的不同而分为纯硬件和纯软件两大类。
（1）纯硬件的三层交换机。

纯硬件的三层技术相对来说技术复杂、成本高，但是速度快、性能好、带负载能力强。纯硬件的三层交换机采用 ASIC 芯片，采用硬件的方式进行路由表的查找和刷新，如图 10-25 所示。当数据由端口接收进来以后，首先在二层交换芯片中查找相应的目的 MAC 地址，如果查到，就进行二层转发，否则将数据送至三层引擎。在三层引擎中，ASIC 芯片查找相应的路由表信息，与数据的目的 IP 地址相比对，然后发送 ARP 数据包到目的主机，得到该主机返回的 MAC 地址，将 MAC 地址发送到二层芯片，由二层芯片转发该数据包。

（2）纯软件的三层交换机。

基于软件的三层交换机技术较简单，但速度较慢，不适合作为主干。其原理是，采用软件的方式查找路由表，如图 10-26 所示。当数据由端口接收进来以后，首先在二层交换芯片

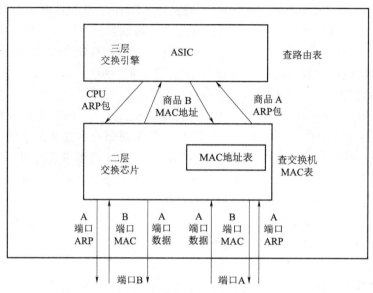

图 10-25 纯硬件三层交换机原理图

中查找相应的目的 MAC 地址，如果查到，就进行二层转发，否则将数据送至 CPU。CPU 查找相应的路由表信息，与数据的目的 IP 地址相比较，然后发送 ARP 数据包到目的主机，得到该主机返回的 MAC 地址，将 MAC 地址发到二层芯片，由二层芯片转发该数据包。因为低价 CPU 处理速度较慢，因此这种三层交换机处理速度较慢。

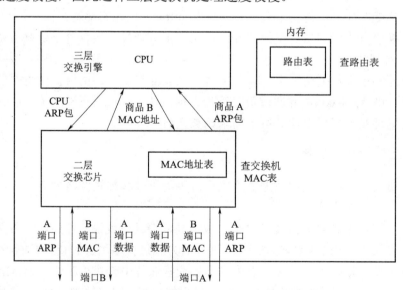

图 10-26 纯软件三层交换机原理图

（3）三层交换机的基本配置。

利用 SVI 给 VLAN 地址：

```
Switch(config)# vlan 10 //创建 VLAN 10
Switch(config)int fa0/1
Switch(config-if)switch access vlan 10
Switch(config)int vlan 10
Switch(config-if)#ip address 192.168.10.254 255.255.255.0
```

关闭端口的交换功能：

```
Switch(config)int fa0/1
Switch(config-if)no switchport
```

下面以一个实例来说明三层交换的作用。如图 10-27 所示，利用三层交换和路由实现 NAT 负载均衡。

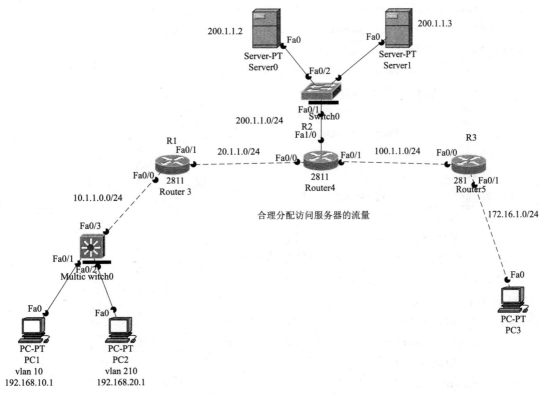

图 10-27　NAT 负载均衡

两台服务器的服务相同，内容可以不同。

SW 配置：

```
Switch(config)#vlan 10
Switch(config)#int f0/1
Switch(config-if) #sw ac vlan 10
Switch(config)#vlan 20
```

```
Switch(config)#int f0/2
Switch(config-if) #sw ac vlan 20
Switch(config-if) #int vlan 10
Switch(config-if) # ip address 192.168.10.1 255.255.255.0
Switch(config-if) #no shutdown
Switch(config-if) #int vlan 20
Switch(config-if) # ip address 192.168.20.1 255.255.255.0
Switch(config-if) #no shutdown
Switch(config)#int f0/3
Switch(config-if) #no switchport
Switch(config-if) # ip address 10.1.1.1 255.255.255.0
Switch(config-if) #no shutdown
Switch(config-if) #exit
Switch(config)#ip dhcp pool vlan10
Switch(config)#network 192.168.10.0 255.255.255.0
Switch(config)#default-router 192.168.10.1
Switch(config)#ip dhcp pool vlan20
Switch(config)#network 192.168.20.0 255.255.255.0
Switch(config)#default-router 192.168.20.1
Switch(config)#ip routing
Switch(config)#router rip
Switch(config-router)#version 2
Switch(config-router)#network 10.0.0.0
Switch(config-router)# network 192.168.10.0
Switch(config-router)#network 192.168.20.0
Switch(config-router)#no auto-summary
```

R1 配置：

```
Router(config)#int f0/0
Router(config-if)#ip add 10.1.1.2 255.255.255.0
Router(config-if)#no sh
Router(config-if)#int f0/1
Router(config-if)#ip add 20.1.1.1 255.255.255.0
Router(config-if)#no sh
Router(config)#router rip
Router(config-router)#ver 2
Router(config-router)#network 10.1.1.0
Router(config-router)#network 20.1.1.0
Router(config-router)#no auto-summary
Router(config)#int f0/0
```

```
Router(config-if)#ip nat inside
Router(config-if)#int f0/1
Router(config-if)#ip nat outside
Router(config-if)#exit
Router(config)#access-list 1 permit 192.168.10.0 0.0.0.255
Router(config)#ip nat inside source list 1 interface f0/1 overload
```
R2 配置：
```
Router(config)#int f0/0
Router(config-if)#ip add 20.1.1.2 255.255.255.0
Router(config-if)#no sh
Router(config-if)#int f0/1
Router(config-if)#ip add 100.1.1.1 255.255.255.0
Router(config-if)#no sh
Router(config-if)#int f1/0
Router(config-if)#ip add 200.1.1.1 255.255.255.0
Router(config-if)#no sh
```
R3 配置：
```
Router(config)#int f0/0
Router(config-if)#ip add 100.1.1.2 255.255.255.0
Router(config-if)#no sh
Router(config-if)#int f0/1
Router(config-if)#ip add 172.16.1.1 255.255.255.0
Router(config-if)#no sh
Router(config)#ip nat pool abc 100.1.1.3 100.1.1.4 netmask 255.255.255.0
Router(config)#ip nat inside source list 2 pool abc overload
Router(config)#access-list 2 permit 172.16.1.0 0.0.0.255
Router(config)#int f0/0
Router(config-if)#ip nat outside
Router(config-if)#int f0/1
Router(config-if)#ip nat inside
```
将两台 Server 的 http 服务（图 10-28）设置如下：
R2 配置：
```
Router(config)#ip nat inside source static tcp 200.1.1.2 80 100.1.1.1 80
Router(config)#ip nat inside source static tcp 200.1.1.2 80 20.1.1.2 80
Router(config)#ip nat inside source static tcp 200.1.1.3 80 100.1.1.1 80
Router(config)#ip nat inside source static tcp 200.1.1.3 80 20.1.1.2 80
Router(config)#int f1/0
Router(config-if)#ip nat inside
Router(config-if)#int f0/1
```

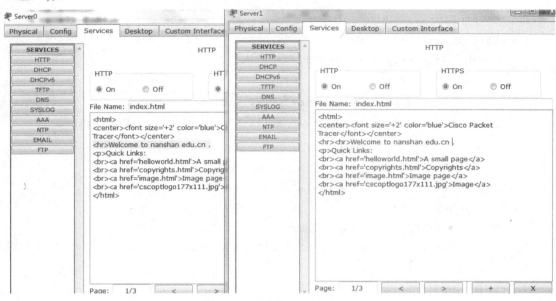

图 10-28　负载均衡网页端设置

```
Router(config-if)#ip nat outside
Router(config-if)#int f0/0
Router(config-if)#ip nat outside
```

PC3 检测结果如图 10-29 所示。

```
PC3>ping 100.1.1.1
```

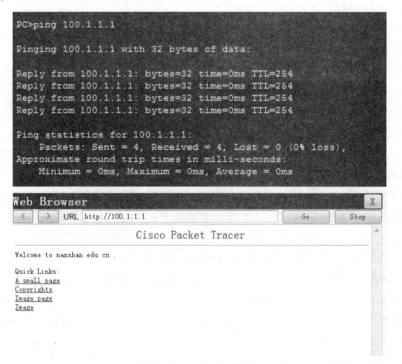

图 10-29　PC3 测试结果

第 10 章　虚拟局域网技术

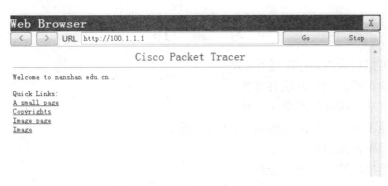

图 10-29　PC3 测试结果（续）

PC1 检测结果如图 10-30 所示。

```
PC1>ping 20.1.1.2
```

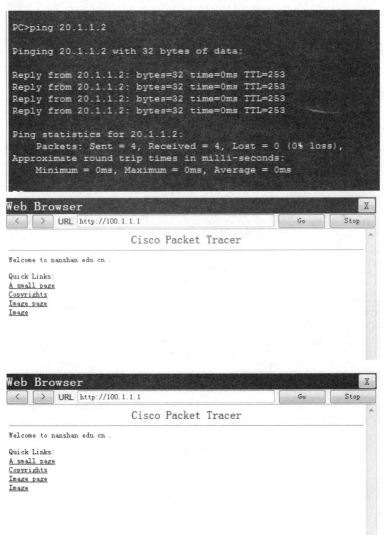

图 10-30　PC1 测试结果

习 题 10

1. 什么是虚拟局域网？作用是什么？
2. VLAN 的种类及划分方法有哪些？
3. VLAN 各端口模式以及含义是什么？
4. 如何实现不同交换机之间相同 VLAN 的通信？
5. 如何实现单臂路由？
6. 三层交换机的特点以及功能有哪些？

第 11 章
高级交换技术

在骨干网设备连接中,单一链路的连接很容易实现,但一个简单的故障就会造成网络的中断,因此在实际网络组建的过程中,为了保持网络的稳定性,在多台交换机组成的网络环境中,通常都使用一些备份连接,以提高网络的健壮性、稳定性。这里的备份连接也称为备份链路或者冗余链路。备份链路之间的交换机经常互相连接,形成一个环路,通过环路可以在一定程度上实现冗余。链路的冗余备份能为网络带来健壮性、稳定性和可靠性等好处,但是备份链路也会使网络存在环路,环路问题是备份链路所面临的最为严重的问题,交换机之间的环路将导致网络新问题的发生,如广播风暴、多帧复制、地址表的不稳定。本章中就是学习什么是冗余链路及怎么样去解决冗余带来的问题。

11.1 交换机中的冗余链路

11.1.1 冗余备份链路

在交换网络中,由于单点(单链路)故障容易导致系统瘫痪,因此引入备份链路。但冗余链路又会造成网络环路,当交换网络中出现环路时,会产生广播风暴、多帧复制和 MAC 地址表不稳定等现象,如图 11-1～图 11-3 所示。

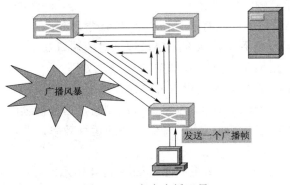

图 11-1　产生广播风暴

在局域网中很多的网络协议都采用广播方式进行管理和操作,广播采用广播帧来发送和传递信息,广播帧是向局域网中所有主机发送消息,因此容易产生碰撞,为缓解碰撞又要重传更多的数据包,从而耗尽网络带宽,使网络瘫痪。

当一台主机收到某个数据帧的多个副本时,网络协议无从选择,不知选用哪个数据帧。

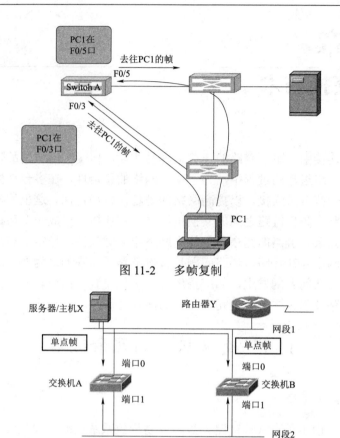

图 11-2 多帧复制

图 11-3 MAC 地址表不稳定

图 11-3 中 MAC 地址表不稳定的产生过程如下：
- 主机 X 发送一单点帧给路由器 Y；
- 路由器 Y 的 MAC 地址还没有被交换机 A 和 B 学习到；
- 交换机 A 和 B 都学习到主机 X 的 MAC 地址对应端口 0；
- 到路由器 Y 的数据帧在交换机 A 和 B 上会泛洪处理；
- 交换机 A 和 B 都错误学习到主机 X 的 MAC 地址对应端口 1。

在多帧复制时，也会导致 MAC 地址表的多次刷新，这种持续的更新、刷新过程会严重耗用内存资源，影响交换机的交换能力，降低网络的运行效率，严重时耗尽网络资源，导致网络瘫痪。

在实际交换网络中，还会产生多重回路，如图 11-4 所示。

解决环路的最初思路是，当主要链路正常时，断开备份链路；当主要链路出现故障时，就自动启用备份链路，于是产生了生成树协议。

由于网络规模越来越大，因此传输的数据量更大，需要的带宽更多，充分利用冗余链路，而不是阻止备份链路、使负载均衡，成为更加关注的内容。

在交换式的网络中实现冗余的方式主要有两种：生成树协议和链路捆绑技术。其中生成树协议是一个纯二层协议，链路捆绑技术既可在二层接口上也可在三层接口上使用。

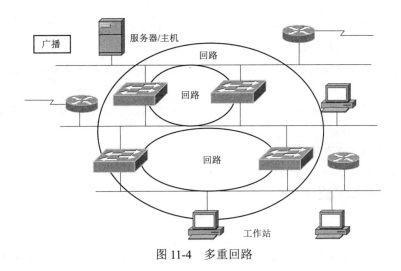

图 11-4 多重回路

11.1.2 二层聚合链路

1. 二层链路聚合的基本概念

把多个二层物理链接捆绑在一起形成一个简单的逻辑链接，这个逻辑链接称为链路聚合，这些二层物理端口捆绑在一起称为一个聚合口（Aggregate Port，AP）。

AP 是链路带宽扩展的一个重要途径，符合 IEEE 802.3ad 标准。它可以把多个端口的带宽叠加起来使用，形成一个带宽更大的逻辑端口，同时当 AP 中的一条成员链路断开时，系统会将该链路的流量分配到 AP 中的其他有效链路上去，实现负载均衡和链路冗余。

AP 技术一般应用在交换机之间的骨干链路上，或者是交换机与大流量的服务器之间。聚合端口合适 10 Mb/s、100 Mb/s、1 000 Mb/s 以太网。锐捷网络交换机一个 AP 最大支持 8 条链路，不同设备支持的最多聚合端口组不同。

AP 可以根据报文的源 MAC 地址、目的 MAC 地址或 IP 地址进行流量平衡，即把流量平均地分配到 AG 组成员链路中去。

当接入层和汇聚之间创建了一条由三个百兆组成的 AP 链路时，在用户侧接入层交换机上，来自不同的用户主机数据，源 MAC 地址不同，因此二层 AP 基于源 MAC 地址进行多链路负载均衡方式。而在汇聚层交换机上发往用户数据帧的源 MAC 地址只有一个，就是本身的 SVI 接口 MAC，因此二层 AP 基于目的 MAC 地址进行多链路负载均衡方式。

链路聚合的注意点：

（1）聚合端口的速度必须一致；

（2）聚合端口必须属于同一个 VLAN；

（3）聚合端口使用的传输介质相同；

（4）聚合端口必须属于同一层次，并与 AP 也要在同一层次。

2. 配置 Aggregate Port 的命令汇总

（1）将一个接口范围加入一个 AP 中，如果这个 AP 不存在，自动创建这个 AP 端口：

```
Switch# configure terminal
Switch(config)# interface range fastEthernet 0/xx - yy
```

```
Switch(config-if-range)# port-group port-group-number
```
（2）调整二层 AP 负载均衡模式的配置：
```
Switch(config)# aggregatePort load-balance dst-mac    /*选择基于目的 MAC 的负载均衡方式*/
Switch(config)# aggregatePort load-balance src-mac    /*选择基于源 MAC 的负载均衡方式*/
```
（3）查看聚合端口的汇总信息：
```
Switch# show aggregateport summary
```
（4）查看聚合端口的流量平衡方式：
```
Switch# show aggregateport load-balance
```
（5）举例：
```
S3550-1(config)# interface range fastEthernet 0/1 - 2    /*选择 S3550-1 的 F0/1 和 F0/2 接口*/
S3550-1(config-if-range)# port-group 1    /*将 F0/1 和 F0/2 接口加入 AP 组 1*/
S3550-1# show aggregatePort 1 summary
AggregatePort  MaxPorts  SwitchPort  Mode    Ports
-------------  --------  ----------  ------  -----------------------
Ag1            8         Enabled     Access  Fa0/1 , Fa0/2
```
从上可以看到 Ag1 已经被正确配置，F0/1 和 F0/2 成为 AP 组 1 的成员。

11.1.3　三层聚合链路

1. 三层链路聚合技术及配置

三层链路的 AP 和二层链路 AP 技术本质相同，都是通过捆绑多条链路形成一个逻辑端口来增加带宽，保证冗余和负载分担的目的。三层链路冗余技术较二层链路冗余技术丰富得多，配合各种路由协议可以轻松实现三层链路冗余和负载均衡。

建立三层 AP 首先应手动建立汇聚端口，并将其设置为三层接口（no switchport）。如果直接将交换机端口加入，会出现接口类型不匹配，命令无法执行的错误。以两台 S3550 的 fastEthernet 0/1 – 2 端口聚合为例，配置步骤如下：
```
S3550-1(config)# interface aggregatePort 1    /*手工建立汇聚端口 Ag 1*/
S3550-1(config-if)# no switchport    /*将 Ag1 设置为三层接口*/
S3550-1(config)# interface range fastEthernet 0/1 - 2    /*选择 S3550-1 的 F0/1 和 F0/2 接口*/
S3550-1(config-if-range)# no switchport   /*将 F0/1 和 F0/2 设置为三层接口*/
S3550-1(config-if-range)# port-group 1    /*将 F0/1 和 F0/2 接口加入 AP 组 1*/
```
注意：建立三层 AP 需要首先手动建立汇聚端口，并将其设置为三层接口。如果直接将交换机端口加入，会出现接口类型不匹配，命令无法执行的错误。

三层 AP 也需要选择负载均衡模式，锐捷网络推荐使用基于源-目 IP 对的方式。配置如下：
```
S3550-1(config)# aggregatePort load-balance ip    /*设置 AP 的负载均衡模式为基于源－目 IP 对*/
```

2. 基于 OSPF 的三层链路冗余技术

基于 OSPF 的三层链路冗余技术在大型园区网络中使用广泛。对两台核心交换设备分别有两条出口（分别接两台路由器冗余备份的网络中），可在核心设备的两条上行链路上做负载均衡。但如果在出口路由器上需要做 NAT 转换，负载均衡就很难实现。但可通过调整 cost 的值实现链路冗余和负载分担。

对两台核心交换设备有一条出口（接一台路由器）的拓扑结构，不需要通过人工调整 cost 值来实现流量分担，只需要更改 OSPF 的参考带宽，由 OSPF 自动实现负载均衡功能。

11.2 生成树协议概述

生成树协议同其他协议一样，是随着网络的不断发展而不断更新换代的，生成树协议的发展过程分为三代：

- 第一代生成树协议：STP/RSTP；
- 第二代生成树协议：PVST/PVST+；
- 第三代生成树协议：MISTP/MSTP。

Cisco 在 802.1d 基础上增加了几个私有的增强协议：portfast、uplinkfast、backbonefast，其目的都在于加快收敛速度。

port fast 特性指连接工作站或服务器的端口不需要经过监听和学习状态，直接从堵塞状态进入转发状态，从而节约了 30 s（转发延迟）的时间。

uplinkfast 是用在接入层、有阻断端口的交换机上，当它连接到主干交换机上的主链路有故障时能立即切换到备份链路上，而不需要 30 s 或 50 s（转发延迟）的时间。

backbonefast 用在主干交换机之间，并要求所有交换机都启动 backbonefast。当主干交换机之间的链路发生故障时，用 20 s（节约了 30 s）就切换到备份链路上。

11.2.1 生成树协议的种类

1. 基本 STP

基本 STP 协议规范为 IEEE 802.1d，STP 基本思路是阻断一些交换机接口，构建一棵没有环路的转发树。

STP 利用 BPDU(Bridge Protocol Data Unit)和其他交换机进行通信，BPDU 中有根桥 ID、路径代价、端口 ID 等几个关键的字段。

为了在网络中形成一个没有环路的拓扑，网络中的交换机要进行三种选举：（1）选举根桥、（2）选取根端口、（3）选取指定端口。交换机中的接口只有是根端口或指定端口，才能转发数据，其他接口都处于阻塞状态。

当网络的拓扑发生变化时，网络会从一个状态向另一个状态过渡，重新打开或阻断某些接口。交换机的端口要经过几种状态：禁用(Disable)、阻塞(Blocking)、监听状态(Listening)、学习状态（Learning），最后是转发状态(Forwarding)。

2. RSTP

RSTP 的协议规范为 IEEE 802.1w，它是为了减少 STP 收敛时间而修订的新的协议。在

RSTP 中，接口的角色有四种：根端口、指定端口、备份端口、替代端口。接口的状态只有三种：丢弃（Discarding）、学习状态、转发状态。接口还分为：边界接口、点到点接口、共享接口。

3. PVST

当网络上有多个 VLAN 时，PVST(Per Vlan STP)会为每个 VLAN 构建一棵 STP 树。这样的好处是可以独立地为每个 VLAN 控制哪些接口要转发数据，从而实现负载平衡。缺点是如果 VLAN 数量很多，会给交换机带来沉重的负担。Cisco 交换机默认的模式就是 PVST。

4. MSTP

MSTP 的协议规范为 IEEE 802.1s，在 PVST 中交换机为每个 VLAN 都构建一棵 STP 树，随着网络规模的增加，VLAN 的数量也在不断增多，会给交换机带来很大负载、占用大量带宽。MSTP 是把多个 VLAN 映射到一个 STP 实例上，即为每个实例建立一棵 STP 树，从而减少了 STP 树的数量，它与 STP、PVST 兼容。锐捷交换机默认的模式就是 MSTP。

11.2.2 生成树协议的基本概念

生成树协议有以下基本术语：
- 网桥协议数据单元（Bridge Protocol Data Unit，BPDU）；
- 网桥号（Bridge ID）；
- 根网桥（Root Bridge）；
- 指定网桥（Designated Bridge）；
- 根端口（Root Port）；
- 指定端口（Designated Port）；
- 非指定端口（NonDesignated Port）。

1. 网桥协议数据单元

网桥协议数据单元（BPDU），是 STP 中的"hello 数据包"，每隔一定的时间间隔（2 s，可配置）发送，它在网桥之间交换信息。STP 就是通过在交换机之间周期发送 BPDU 来发现网络上的环路，并通过阻塞有关端口来断开环路的。

BPDU 主要包括以下字段：Protocol ID，Version，Message Type，Flag，Root ID（根网桥 ID），Cost of Path（路径开销），Bridge ID，Port ID（端口 ID），计时器包括：Message Age、Maximum Time、Hello Time、Forward Delay（传输延迟）。其作用为：

Protocol ID（2 字节）和 Version（1 字节）是 STP 相关的信息和版本号，通常固定为 0。Message Type（1 字节）：分为两种类型，配置 BPDU 和拓扑变更通告 BPDU。Flag（1 字节）：与拓扑变更通告相关的状态和信息。Root ID（8 字节）：根网桥号由 2 字节优先级和 6 字节 MAC 组成。Cost of Path：路径开销是从交换机到根桥的方向累计的花费值。Bridge ID：发送自己的网桥 ID。Port ID：发送自己的端口 ID，端口 ID 由 1 字节端口优先级和 1 字节端口 ID 组成。Maximum Time：当一段时间未收到任何 BPDU，生存期达到 Max Age 时，网桥则认为该端口连接的链路发生故障，默认 20 s。Hello Time：发送 BPDU 的周期，默认为 2 s，Forward Delay：BPDU 全网传输延迟，默认 15 s。

2. 网桥号

网桥号（Bridge ID）用于标识网络中的每一台交换机，它由两部分组成，2 字节优先级和 6 字节 MAC。优先级从 0～65 535，缺省为 32 768。对不同的 VLAN，通常有一个累加值，如 VALN 1 为 32 769，VALN 1 为 32 770 等，可通过改变优先级设置来改变网桥号。

3. 根网桥

具有最小网桥号的交换机将被选举为根网桥，根网桥的所有端口都不会阻塞，并都处于转发状态。

4. 指定网桥

对交换机连接的每一个网段，都要选出一个指定网桥，指定网桥到根网桥的累计路径花费最小，由指定网桥收发本网段的数据包。

5. 根端口

整个网络中只有一个根网桥，其他的网桥为非根网桥，根网桥上的端口都是指定端口，而不是根端口，而在非根网桥上，需要选择一个根端口。根端口是指从交换机到根网桥累计路径花费最小的端口，交换机通过根端口与根网桥通信。根端口设为转发状态。

6. 指定端口

每个非根网桥为每个连接的网段选出一个指定端口，一个网段的指定端口指该网段到根网桥累计路径花费最小的端口，根网桥上的端口都是指定端口。指定端口设为转发状态。

7. 非指定端口

除了根端口和指定端口之外的其他端口称为非指定端口，非指定端口将处于阻塞状态，不转发任何用户数据。

11.3 STP

STP 起源于 DEC 公司的"网桥到网桥"协议，后来，IEEE 802 委员会制定了生成树协议的规范 802.1d。其作用是，在冗余链路中，解决网络环路问题。STP 通过生成树算法（SPA）生成一个没有环路的网络，当主要链路出现故障时，能够自动切换到备份链路，保证网络的正常通信。

STP 通过从软件层面修改网络物理拓扑结构，构建一个无环路的逻辑转发拓扑结构，提高网络的稳定性和减少网络故障的发生率。

11.3.1 STP 中的选择原则

1. 根网桥的选举原则

在全网范围内选举网桥号最小的交换机为根网桥，网桥号由交换机优先级和 Mac 地址组合而成，从而可通过改变交换机的优先级别来改变根网桥的选举。

选举步骤如下：

（1）所有交换机首先都认为自己是根；

（2）从自己的所有可用端口发送"配置 BPDU"，其中包含自己的网桥号，并作为根；

（3）当收到其他网桥发来的"配置 BPDU"时，检查对方交换机的网桥号，若比自己小，则不再声称自己是根了（不再发送 BPDU 了）；

（4）当所有交换机都这样操作后，只有网络中最小网桥号的交换机还在继续发送 BPDU，因此它就成为根网桥了。

2. 最短路径的选择

（1）首先，比较路径开销。比较本交换机到达根网桥的路径开销，选择开销最小的路径。

（2）其次，比较网桥号。如果路径开销相同，则比较发送 BPDU 交换机的网桥号。

（3）其三，比较发送者 Port ID。

① 如果发送者网桥号相同，即同一台交换机，则比较发送者交换机的 Port ID；

② Port ID：端口号由 1 字节端口优先级和 1 字节端口 ID 组成；

③ 端口默认的优先级为 128。

（4）最后，比较接收者 Port ID。

① 如不同链路发送者的 Bridge ID 一致（即同一台交换机），那比较接收者的 Port ID

3. 选举根端口和指定端口

如图 11-5 所示，一旦选好了最短路径，就选好了根端口和指定端口。

4. 生成树的工作过程

（1）首先进行根桥的选举。每台交换机通过向邻居发送 BPDU，选出 ID 最小的网桥作为网络中的根桥。

（2）确定根端口和指定端口。计算出非根桥的交换机到根桥的最小路径开销，找出根端口（最小的发送方 Bridge ID）和指定端口（最小的 Port ID）。

（3）阻塞非根网桥上非指定端口。阻塞非根网桥上非指定端口以裁剪冗余的环路，构造一个无环的拓扑结构。这个无环的拓扑结构是一棵树，根桥作为树干，没裁剪的活动链路作为向外辐射的树枝。在处于稳定状

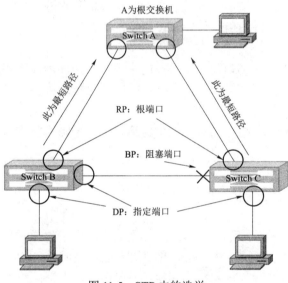

图 11-5 STP 中的选举

态的网络中，BPDU 从根桥沿着无环的树枝传送到网络的各个网段。

5. 生成树操作规则

（1）每个网络只有一个根桥，根桥上的接口都是指定口；

（2）每个非根桥只有一个根端口；

（3）每个段只有一个指定端口，其他接口为非指定口；

（4）指定端口转发数据，非指定端口不转发数据。

11.3.2 STP 端口的状态

生成树经过一段时间（默认值是 50 s 左右）稳定之后，所有端口要么进入转发状态，要么进入阻塞状态。STP 端口状态如表 11-1 所示。

表 11-1 STP 端口状态表

端口状态	描　　述
Disabled	不收发任何报文（端口 shutdown）
Blocking（20 s）	不接收或转发数据，接收但不发 BPDU，不进行地址学习
Listening（15 s）	不接收或转发数据，接收并发送 BPDU，不进行地址学习
Learning（15 s）	不接收或转发数据，接收并发送 BPDU，开始 MAC 学习（建 MAC 表）
Forwarding	接收并转发数据，接收并发送 BPDU，学习 MAC 地址

通常，在一个大中型网络中，整个网络拓扑稳定为一个树型结构大约需要 50 s，因而 STP 的收敛时间过长。

STP 的选举过程：
- 根桥；
- 根端口；
- 指定端口。

STP 规则：
- 每个广播网络只能有一个根桥；
- 每个非根桥只能有一个根端口；
- 每个网段只能有一个指定端口；
- 根端口和指定端口都 forwarding，其他端口都 blocking。

1. 选举根桥的方法

根桥=最小桥 ID=优先级+MAC+VLAN ID；

优先级默认是 32 768。

实验拓扑如图 11-6 所示。

图 11-6 选举

- 最小 MAC。

根桥的选举只跟优先级与 MAC 地址有关，优先级相同的情况下，MAC 地址越小越能成为根桥，图中 SW1 和 SW2 是没有进行任何配置的，默认是在 VLAN 1 中进行根桥的选举。使用命令 show spanning tree 查看哪台交换机是根桥。

先分别查看两台交换机 VLAN 1 的 MAC 地址。

```
SW1#show interface vlan 1
Vlan 1 is administratively down, line protocol is down
   Hardware is CPU Interface, address is 0060.3e90.c342 (bia 0060.3e90.c342)
```

```
SW2#show interface vlan 1
Vlan1 is administratively down, line protocol is down
   Hardware is CPU Interface, address is 00e0.b0a4.0dbc (bia 00e0.b0a4.0dbc)
```

MAC 地址越小越优先，SW1 的 MAC 地址小于 SW2 的地址，所以 SW1 顺利成为根桥。
- 手工指定优先级。

在上面的拓扑中，默认未配置会使用最小 MAC 地址的交换机为根桥，我们还可以手工指定优先级。手工指定优先级的范围是 0～61 440，0 为最优先的情况。

```
SW2(config)#spanning-tree vlan 1 priority 24576
```

这里需要注意的是手工指定优先级必须是 4 096 的倍数。命令输入后效果立即就显现，说明根桥是抢占式的。
- 手工指定根桥。

图 11-6 中两台交换机都未进行任何配置，我们可以手工指定哪台交换机是根桥。

```
SW2(config)#spanning-tree vlan 1 root primary
```

在 SW2 上输入这条命令之后发现交换机的优先级变成 24 576（原 32 768），一共减小了 2 倍的 4 096，并且效果立即显现。
- 手工指定备份根桥。

```
SW2(config)#spanning-tree vlan 1 root secondary
```

如果在未配置的交换机上输入这条命令，则它的优先级较小。这里要强调，Bridge ID 越小越优先成为根桥。所以配置了 secondary 的交换机优先级小于其他未配置的交换机，它就一定是根桥。

2. 根端口的选举

根桥的端口不是根端口，根桥的所有端口都是指定端口。
- 从端口到根，路径开销最小的成为根端口。

图 11-7 所示拓扑中，SW1 使用 Gigabit 端口与同样使用 Gigabit 端口的 SW2 相连，很明显它的开销值小于 SW1 与 SW3 的开销值，所以 SW4 会优先选择开销值小的端口为根端口。图中 Fa0/2 是绿色的，琥珀色的 Fa0/1 为 blocking 状态。

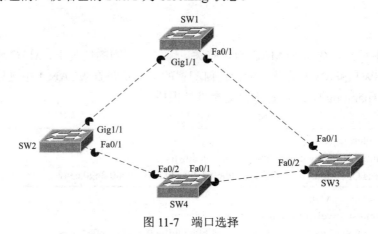

图 11-7 端口选择

表 11-7 链路开销

链路速度	开销值
10 Gb/s	2
1 Gb/s	4
100 Mb/s	19
10 Mb/s	100

如果 SW1 使用的是 1 Gb/s 速率连接 SW2 的 100 Mb/s，那么按照 100 Mb/s 的速率来计算，这种情况可以把这 100 Mb/s 看作瓶颈。

- 如果开销相同，最低的发送方 Birdge ID，就是端口所直连网桥 ID 最小的情况。

图 11-8 中 SW2 的 MAC 地址小于 SW3 的 MAC 地址，所以 SW2 的 Birdge ID 小，优先一些，所以 SW4 选择了连接 Birdge ID 小的交换机的端口为根端口。

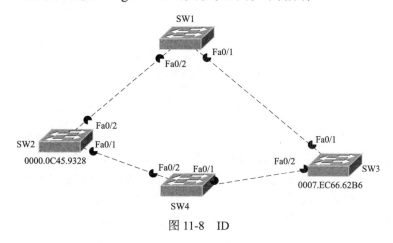

图 11-8 ID

- 如果开销相同，比较发送方 Port ID，最小的端口成为根端口，其中 Port ID 共 16 位，8 位为端口优先级，8 位为端口号，端口优先级默认为 128。

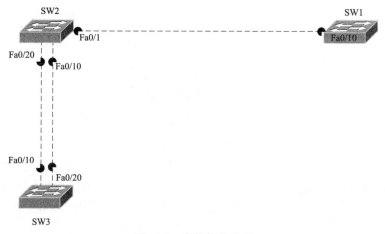

图 11-9 交换机优先级

图 11-9 中 SW1 被指定为根桥，SW3 的两个端口都连接同一台设备，所以这两个端口所指定的发送方的 Bridge ID 是相同的，并且都使用快速以太网作为连接介质，它们的开销都相同。

注意观察图中 SW3 和 SW2 的连接方式，这种情况下选择发送方端口最小的端口为根端口，什么是发送方呢，只有根桥发送 BPDU，当 SW1 把 BPDU 发送给 SW2 时，SW2 再发送给 SW3，这时 SW2 就是发送方，它的最小端口是 Fa0/10，所连接的 SW3 端口是 Fa0/20。

3. 指定端口的选举

在每网段选取唯一一个指定端口，这里的网段指的是一条共享介质。

- 计算所在网段的端口到根的路径成本总开销，到根开销最小的成为指定端口。

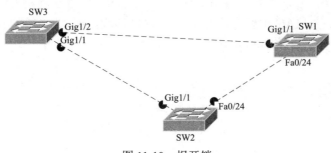

图 11-10　根开销

前面提到过，每一个网段选择一个指定端口，并且选择到达根桥开销最小的端口，所以 SW1 和 SW2 之间的一条链路上 SW1 的 Fa0/24 成为指定端口，因为它在根桥上，所以到达根桥开销最小。再看 SW2 和 SW3 之间，SW3 的 Gig1/1 和 SW2 的 Gig1/1 在同一段网段中，很明显 SW1 的 Gig1/1 口到达根桥开销更小一些，所以当选了指定端口。

- 如果 cost 值相同，由 BID（端口所在交换机的 BID，如图 11-11 所示）小的充当指定端口。

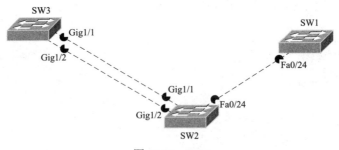

图 11-11　BID

当这种 SW3 的两个端口到达根桥的 cost 值相同时，使用最小的 Bridge ID 来打破僵局，这里的最小 Bridge ID 指的是本地的 Bridge ID，比如 SW3 的 MAC 地址是 00D0.D30E.BD9B，SW2 的 MAC 地址是 000B.BE12.E1E8，明显 SW2 的 Bridge ID 小于 SW3 的，所以它的端口优先选择为指定端口，那些未被选中角色的端口将被 blocking。

11.3.3 生成树的重新计算

在 Switch A 和 Switch C 之间的连线没有断开时，Switch A 的 f0/24、f0/1 端口为指定端口；Switch C 的 f0/1 端口为根端口，f0/2 端口为非指定端口，处于阻塞状态。当 Switch A 和 Switch C 之间的连线断开后，拓扑结构发生改变，生成树重新开始计算，如图 11-12 所示，Switch C 的 f0/2 端口从非指定端口改变为根端口，生成树为 Switch A→Switch B→Switch C。

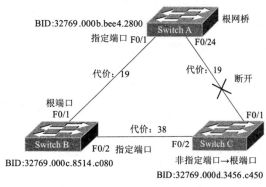

图 11-12 生成树的重新计算

11.3.4 生成树的配置命令汇总

对锐捷的系列交换机 Spanning tree 的缺省配置如下：
- 生成树协议为 MSTP；
- STP 是关闭；
- STP Priority 是 32 768；
- STP port Priority 是 128；
- STP port cost 根据端口速率自动判断；
- Hello Time 2 s；
- Forward-delay Time 15 s；
- Max-age Time 20 s；

可通过 spanning-tree reset 命令让 spanning tree 参数恢复到缺省配置。

（1）启动生成树协议：

Switch(config)# spanning-tree

（2）关闭生成树协议：

Switch(config)# no spanning-tree

（3）配置生成树协议的类型：

Switch(config)# spanning-tree mode stp/rstp/mstp

锐捷系列交换机默认使用 MSTP 协议。

（4）配置交换机优先级：

Switch(config)# Spanning-tree priority <0-61440>

必须是 4 096 的倍数，共 16 个，缺省为 32768。

（5）优先级恢复到缺省值：

Switch(config)# no spanning-tree priority

（6）配置交换机端口的优先级：

Switch(config)# interface *interface-type interface-number*
Switch(config-if)# spanning-tree port-priority *number*

（7）恢复参数到缺省配置：

Switch(config)# spanning-tree reset

（8）显示生成树状态：
Switch# show spanning-tree

（9）显示端口生成树协议的状态：
Switch# show spanning-tree interface fastethernet <0-2/1-24>

11.4 PVST

PVST 可以看成是在每个 VLAN 上运行 STP 协议。下面用实例了解 PVST 的运行情况。

【网络拓扑】

网络拓扑如图 11-13 所示。

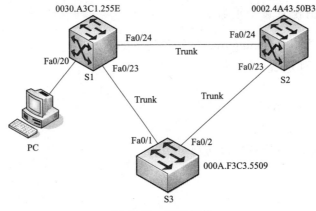

图 11-13 网络拓扑

【实验环境】

（1）分别在 S1、S2、S3 上创建 VLAN 2，使每台交换机上都有两个 VLAN；

（2）S1、S2 为三层交换机，S2 为二层交换机，三台交换机之间的连接都是 Trunk 链路，其接口如图 11-13 所示。

（3）每台交换机的 MAC 地址如图 11-13 所示。

【实验目的】

（1）理解 STP 的工作原理；

（2）掌握 STP 树的控制；

（3）利用 PVST 进行负载平衡。

【实验配置】

省略 VLAN、接口、Trunk 的配置。

（1）在 S1、S2、S3 上分别显示生成树协议。

```
S1#show spanning-tree
VLAN0001    /*显示 VLAN 1 的 STP 参数
  Spanning tree enabled protocol ieee
  Root ID    Priority    2769
             Address     0002.4A43.50B3
```

```
        Cost          19
        Port          24(FastEthernet0/24)
        Hello Time    2 sec  Max Age 20 sec  Forward Delay 15 sec
```
/* 以上说明 VLAN1 的根桥的 MAC 地址为 0002.4A43.50B3，即 S2
```
  Bridge ID  Priority   32769  (priority 32768 sys-id-ext 1)
             Address    0030.A3C1.255E
             Hello Time  2 sec  Max Age 20 sec  Forward Delay 15 sec
             Aging Time  20
```
/* 以上说明在 VLAN 1 中 S1 的 Bridge ID 情况
```
Interface       Role     Sts Cost     Prio.Nbr    Type
--------------- ----     --- ------   --------    ----
Fa0/20          Desg     FWD 19        128.20     P2p
Fa0/23          Altn     BLK 19        128.23     P2p
Fa0/24          Root     FWD 19        128.24     P2p
```
/* 以上说明在 VLAN 1 中 S1 与生成树相关的接口状态，Fa0/23 阻塞
```
VLAN0002  /*显示 VLAN 2 的 STP 参数
  Spanning tree enabled protocol ieee
  Root ID    Priority    32770
             Address     0002.4A43.50B3
             Cost        19
             Port        24(FastEthernet0/24)
             Hello Time  2 sec  Max Age 20 sec  Forward Delay 15 sec
```
/* 以上说明 VLAN 2 的根桥的 MAC 地址为 0002.4A43.50B3，即 S2
```
  Bridge ID  Priority    32770  (priority 32768 sys-id-ext 2)
             Address     0030.A3C1.255E
             Hello Time  2 sec  Max Age 20 sec  Forward Delay 15 sec
             Aging Time  20
```
/* 以上说明在 VLAN 2 中 S1 的 Bridge ID 情况
```
Interface       Role     Sts    Cost     Prio.Nbr    Type
--------------- ----     ---    ------   --------    ----
Fa0/23          Altn     BLK    19        128.23     P2p
Fa0/24          Root     FWD    19        128.24     P2p
```
/* 以上说明在 VLAN 2 中 S1 与生成树相关的接口状态，Fa0/23 阻塞

其余两个略。

结合图 11-13 中的 MAC 地址可以看出，VLAN 1 和 VLAN 2 中，根桥 Root ID 都是 S2（MAC 地址为 0002.4A43.50B3），在 VLAN 1 中，S1 的两个口 Fa0/20、Fa0/24 均处于转发状态，Fa0/23 阻塞。在 VLAN 2 中 Fa0/24 均处于转发状态，Fa0/23 阻塞。Fa0/20 仅属于 VLAN 1。

在 VLAN 1 和 VLAN 2 中，S1–S3 之间的链路因 Fa0/23 BLK 而阻塞，树根为 S2，树枝 S2–S1、S2–S3 两链路转发数据。

由于 VLAN 1 中，各交换机的 Priority 都为 32 769，VLAN 2 中，各交换机的 Priority 都为 32 770，所以根桥是 MAC 地址最小的 S2（0002.4A43.50B3 ＞ 0030.A3C1.255E ＞ 000A.F3C3.5509）。

（2）为减小 S2 的压力，做到负载均衡，使 VLAN 1 以 S1 为根桥，VLAN 2 以 S2 为根桥。这可通过改变交换机的优先级别来实现。

```
S1(config)#spanning-tree vlan 1 priority 4096
S2(config)#spanning-tree vlan 2 priority 4096
S1#show spanning-tree
VLAN0001
  Spanning tree enabled protocol ieee
  Root ID      Priority       4097
               Address        0030.A3C1.255E
               This bridge    is the root
               Hello Time     2 sec  Max Age 20 sec  Forward Delay 15 sec

  Bridge ID    Priority       4097  (priority 4096 sys-id-ext 1)
               Address        0030.A3C1.255E
               Hello Time     2 sec  Max Age 20 sec  Forward Delay 15 sec
               Aging Time     20


Interface        Role   Sts Cost       Prio.Nbr Type
---------------- ----   --- ------     -------- ----
Fa0/20           Desg   FWD    19       128.20   P2p
Fa0/23           Desg   FWD    19       128.23   P2p
Fa0/24           Desg   FWD    19       128.24   P2p


VLAN0002
  Spanning tree enabled protocol ieee
  Root ID      Priority    4098
               Address     0002.4A43.50B3
               Cost        19
               Port        24(FastEthernet0/24)
               Hello Time  2 sec  Max Age 20 sec  Forward Delay 15 sec

  Bridge ID  Priority    32770  (priority 32768 sys-id-ext 2)
             Address     0030.A3C1.255E
             Hello Time  2 sec  Max Age 20 sec  Forward Delay 15 sec
             Aging Time  20
```

```
Interface        Role       Sts      Cost      Prio.Nbr  Type
----------------  ----      ---      ------    --------  ----
Fa0/23           Altn       BLK      19        128.23    P2p
Fa0/24           Root       FWD      19        128.24    P2p
```

由上可以看出，VLAN 1 中，S1 为根桥，S1 的三个口 Fa0/20、Fa0/23、Fa0/24 均处于转发状态，树枝 S2-S3 阻塞，S1-S2、S1-S3 转发。在 VLAN 2 中 S2 为根桥，S1 的 Fa0/23 阻塞，Fa0/24 处于转发状态，树枝 S1-S3 阻塞，S2-S1、S2-S3 转发，从而达到负载均衡。

11.5 快速生成树协议

生成树协议 IEEE 802.1d 作为一种纯二层协议，通过在交换网络中建立一个最佳的树型拓扑结构，在冗余的基础上避免了环路。由于它收敛慢，且浪费了冗余链路的带宽，所以其在实际应用中并不多见。作为 STP 的升级版本，IEEE 802.1w RSTP（Rapid Spannning Tree Protocol）快速生成树协议解决了收敛慢的问题，使得收敛速度最快在 1 s 以内，但是仍然不能有效利用冗余链路做负载均衡（总是要阻塞一条冗余链路）。

IEEE 802.1w RSTP 除了从 IEEE 802.1d 沿袭下来的根端口、指定端口外，还定义了两种新的端口：备份端口和替代端口。

备份端口：是指定端口的备份口，当一个交换机有两个端口都连接在一个 LAN 上，那么高优先级的端口为指定端口，低优先级的端口为备份端口。

替代端口：根端口的替换口，一旦根端口失效，该口就立刻变为根端口。它提供了替代当前根端口所提供路径、到根网桥的路径。

这些 RSTP 中的新端口实现了在根端口故障时，替代端口到转发端口的快速转换。

与 IEEE 802.1d STP 不同的是，IEEE 802.1w RSTP 只定义了 3 种状态：放弃、学习和转发。

实际上，直接连接 PC 的交换机端口不需要阻塞和侦听状态，而 PC 往往因为交换机的阻塞和侦听时间而不能正常工作，如自动获取 IP 地址的 DHCP 客户机，一旦启动，就要发出 DHCP 请求，而此请求可能会在交换机 50 s 的延时时间内超时；同时，微软的客户机在向域服务器请求登录时也会因为交换机 50 s 的延时时间而宣告登录失败。直接与终端相连的交换机端口称为边缘端口，将其设置为快速端口。快速端口当交换机加电启动或有一台终端 PC 接入时，将会直接进入转达发状态，而不必经历阻塞、侦听状态。

根或指定端口在拓扑结构中发挥着积极作用，而替代或备份端口不参与主动拓扑结构，因此在收敛了的稳定网络中，根和指定端口处于转发状态，替代和备份端口则处于放弃状态。

综上所述，快速生成树协议对生成树协议主要做了以下几点改进：

改进 1：更加优化的 BPDU 结构。

改进 2：在接入层交换机（非根交换机）中，为根端口和指定端口设置了快速切换用的替换端口和备份端口两种端口角色，当根端口、指定端口失效时，替换端口、备份端口就会无时延地进入转发状态。

改进 3：自动监测链路状态，对应点到点链路为全双工，共享式为半双工。

改进 4：在只连接了两个交换端口的点到点链路中（全双工），指定端口只需与下游网桥进行一次握手就可以无时延地进入转发状态。

改进 5：直接与终端相连而不是与其他网桥相连的端口为边缘端口（Edge Port）。边缘端口可以直接进入转发状态，不需要任何延时。边缘端口必须是 Access 端口，在交换机的生成树配置中，必须人工设置。

RSTP 的工作过程：

当交换机从邻居交换机收到一个劣等 BPDU（宣称自己是根交换机的 BPDU），意味着原有链路发生了故障。则此交换机通过其他可用链路向根交换机发送根链路查询 BPDU，此时如果根交换机还可达，根交换机就会向网络中的交换机宣告自己的存在。使首先接收到劣等 BPDU 的端口很快就转变为转发状态，之间省略了 max age 阻塞时间。

RSTP 和 STP 都属于单生成树 SST（Single Spanning Tree）协议，同样有一些局限性：

（1）整个交换网络只有一棵生成树，当网络规模较大时，收敛时间较长，拓扑改变的影响面也较大。

（2）在网络结构不对称的情况下，单生成树就会影响网络的连通性。

（3）当链路被阻塞后将不承载任何流量，造成了冗余链路带宽的浪费，对环状城域网更为明显。

11.6 MSTP 多实例生成树协议

11.6.1 MSTP 快速生成树协议综述

生成树协议 STP、快速生成树协议 RSTP 都是基于端口的，生成树协议 STP 不仅收敛慢，同时也不能有效地利用冗余链路；快速生成树协议 RSTP 收敛快，但仍浪费了冗余链路的带宽。IEEE 802.1s MSTP 是多实例生成树协议，它是基于 VLAN 的，不仅继承了快速生成树协议 RSTP 收敛快的优点，而且有效地利用了冗余链路的带宽，因此在实际工程应用中，大多选用 IEEE 802.1s MSTP 多实例生成树技术。

MSTP 把多个具有相同拓扑结构的 VLAN 映射到一个实例（Instance）里，这些 VLAN 在端口上的转发状态取决于对应实例在 MSTP 里的状态。一个实例就是一个生成树进程，在同一网络中有很多实例，就有很多生成树进程。利用干道（Trunks）可建立多个生成树（MST），每个生成树进程具有独立于其他进程的拓扑结构，从而提供了多个数据转发的路径和负载均衡，提高了网络容错能力，也不会因为一个进程（转发路径）的故障影响到其他进程（转发路径）。MSTP 能够使用实例关联 VLAN 的方式来实现多链路负载分担。

图 11-14 描述了 MSTP 的实现过程。

（1）三台交换机上都有 VLAN 10 和 VLAN 20，在三台交换机上全部启用 MSTP（锐捷的交换机缺省时启用的是 MSTP）。建立 VLAN 10 到 Instance 10 和 VLAN 20 到 Instance 20 的映射，从而把原来的一个物理拓扑，通过 Instance 到 VLAN 的映射关系在逻辑上划分成两个逻辑拓扑，分别对应 Instance 10 和 Instance 20。

（2）改变 S3550-1 在 VLAN 10 中的桥优先级为 4 096，保证其在 VLAN 10 的逻辑拓扑中被选举为根桥。同时调整 S3550-1 在 VLAN 20 中的桥优先级为 8 192，保证其在 VLAN 20 的逻辑拓扑中的备用根桥位置。

（3）同理，保证 S3550-2 在 VLAN 20 中成为根桥，在 VLAN 10 中成为备用根桥。

（4）其效果是，Instance 10、Instance 20 分别对应一个生成树进程，共有两个生成树进程存在，它们独立地工作，在 Instance 10 的逻辑拓扑中 S2126G 到 S3550-2 的链路被阻塞，在 Instance 20 的逻辑拓扑中 S2126G 到 S3550-1 的链路被阻塞，它们各自使用自己的链路，从而使整个网络中的冗余链路被充分利用。

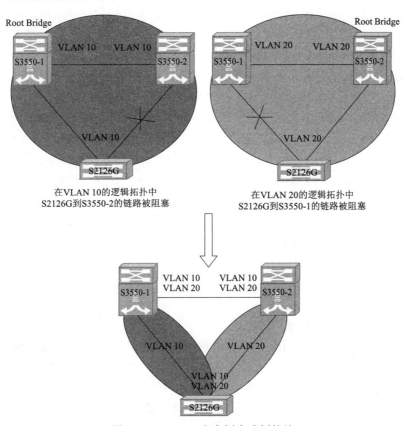

图 11-14　MSTP 多实例生成树协议

11.6.2　MSTP 的配置

（1）对 S2126G 进行配置（主要步骤）。

在 S2126G 中，创建 VLAN 10、VLAN 20（步骤略）。

```
S2126G (config)# spanning-tree mode mst              /*选择生成树模式为MST*/
S2126G (config)# spanning-tree mst configuration     /*进入MST配置模式*/
S2126G (config-mst)# instance 10 vlan 10             /*将VLAN 10映射到Instance 10*/
S2126G (config-mst)# instance 20 vlan 20             /*将VLAN 20映射到Instance 20*/
S2126G (config)# spanning-tree                       /*开启生成树*/
```

（2）对 S3550-1 进行配置（主要步骤）。

在 S3550-1 中，创建 VLAN 10、VLAN 20（步骤略）。

```
S3550-1(config)# spanning-tree mode mst              /*选择生成树模式为MST*/
```

```
S3550-1(config)# spanning-tree mst configuration   /*进入MST配置模式*/
S3550-1(config-mst)# instance 10 vlan 10           /*将VLAN 10映射到Instance 10*/
S3550-1(config-mst)# instance 20 vlan 20           /*将VLAN 20映射到Instance 20*/
S3550-1(config)# spanning-tree mst 10 priority 4096   /*将S3550-1设置为Instance 10的根桥*/
S3550-1(config)# spanning-tree mst 20 priority 8192   /*将S3550-1设置为Instance 20的备用根桥*/
S3550-1(config)# spanning-tree                     /*开启生成树*/
```

（3）对S3550-2进行配置（主要步骤）。

在S3550-2中，创建VLAN 10、VLAN 20（步骤略）。

```
S3550-2(config)# spanning-tree mode mst            /*选择生成树模式为MST*/
S3550-2 (config)# spanning-tree mst configuration  /*进入MST配置模式*/
S3550-2 (config-mst)# instance 10 vlan 10 /*将VLAN 10映射到Instance 10*/
S3550-2 (config-mst)# instance 20 vlan 20 /*将VLAN 20映射到Instance 20*/
S3550-2 (config)# spanning-tree mst 20 priority 4096   /*将S3550-2设置为Instance 20的根桥*/
S3550-2 (config)# spanning-tree mst 10 priority 8192   /*将S3550-2设置为Instance 10的备用根桥*/
S3550-2 (config)# spanning-tree                    /*开启生成树*/
```

（4）配置注意点。

① 一定要选择Spanning-tree的模式。

② 要使各个交换机的Instance映射关系保持一致，否则将导致交换机间的链路被错误阻塞。

③ 在配置完S3550-1在Instance 10中的根桥优先级后，还要将其设置成另一个实例Instance 20的备用根桥。否则当Instance 20的主要链路失效后，可能导致S2126G被选举为根桥，使得VLAN 20的所有流量都必须经过S2126G这个接入层交换机，导致S2126G因负荷太重而当机。

④ 必须在配置完MST的参数后再打开生成树协议，否则可能出现MST工作异常。

⑤ 所有没有指定到Instance关联的VLAN都被归纳到Instance 0，在实际工程中需要注意Instance 0 的根桥指定。

11.7 DHCP中继的配置

DHCP Relay（DHCPR）即DHCP中继，也叫作DHCP中继代理。如果DHCP客户机与DHCP服务器在同一个物理网段，则客户机可以正确地获得动态分配的IP地址。如果不在同一个物理网段，则需要DHCP Relay Agent(中继代理)。用DHCP Relay代理可以免去在每个物理的网段都要有DHCP服务器的必要，它可以传递消息到不在同一个物理子网的DHCP服务器，也可以将服务器的消息传回给不在同一个物理子网的DHCP客户机。下面在PT软件里模拟DHCP中继配置的实验，如图11-15所示。

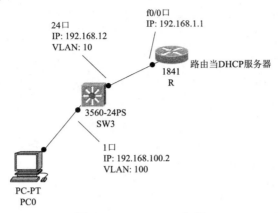

图 11-15　DHCP 中继

- 把路由器当作 DHCP 服务器。

给接口配 IP：

```
Router#conf t
Router(config)#int f0/0
Router(config-if)#ip address 192.168.1.1 255.255.255.0
Router(config-if)#no shutdown
Router(config-if)#exit
```

- 创建 DHCP 地址池。

先打开 DHCP 服务：

```
Router(config)#ip dhcp enable
```

定义 DHCP 地址池名称如：a。

```
Router#conf t
Router(config)#ip dhcp pool a
Router(dhcp-config)#
```

- 配置 DHCP 地址池属性，如：地址池，网关，租约，DNS 等。

```
Router(config)#ip dhcp pool a
Router(dhcp-config)#network 192.168.100.0 255.255.255.0
Router(dhcp-config)#default-router 192.168.100.1
Router(dhcp-config)#range 192.168.100.1 192.168.100.254
Router(dhcp-config)#exit
```

- 三层交换机的配置：

首先创建 2 个 VLAN：

```
Switch(config)#vlan 10
Switch(config-vlan)#exit
Switch(config)#vlan 100
Switch(config-vlan)#exit
```

A：端口 24 加入 VLAN 10，端口 1 加入 VLAN 100。B：分别对 2 个 VLAN 配置 IP。

```
A：Switch(config)#int f0/24
```

```
Switch(config-if)#switchport access vlan 10
Switch(config-if)#exit
Switch(config)#int f0/1
Switch(config-if)#switchport access vlan 100
Switch(config-if)#exit
B: Switch(config)#int vlan 10
Switch(config-if)#ip address 192.168.1.2 255.255.255.0
Switch(config-if)#no shutdown
Switch(config-if)#exit
Switch(config)#int vlan 100
Switch(config-if)#ip address 192.168.100.2 255.255.255.0
Switch(config-if)#no shutdown
Switch(config-if)#exit
```

- 在交换机上配置 DHCP 中继：

```
Switch(config)#service dhcp
Switch(config)#ip forward-protocol udp 67
Switch(config)#int vlan 10
Switch(config-if)#ip hello-interval 192.168.1.1
Switch(config-if)#exit
Switch(config)#int vlan 100
Switch(config-if)#ip hello-interval 192.168.1.1
Switch(config-if)#exit
```

分别在交换机和路由器上配置 OSPF 路由协议（静态路由协议或其他动态路由均可）。

```
交换机: Switch(config)#router ospf 1
Switch(config-router)#network 192.168.1.0 255.255.255.0 area 0
Switch(config-router)#network 192.168.100.0 255.255.255.0 area 0
路由器: Router(config)#router ospf 1
Router(config-router)#network 192.168.1.1 255.255.255.0 area 0
```

第 12 章
多路由协议的路由重分布

随着网络的迅速发展，网络规模的不断扩大，为了满足不同领域、不同地域的不同需求，衍生出了多种路由选择协议，其中以 RIP、EIGRP、OSPF 为重点协议，也是在各行业中使用最多的路由选择协议，但是随着 20 世纪 80 年代到 90 年代网络的迅速发展，单一的局域网已经远远不能满足需求，不同的行业、不同的工作平台需要有相互通信的能力，这就对不同的路由协议之间实现通信提出来要求，由此产生路由重新分布这一技术，但是此技术在实现的过程中会由于不同路由选择协议的不同度量方式以及不同的管理距离等问题而产生诸如路由环路和次优路由这样的问题，因此在重分布的实现过程中，除了要保证全网路由器包含全网所有路由之外，还要保证每台路由器上的所有路由都不会产生环路并且都是最优路径。

12.1 路由重分布

在整个 IP 网络中，如果从配置管理和故障管理的角度看，我们更愿意运行一种路由选择协议，而不是多种路由选择协议。然后，现代的网络又常常迫使我们接受多协议 IP 路由共存这一现实。当多种路由选择协议"被拼凑"在一起时，使用重分配是很有必要的，而且重分配也是一个严谨网络设计的一部分。

多厂商环境是需要重新分配路由的另一个因素。例如，一个运行 Cisco EIGRP 的网络可能会与使用另一个厂商路由器的网络合并，而这种路由器仅支持 RIP 和 OSPF。如果不进行重分配，那么 Cisco 路由器需要使用一种公开协议重新配置或者使用 Cisco 路由器代替非 Cisco 路由器。

定义：重分布是指连接到不同路由选择域的边界路由器在不同自主系统之间交换和通告路由选择信息的能力。

（1）在整个 IP 网络中，如果从配置管理和故障管理的角度看，我们通常更愿意运行一种路由选择协议，而不是多种路由选择协议。然而，现代的网络常常迫使我们接受多协议 IP 路由选择域这一事实。当部门、分公司乃至整个公司合并时，必须统一它们原来的自主网络。

（2）在大部分案例中，将要被合并的网络在实现和发展上都不相同，它们满足不同的需求，是不同设计理念的产物。这种差异性使得向单一路由选择协议的迁移成为一项复杂的任务。因此，在某些案例中，公司的策略可能会强制使用多种路由选择协议，而在少数场合还会出现因网络管理员不能很好地协同工作而采用多种路由选择协议。

（3）而进行路由重新分配的另外一个因素是由多厂商环境引起的，例如：一个运行 Cisco EIGRP 的网络可能会与使用另一个厂商路由器的网络合并，这台路由器仅仅支持 RIP 和 OSPF，此时如果不进行路由重分布，那么 Cisco 路由器需要使用一种开放的协议重新配置或者使用非 Cisco 路由器代替 Cisco 路由器。

（4）在拨号环境中，如果单纯使用动态的路由协议，其周期性的管理流量会导致拨号线路始终保持接通状态。此时，通过阻止路由更新和 hello 信息通过线路，并且在局端配置静态路由，管理员可以确保线路只有在有用户流量时才接通，而向动态路由选择协议重新分配静态路由，可以使拨号线路两边的所有路由器知道链路对方的所有网络。

简单来说，比如 RouterA 和 RouterB 配两个不同的动态路由协议，它们之间是没有 LSA 的，要想在 Router 上有对方的 LSA 就要做重分布。一般来说，一个组织或者一个跨国公司很少只使用一个路由协议，而如果一个公司同时运行了多个路由协议，或者一个公司和另外一个公司合并的时候两个公司用的路由协议并不一样，这时必须重发布来将一个路由协议的信息发布到另外的一个路由协议里面去。重发布只能在针对同一种第三层协议的路由选择进程之间进行，也就是说，OSPF，RIP，IGRP 等之间可以重发布，因为它们都属于 TCP/IP 协议栈的协议。

12.2　路由重分布原则

进行路由重分布的前提是路由必须位于路由表中；IP 路由选择协议的能力相差是非常大的，对于重新分配影响最大的协议特性是度量和管理距离的差异性，在重新分布时如果忽略了这些差异性，最好的情况是出现某些或者全部路由交换失败，最坏情况是产生路由环路和黑洞。

（1）度量。RIPv2 的度量参数是跳数（hop），EIGRP 的度量参数是带宽和时延的复合度量 FD，OSPF 的度量参数是开销值 COST；因此各种路由协议之间的度量标准不同，在执行重分布时必须为重新分配的路由指定度量值。

（2）管理距离（AD）。管理距离是比较不同路由协议选择次序的参考值，如果路由器正在运行多种路由选择协议，并且从每个协议学习到一条到达目标网络的相同路由，而每种路由协议有自己的度量方案定义最优路径，此时，需要用到管理距离（AD）来进行选择，其可被认为是一个可信度测量，AD 越小，协议的可信度越高。

12.3　路由重分布问题及解决方法

路由重分布最容易形成路由环路，为了避免此问题，往往采取某些工具和策略进行避免，如修改管理距离、路由过滤、路由图。

管理距离是一种路由协议的路由可信度，每一种路由协议按照可靠性从高到低，依次分配一个信任等级，这个信任等级叫作管理距离，对于两种不同的路由协议到一个目的地的路由信息，路由器首先根据管理距离决定相信哪一个协议，Cisco 各个协议默认管理距离为 EIGRP90、OSPF110、RIP 120，但是这些管理距离都可以根据策略来调整。

路由过滤和路由图（route-map）是在重分布的过程中为了防止路由环路或者路由黑洞的产生，利用此工具进行路由条目的流量抓取并采取相应的拒绝或者允许操作。

路由重分布应该考虑到如下一些问题：

（1）路由环路：路由器有可能将从一个自治系统学到的路由信息发送回该自治系统，特别是在做双向重分布的时候，一定要注意。

（2）路由信息的兼容问题：每一种路由协议的度量标准不同，所以路由器通过重分布所选择的路径可能并非最佳路径。

（3）不一致的收敛时间：因为不同的路由协议收敛的时间不同。

路由重分布时计量单位和管理距离是必须要考虑的。每一种路由协议都有自己度量标准，所以在进行重分布时必须转换度量标准，使得它们兼容。种子度量值（seed metric）是定义在路由重分布里的，它是一条从外部重分布进来的路由的初始度量值。路由协议默认的种子度量值如表12-1所示。

表 12-1 路由协议默认的种子度量值

路由协议	默认种子度量	解 释
RIP	无限大	当 RIP 路由被重分布到其他路由协议中时，其度量值默认为 16，因而需要为其指定一个度量值
EIGRP	无限大	当 EIGRP 路由被重分布到其他路由协议中时，其度量值默认为 225，因而需要为其指定一个度量值
OSPF	BGP 为 1，其他 20	当 OSPF 路由被重分布到 BGP（边界网关路由协议）时，其度量值为 1；被重分布到其他路由协议中时，其度量值默认为 20。可根据需要为其指定一个度量值
IS-IS	0	当 IS-IS 路由被重分布到其他路由协议中时，其度量值默认为 0
BGP	IGP 的度量值	当 BGP 路由被重分布到其他路由协议中时，其度量值根据内部网关的度量值而定

12.4 路由重分布的配置

重分布的命令格式如下：
```
Router(config-router)# redistribute protocol [protocol-id] { level-1 |
level-2 | level-1-2 } {metric metric-value} {metric-type type-value} {match
( internal | external 1 | external 2 ) } {tag Tag-value} {route-map map-tag} {weight
weight } {subnets}
```
使用 distance 命令改变可信路由：
```
distance weight [address mask [access-list-number | name] ] [ip]
```
使用 default-metric 命令修改缺省度量值：
```
default-metric number
```
使用 distribute-list 命令过滤被重分布的路由：

格式1：`distribute-list {access-list-number | name} in [type number]`

格式2：`distribute-list {access-list-number | name} out [interface-name | routing - process | autonomous-system-number]`

12.4.1 RIP 与静态路由重分布的配置

RIP 和静态路由的重分布如图 12-1 所示。

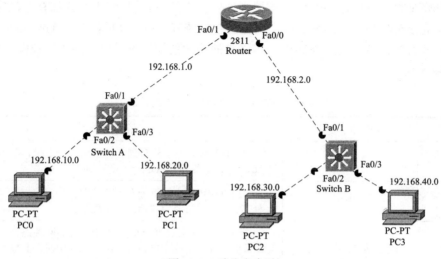

图 12-1 重分布实验

```
switchA(config)#router rip
switchA(config-router)#network 192.168.10.0
switchA(config-router)#network 192.168.20.0
switchA(config-router)#network 192.168.1.0
switchA(config-router)#version 2
switchA(config-router)#no auto-summary
switchA(config-router)#exit
Router(config)#router rip
Router(config-router)#network 192.168.1.0
Router(config-router)#network 192.168.2.0
Router(config-router)#version 2
Router(config-router)#no auto-summary
Router(config-router)#exit
Router(config)#ip route 192.168.30.0 255.255.255.0 192.168.2.1
Router(config)#ip route 192.168.40.0 255.255.255.0 192.168.2.1
Router(config)#end
switchB(config)#ip route 192.168.10.0 255.255.255.0 192.168.2.2
switchB(config)#ip route 192.168.20.0 255.255.255.0 192.168.2.2
switchB(config)#ip route 192.168.1.0 255.255.255.0 192.168.2.2
switchB(config)#end
```

在互连路由器上进行重分布配置，使其两个不同路由协议的网络进行互通。

```
Router(config)#router rip
```

```
Router(config-router)#redistribute static
Subnet//将 RIP 重分布到静态路由当中
Router(config-router)#exit
Router(config)#end
```

此例只是把 RIP 重分布到静态路由，是因为静态路由本身就是一个明确的邻接路由，因为在 Switch B 上已经明确指定了静态路由，所以就没有做相关的重分布配置，而且网络设备也没有提供相应的静态路由重分布的方法。

配置边界路由器传输缺省路由到 RIPv2。记住：为了让其他 RIPv2 的路由器学习到缺省路由，RIPv2 需要配置一条静态缺省路由。

配置好后，三台设备的路由表情况如下：

```
Router:
Router#show ip route

Codes:  C - connected, S - static, R - RIP B - BGP
        O - OSPF, IA - OSPF inter area
        N1 - OSPF NSSA external type 1, N2 - OSPF NSSA external type 2
        E1 - OSPF external type 1, E2 - OSPF external type 2
        i - IS-IS, L1 - IS-IS level-1, L2 - IS-IS level-2, ia - IS-IS inter area

        * - candidate default


Gateway of last resort is no set
C    192.168.1.0/24 is directly connected, FastEthernet 0/0
C    192.168.1.2/32 is local host.
C    192.168.2.0/24 is directly connected, FastEthernet 0/1
C    192.168.2.2/32 is local host.
R    192.168.10.0/24 [120/1] via 192.168.1.1, 00:00:15, FastEthernet 0/0
R    192.168.20.0/24 [120/1] via 192.168.1.1, 00:00:15, FastEthernet 0/0
S    192.168.30.0/24 [1/0] via 192.168.2.1
S    192.168.40.0/24 [1/0] via 192.168.2.1
switchA:
switchA#show ip route

Codes:  C - connected, S - static, R - RIP B - BGP
        O - OSPF, IA - OSPF inter area
        N1 - OSPF NSSA external type 1, N2 - OSPF NSSA external type 2
        E1 - OSPF external type 1, E2 - OSPF external type 2
        i - IS-IS, L1 - IS-IS level-1, L2 - IS-IS level-2, ia - IS-IS inter area
```

```
             * - candidate default


Gateway of last resort is no set
C     192.168.1.0/24 is directly connected, FastEthernet 0/1
C     192.168.1.1/32 is local host.
C     192.168.10.0/24 is directly connected, VLAN 10
C     192.168.10.1/32 is local host.
C     192.168.20.0/24 is directly connected, VLAN 20
C     192.168.20.1/32 is local host.
R     192.168.30.0/24 [120/1] via 192.168.1.2, 00:00:15, FastEthernet 0/0
R     192.168.40.0/24 [120/1] via 192.168.1.2, 00:00:15, FastEthernet 0/0
R     192.168.2.0/24 [120/1] via 192.168.1.2, 00:00:15, FastEthernet 0/0

switchB:
switchB#show ip route

Codes:  C - connected, S - static, R - RIP B - BGP
        O - OSPF, IA - OSPF inter area
        N1 - OSPF NSSA external type 1, N2 - OSPF NSSA external type 2
        E1 - OSPF external type 1, E2 - OSPF external type 2
        i - IS-IS, L1 - IS-IS level-1, L2 - IS-IS level-2, ia - IS-IS inter area

             * - candidate default


Gateway of last resort is no set
C     192.168.2.0/24 is directly connected, FastEthernet 0/1
C     192.168.2.1/32 is local host.
S     192.168.10.0/24 [1/0] via 192.168.2.2
S     192.168.20.0/24 [1/0] via 192.168.2.2
S     192.168.1.0/24 [1/0] via 192.168.2.2
C     192.168.40.0/24 is directly connected, VLAN 20
C     192.168.40.1/32 is local host.
```

根据上述路由表的分析可知 RIP 与 Static 的路由重分布成功。

12.4.2　OSPF 与静态路由的重分布配置

OSPF 和静态路由的重分布依旧如图 12-1 所示。

```
switchA(config)#router ospf 10
switchA(config-router)#network 192.168.10.0 0.0.0.255 area 0
switchA(config-router)#network 192.168.20.0 0.0.0.255 area 0
```

```
switchA(config-router)#network 192.168.1.0 0.0.0.255 area 0
switchA(config-router)#exit
switchA(config)#end
router(config)#router ospf 10
router(config-router)#network 192.168.1.0 0.0.0.255 area 0
router(config-router)#network 192.168.2.0 0.0.0.255 area 0
router(config-router)#exit
router(config)#ip route 192.168.30.0 255.255.255.0 192.168.2.1
router(config)#ip route 192.168.40.0 255.255.255.0 192.168.2.1
router(config)#end
switchB(config)#ip route 192.168.10.0 255.255.255.0 192.168.2.2
switchB(config)#ip route 192.168.20.0 255.255.255.0 192.168.2.2
switchB(config)#ip route 192.168.1.0 255.255.255.0 192.168.2.1
switchB(config)#end
```

在互连路由器上进行重分布配置，使其两个不同路由协议的网络进行互通。

```
Router(config)#router ospf 10
Router(config-router)#redistribute static subnets
```
//将 OSPF 重分布到静态路由
```
Router(config-router)#exit
Router(config)#end
```

此例只是把 OSPF 重分布到静态路由，是因为静态路由本身就是一个明确的邻接路由，因为在 Switch B 上已经明确指定了静态路由，所以就没有做相关的重分布配置，而且网络设备也没有提供相应的静态路由重分布的方法。

配置好后，三台设备的路由表情况如下：

Router:

```
Router#show ip route

Codes: C - connected, S - static, R - RIP B - BGP
       O - OSPF, IA - OSPF inter area
       N1 - OSPF NSSA external type 1, N2 - OSPF NSSA external type 2
       E1 - OSPF external type 1, E2 - OSPF external type 2
       i - IS-IS, L1 - IS-IS level-1, L2 - IS-IS level-2, ia - IS-IS inter area

       * - candidate default


Gateway of last resort is no set
C    192.168.1.0/24 is directly connected, FastEthernet 0/0
C    192.168.1.2/32 is local host.
C    192.168.2.0/24 is directly connected, FastEthernet 0/1
```

```
C    192.168.2.2/32 is local host.
O    192.168.10.0/24 [110/2] via 192.168.1.2, 1d,22:44:08, FastEthernet 0/0
O    192.168.20.0/24 [110/2] via 192.168.1.2, 1d,22:44:08, FastEthernet 0/0
S    192.168.30.0/24 [1/0] via 192.168.2.1
S    192.168.40.0/24 [1/0] via 192.168.2.1
switchA:
switchA#show ip route

Codes:  C - connected, S - static, R - RIP B - BGP
        O - OSPF, IA - OSPF inter area
        N1 - OSPF NSSA external type 1, N2 - OSPF NSSA external type 2
        E1 - OSPF external type 1, E2 - OSPF external type 2
        i - IS-IS, L1 - IS-IS level-1, L2 - IS-IS level-2, ia - IS-IS inter area

        * - candidate default


Gateway of last resort is no set
C    192.168.1.0/24 is directly connected, FastEthernet 0/1
C    192.168.1.1/32 is local host.
C    192.168.10.0/24 is directly connected, VLAN 10
C    192.168.10.1/32 is local host.
C    192.168.20.0/24 is directly connected, VLAN 20
C    192.168.20.1/32 is local host.
O    192.168.30.0/24 [110/2] via 192.168.1.2, 1d,22:44:08, FastEthernet 0/0
O    192.168.40.0/24 [110/2] via 192.168.1.2, 1d,22:44:08, FastEthernet 0/0
O    192.168.2.0/24 [110/2] via 192.168.1.2, 1d,22:44:08, FastEthernet 0/0

switchB:
switchB#show ip route

Codes:  C - connected, S - static, R - RIP B - BGP
        O - OSPF, IA - OSPF inter area
        N1 - OSPF NSSA external type 1, N2 - OSPF NSSA external type 2
        E1 - OSPF external type 1, E2 - OSPF external type 2
        i - IS-IS, L1 - IS-IS level-1, L2 - IS-IS level-2, ia - IS-IS inter area

        * - candidate default


Gateway of last resort is no set
```

```
C    192.168.2.0/24 is directly connected, FastEthernet 0/1
C    192.168.2.1/32 is local host.
S    192.168.10.0/24 [1/0] via 192.168.2.2
S    192.168.20.0/24 [1/0] via 192.168.2.2
S    192.168.1.0/24 [1/0] via 192.168.2.2
C    192.168.40.0/24 is directly connected, VLAN 20
C    192.168.40.1/32 is local host.
```
根据上述的路由表的分析可知，OSPF 与 Static 的路由重分布成功。

12.4.3 路由重分布列表控制例子

OSPF 与 RIP 路由重分布配置，使用重分布列表，对分布的路由进行控制的配置，如图 12-1 所示。

```
switchA(config)#router rip
switchA(config-router)#network 192.168.10.0
switchA(config-router)#network 192.168.20.0
switchA(config-router)#network 192.168.1.0
switchA(config-router)#version 2
switchA(config-router)#no auto-summary
switchA(config-router)#exit
switchA(config)#end

router(config)#router rip
router(config-router)#network 192.168.1.0
router(config-router)#network 192.168.2.0
router(config-router)#version 2
router(config-router)#no auto-summary
router(config-router)#redistribute ospf metric 2//设置路由重分布,将 RIP 重分布到 OSPF 中
router(config-router)#exit

router(config)#router ospf 10
router(config-router)#network 192.168.1.0 0.0.0.255 area 0
router(config-router)#network 192.168.2.0 0.0.0.255 area 0
router(config-router)#redistriblute rip subnets//设置路由重分布,将 OSPF 重分布到 RIP 中
router(config-router)#exit
router(config)#end

switchB(config)#router ospf 10
```

```
switchB(config-router)#network 192.168.30.0 0.0.0.255 area 0
switchB(config-router)#network 192.168.40.0 0.0.0.255 area 0
switchB(config-router)#network 192.168.2.0  0.0.0.255 area 0
switchB(config-router)#exit
```

根据上述路由表的分析可知，RIP 与 OSPF 的路由重分布成功。

配置重分布列表：可以得知，当没有配置重分布列表时，用户是无法控制重分布路由的条数，下面配置重分布列表，看一看有什么变化。

```
Router(config)#access-list 10 permit 192.168.10.0 0.0.0.255
Router(config)#router rip
Router(config)#distribute-list 10 out ospf  //配置重分布任务列表 10 当中的允许匹配源路由的路由重分布到 OSPF 当中
```

12.4.4 OSPF、EIGRP、RIP、静态路由的重分布综合试验

如图 12-2 所示，R1、R2、R3、R4、R5、R6 两两直连在一起，运行静态和动态路由协议。现要在它们之间实现路由重分布。

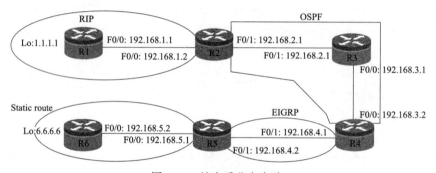

图 12-2 综合重分布实验

R2 的核心配置：
```
interface FastEthernet0/0
ip address 192.168.1.2 255.255.255.0
duplex auto
speed auto
!
interface FastEthernet0/1
ip address 192.168.2.1 255.255.255.0
duplex auto
speed auto
!
router ospf 100
log-adjacency-changes
redistribute rip subnets
```

```
network 192.168.2.0 0.0.0.255 area 0
!
router rip
redistribute ospf 100
network 192.168.1.0
default-metric 2
```
R4 的核心配置：
```
interface FastEthernet0/0
ip address 192.168.3.2 255.255.255.0
duplex auto
speed auto
!
interface FastEthernet0/1
ip address 192.168.4.1 255.255.255.0
duplex auto
speed auto
!
router eigrp 100
redistribute ospf 100
network 192.168.4.0
default-metric 1000 10 1 255 1500
auto-summary
!
router ospf 100
log-adjacency-changes
redistribute eigrp 100 subnets
network 192.168.3.0 0.0.0.255 area 0
default-metric 64
```
R5 的核心配置：
```
interface FastEthernet0/0
ip address 192.168.5.1 255.255.255.0

interface FastEthernet0/1
ip address 192.168.4.2 255.255.255.0

router eigrp 100
network 6.6.6.6 0.0.0.0
network 192.168.4.0
network 192.168.5.0
```

```
auto-summary
!
router ospf 100
log-adjacency-changes
no auto-cost
!
ip classless
ip route 6.6.6.6 255.255.255.255 FastEthernet0/0
```

R2 的路由表：

```
R    1.0.0.0/8 [120/1] via 192.168.1.1, 00:00:26, FastEthernet0/0
     6.0.0.0/32 is subnetted, 1 subnets
O E2    6.6.6.6 [110/64] via 192.168.2.2, 00:10:28, FastEthernet0/1
O E2 192.168.4.0/24 [110/64] via 192.168.2.2, 00:36:14, FastEthernet0/1
O E2 192.168.5.0/24 [110/64] via 192.168.2.2, 00:09:24, FastEthernet0/1
C    192.168.1.0/24 is directly connected, FastEthernet0/0
C    192.168.2.0/24 is directly connected, FastEthernet0/1
O    192.168.3.0/24 [110/2] via 192.168.2.2, 00:37:01, FastEthernet0/1
```

R4 的路由表：

```
O E2 1.0.0.0/8 [110/20] via 192.168.3.1, 00:37:36, FastEthernet0/0
     6.0.0.0/32 is subnetted, 1 subnets
D       6.6.6.6 [90/30720] via 192.168.4.2, 00:11:03, FastEthernet0/1
C    192.168.4.0/24 is directly connected, FastEthernet0/1
D    192.168.5.0/24 [90/30720] via 192.168.4.2, 00:09:59, FastEthernet0/1
O E2 192.168.1.0/24 [110/20] via 192.168.3.1, 00:37:36, FastEthernet0/0
O    192.168.2.0/24 [110/2] via 192.168.3.1, 00:37:36, FastEthernet0/0
C    192.168.3.0/24 is directly connected, FastEthernet0/0
```

R5 的路由表：

```
D EX 1.0.0.0/8 [170/2565120] via 192.168.4.1, 00:36:35, FastEthernet0/1
     6.0.0.0/32 is subnetted, 1 subnets
S       6.6.6.6 is directly connected, FastEthernet0/0
C    192.168.4.0/24 is directly connected, FastEthernet0/1
C    192.168.5.0/24 is directly connected, FastEthernet0/0
D EX 192.168.1.0/24 [170/2565120] via 192.168.4.1, 00:36:35, FastEthernet0/1
D EX 192.168.2.0/24 [170/2565120] via 192.168.4.1, 00:36:35, FastEthernet0/1
D EX 192.168.3.0/24 [170/2565120] via 192.168.4.1, 00:36:35, FastEthernet0/1
```

第 13 章

无线局域网

随着计算机技术、网络技术和通信技术的飞速发展，人们对网络通信的需求不断提高，希望不论在何时、何地，和何人均能够进行包括数据、话音、图像等所有内容的通信，并希望能实现主机在网络中的自动漫游。在这样的情况下无线网络就应运而生，它是对有线网络的扩展，是新一代的网络。凡是采用无线传输介质的计算机网络都可称为无线网，目前无线网多指传输速率高于 1 Mb/s 的无线计算机网络。

无线网络有很多种，包括无线个人网（WPAN）、无线局域网（WLAN）、无线网桥、无线城域网（WMAN）和无线广域网（WWAN）。本章主要研究的是无线局域网，它是目前应用最为广泛的一种。

13.1 无线局域网概述

无线局域网（Wireless LAN，简称 WLAN）是计算机网络与无线通信技术相结合的产物。它利用射频（RF）技术，取代旧式的双绞线构成局域网络，提供传统有线局域网的所有功能。无线网络所需的基础设施不需再埋在地下或隐藏在墙里，并且可以随需移动或变化。它包含两层含义，即"无线"和"局域网"。无线是指该类局域网的通信传输介质采用无线电波或红外线来进行信息传递，利用微波取代传统局域网的有线电缆或光缆，使无线局域网的组建更加简洁、灵活、方便、快速和易于安装，支持移动办公。

13.1.1 无线局域网简介

无线局域网，一般用于宽带家庭、大楼内部以及园区内部，典型距离覆盖几十米至几百米，目前采用的技术主要是 802.11a/b/g 系列。无线局域网利用无线技术在空中传输数据、话音和视频信号，作为传统布线网络的一种替代方案或延伸。

通常计算机组网的传输媒介主要依赖铜缆或光缆，构成有线局域网。但有线网络在某些场合要受到布线的限制：布线、改线工程量大；线路容易损坏；网中的各节点不可移动。特别是当要把相离较远的节点连接起来时，敷设专用通信线路的布线施工难度大、费用高、耗时长，对正在迅速扩大的连网需求形成了严重的瓶颈阻塞。无线局域网就是为解决有线网络以上问题而出现的。它的出现使得原来有线网络所遇到的问题迎刃而解，只要在有线网络的基础上通过无线接入点、无线网桥、无线网卡等无线设备使无线通信得以实现，它可以使用户任意对有线网络进行扩展和延伸。在不进行传统布线的同时，提供有线局域网的所有功能，并能够随着用户的需要随意地更改扩展网络，实现移动应用。

1. 为什么需要无线局域网

对于局域网络管理主要工作之一——铺设电缆或是检查电缆是否断线这种耗时的工作，很容易令人烦躁，也不容易在短时间内找出断线所在。再者，由于配合企业及应用环境不断的更新与发展，原有的企业网络必须配合重新布局，需要重新安装网络线路，虽然电缆本身并不贵，可是请技术人员来配线的成本很高，尤其是老旧的大楼，配线工程费用更高。因此，架设无线局域网络就成为最佳解决方案。另外还有其他相关原因，如笔记本电脑的普及（特别是迅驰笔记本）、手持终端的广泛应用；园区内仍然存在没有布线的区域——快速部署；可移动式的访问园区网将提高信息化水平。

2．无线局域网的应用领域

无线局域网络绝不是用来取代有线局域网络，而是用来弥补有线局域网络之不足，以达到网络延伸之目的，以下地方就经常用到无线局域网，如图13-1所示。

（1）移动办公的环境：大型企业、医院等移动工作的人员应用的环境；

（2）难以布线的环境：历史建筑、校园、工厂车间、城市建筑群、大型的仓库等不能布线或者难于布线的环境；

（3）频繁变化的环境：活动的办公室、零售商店、售票点、医院，以及野外勘测、试验、军事、公安和银行金融等领域，以及流动办公、网络结构经常变化或者临时组建的局域网；

（4）公共场所：航空公司、机场、货运公司、码头、展览和交易会等；

（5）小型网络用户：办公室、家庭办公室用户。

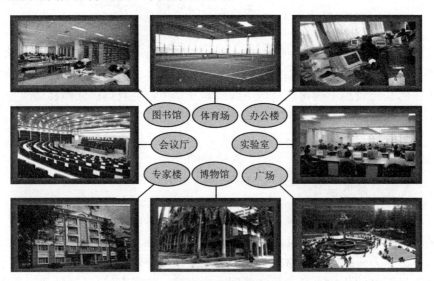

图13-1　无线局域网应用场合

3．无线局域网传输方式

无线局域网的传输方式与其所采用的传输媒体、所选择的载频波段及所使用的调制方式有关。

目前有两种无线传输媒体：

- 无线电波传媒；
- 红外线传媒。

利用红外线作为传输媒体在家用电器遥控中很常见，作为无线局域网的一种无线传媒，它不受无线电波干扰，不受无线电管理部门限制，无须申请波段。但红外线方式具有一定方向性，对非透明物体的穿透能力差，传输距离不能太远，一般在几米到几十米。

在无线电波传媒下的调制方式有两种：
- 窄带调制方式。

利用无线电波作为传输媒体，窄带调制把欲发送数据的基带数字序列经过射频调制器，将其频谱搬移到一个便于无线发射的很高的载频上。所谓窄带，是指经过调制后的信号（已调波）的占有频带的宽度相对很高的载频来说是很窄的。
- 扩展频谱方式。

扩展频谱过程一般将原基带数字序列信号的频谱扩展几倍到几十倍，经过射频调制后的发射信号的频带宽度也比窄带调制要宽得多。

13.1.2 无线局域网优缺点

1. 无线局域网的优点

（1）网络建立成本低。相对于有线网络而言，有线网络的架设在大范围的区域内，使用同轴电缆、双绞线、光纤等传输媒体，花费大量的成本和人工，并且须租赁昂贵的专用线路来实现网络互联，而对无线网络而言，网络间的连接不需要任何线缆，极大地降低了成本。

（2）可靠性高。通常在建立有线网络的时候，都将网络设计在一个使用期限内（一般为5年），并且随着网络的使用，网络线路本身可能出现线路渗水、金属生锈、外力造成线路切断等问题，使网络数据传输受到干扰，而无线网络不会出现这种困难。无线网络通常采用很窄的频段，在出现无线电干扰时，还可以通过跳频技术将无线网络跳频到另一频段内工作。

（3）移动性好。传统的有线网络在网络建立以后，网络中的设备和线路一般就固定下来。而无线网络的最大优点就是可移动，只要在无线信号范围内，无线网络用户可以随意移动并且保证数据的正常传输。

（4）布线容易。由于不需要布线，消除了穿墙或过天花板布线的烦琐工作，因此安装容易，建网时间可大大缩短。

（5）组网灵活。无线局域网可以组成多种拓扑结构，可以十分容易地从少数用户的点对点模式扩展到上千用户的基础架构网络。

2. 无线局域网的缺点

（1）传输速率低。传输速率相比有线网很低。

（2）通信盲点。无线网络传输存在盲点，在网络信号盲点处几乎不能通信，有时即使采用了多种的措施也无法改变状况。

（3）外界干扰。由于目前无线电波非常多，并且对于频段的管理也并不很严格。无线广播很容易遭到外界干扰而影响无线网络数据的正常传输。

（4）安全性。理论上在无线信号广播范围内，任何用户都能够接入无线网络，侦听网络信号，即使采用数据加密技术，无线网络加密的破译也比有线网络容易得多。

13.2 无线局域网的传输标准

无线局域网是无线通信领域最具发展前途的重大技术之一，许多研究机构针对不同的应用场合指定了一系列协议标准。无线局域网有多个标准，主要有蓝牙（Bluetooth）、HomeRF、HiperLAN 和 IEEE 802.11。目前应用最为普遍的是 IEEE 组织于 1997 年 6 月批准的 802.11 标准。

13.2.1 IEEE 802.11 系列协议

电气和电子工程师协会（IEEE）在 1990 年 7 月成立了 IEEE 802.11 工作委员会，着手制定无线局域网物理层（PHY）及介质访问控制层（MAC）协议的标准，并于 1997 年由大量的局域网以及计算机专家审定通过 IEEE 802.11 无线局域网协议，之后又陆续推出了 802.11a、802.11b、802.11g 等一系列协议，进一步完善了无线局域网的规范。目前国内使用最多的是 802.11g。

1. IEEE 802.11

IEEE 802.11 是在 1997 年 6 月由大量的局域网以及计算机专家审定通过的标准，该标准定义物理层和媒体访问控制（MAC）规范。物理层定义了数据传输的信号特征和调制，定义了两个 RF 传输方法和一个红外线传输方法，RF 传输标准是跳频扩频和直接序列扩频，工作在 2.400 0～2.483 5 GHz 频段。

IEEE 802.11 是 IEEE 最初制定的一个无线局域网标准，主要用于解决办公室局域网和校园网中用户与用户终端的无线接入，业务主要限于数据访问，速率最高只能达到 2 Mb/s。由于它在速率和传输距离上都不能满足人们的需要，所以 IEEE 802.11 标准被 IEEE 802.11b 所取代了。

2. IEEE 802.11b

IEEE 802.11b 标准是 IEEE 于 1999 年针对无线局域网推出的标准，早期也称为 WiFi（现在 WiFi 联盟已经确定 WiFi 的标准不仅包含了 IEEE 802.11b，同时也包含 IEEE 802.11a/g，以及即将到来的 IEEE 802.11n 正式版）。该标准的工作在频率为 2.4 GHz，最大传输速率为 11 Mb/s，传输距离一般室内为 30～100 m，室外为 100～300 m。因为价格低廉，IEEE 802.11b 标准的产品被广泛使用。其升级版本还有 IEEE 802.11b+，支持 22 Mb/s 优越性传输速率。

IEEE 802.11b 已成为当时主流的无线局域网标准，被多数厂商所采用，所推出的产品广泛应用于办公室、家庭、宾馆、车站、机场等众多场合，但是由于许多无线局域网新标准的出现，IEEE 802.11a 和 IEEE 802.11g 更是倍受业界关注。

3. IEEE 802.11a

1999 年，IEEE 802.11a 标准制定完成，IEEE 802.11a 标准推出的时间晚于 IEEE 802.11b 标准，工作频率为 5 GHz，最大传输速率为 54 Mb/s，传输距离比 IEEE 802.11b 标准短，仅仅为 20～50 m，主要用于提供语音、数据、图像传输业务。该标准也是 IEEE 802.11 的一个补充，扩充了标准的物理层，采用正交频分复用（OFDM）的独特扩频技术。

IEEE 802.11a 标准是 IEEE 802.11b 的后续标准，其设计初衷是取代 IEEE 802.11b 标准，然而，工作于 2.4 GHz 频带是不需要执照的，该频段属于工业、教育、医疗等专用频段，是公开的；而工作于 5 GHz 频带需要执照。而且 IEEE802.11a 卡片价格昂贵也大大限制了该技术的发展，一些公司更加看好当时最新混合标准。

4. IEEE 802.11g

IEEE 802.11a 与 IEEE 802.11b 两个标准都存在缺陷，IEEE 802.11b 的优势在于价格低廉，但传输速率较低（最高 11 Mb/s）；而 IEEE 802.11a 优势在于传输速率快（最高 54 Mb/s）且受干扰少，但价格相对较高。

2008 年最流行的是 IEEE 802.11g 认证标准,该标准提出拥有 IEEE 802.11a 的传输速率,安全性较 IEEE 802.11b 好,采用两种调制方式,含 IEEE 802.11a 中采用的 OFDM 与 IEEE802.11b 中采用的 CCK,做到与 IEEE 802.11a 和 IEEE 802.11b 兼容。

IEEE 802.11g 标准从诞生到流行,无论对用户还是对整个业界都是一个推动,它将把无线局域网的性能提升到一个新的高度,同时降低构建网络的成本。

IEEE 802.11g 标准与 IEEE 802.11a、IEEE 802.11b 标准比较的优势:

① 较高的数据传输速率——54 Mb/s(同于 IEEE 802.11a 标准);
② 完全兼容 IEEE 802.11b 标准;
③ 在相同的物理环境下,在同样达到 54 Mb/s 的数据传输速率时,IEEE 802.11g 的设备能提供大约两倍于 IEEE 802.11a 设备的距离覆盖;
④ 免费的 2.4 GHz 频带在全球绝大部分国家是可用的;
⑤ 由于采用了与 IEEE 802.11a 标准相同的 OFDM 调制,十分方便双频产品的设计与实现。

5. IEEE 802.11n

为了实现高带宽、高质量的无线局域网服务,使无线局域网达到以太网的性能水平,IEEE 802.11n 应运而生。

在传输速率方面,IEEE 802.11n 可以将无线局域网的传输速率由目前 IEEE 802.11a 及 IEEE 802.11g 提供的 54 Mb/s 提高到 108 Mb/s,甚至高达 500 Mb/s。这得益于将 MIMO(多入多出)与 OFDM(正交频分复用)技术相结合而应用的 MIMO OFDM 技术,这个技术不但提高了无线传输质量,也使传输速率得到极大提升。

在覆盖范围方面,IEEE 802.11n 采用智能天线技术,通过多组独立天线组成的天线阵列,可以动态调整波束,保证让无线局域网用户接收到稳定的信号,并可以减少其他信号的干扰,因此其覆盖范围可以扩大到好几平方千米,使无线局域网移动性极大提高。几种协议的比较如表 13-1 所示。

表 13-1 几种协议的比较

标　准	IEEE 802.11b	IEEE 802.11a	IEEE 802.11g	IEEE 802.11n
发布时间	1999 年	1999 年	2003 年	2009 年
工作频段	2.4~2.483 5 GHz	5.15~5.35 GHz 5.725~5.85 GHz	2.4~2.483 5 GHz	2.4 GHz 5 GHz
可用频宽	83.5 MHz	325 MHz	83.5 MHz	408.5 MHz
载波带宽	22 MB	20 MB	22 MB	20 MB 40 MB
无交叠信道	3 个	12 个	3 个	15 个
编码技术	CCK/DSSS	OFDM	CCK/OFDM	OFDM/MIMO
最高速率	11 Mb/s	54 Mb/s	54 Mb/s	600 Mb/s
无线覆盖范围	100 m	50 m	100 m	几百米
兼容性	通过 WiFi 认证的产品之间可以互通	与 IEEE 802.11b/g 不兼容	兼容 IEEE 802.11b	兼容 IEEE 802.11a/b/g

6. IEEE 802.11ac

IEEE 802.11ac,是一个 802.11 无线局域网通信标准,它通过 5 GHz 频带(也是其得名原因)进行通信。理论上,它能够提供最多 1Gb/s 带宽进行多站式无线局域网通信,或是最少 500 Mb/s 的单一连接传输带宽。

802.11ac 是 802.11n 的继承者。它采用并扩展了源自 802.11n 的空中接口概念,包括:更宽的 RF 带宽(提升至 160 MHz),更多的 MIMO 空间流(增加到 8),多用户的 MIMO,以及更高阶的调制(达到 256QAM)。

使用 2.4 GHz 的 Wi-Fi 产品和 802.11n 一样将会走到尽头,虽然 Wi-Fi 认证 11ac 产品必须支持向后兼容 11n,但实现 11ac 千兆数据速率的唯一方法是使用 5 GHz 频段。

13.2.2 其他标准

目前广泛应用的无线局域网技术标准还有红外线、蓝牙技术、家庭网络 HomeRF 和 HiperLAN 高性能无线局域网标准。红外线和蓝牙在后文 WPAN 中会详细介绍,下面主要介绍以下两种

1. HomeRF

HomeRF 工作组成立于 1977 年,是由美国家用射频委员会领导的。它的目的是在消费者能够承受的前提下,建设家庭语音、数据内联网。HomeRF 主要是为家庭网络设计的,它类似于蓝牙技术,在 2.4 GHz 频段提供 1.6 Mb/s 的带宽。HomeRF 可以被集成到一个特定的网络架构中,支持 SWAP 协议,可以有连接点控制。但是 HomeRF 技术的应用只局限于控制家庭多媒体方面。

2. 高性能无线局域网(HiperLAN)

HiperLAN 是欧洲电信标准化协会(ETSI)的宽带无线电接入网络(BRAN)小组着手制定的 Hiper 接入标准,已推出了 HiperLAN1 和 HiperLAN2 两种标准。已经推出的 HiperLAN1 对应 IEEE 802.11b 标准,HiperLAN2 对应 IEEE 802.11a 标准。HiperLAN1 工作频段在 5 GHz,它的覆盖范围较小,约为 50 m,支持同步和异步语音传输,支持 2 Mb/s 视频传输和 10 Mb/s 数据传输。HiperLAN2 工作频段在 5 GHz,支持高达 54 Mb/s 数据传输,因此它支持多媒体应用的性能更高。

13.2.3 WiFi 和 WAPI

WiFi 是 Wireless Fidelity(无线保真)的缩写,是无线局域网的一种技术,实质上是一种商业认证,具有 WiFi 认证的产品符合 IEEE 802.11b 无线网络规范,它是当前应用最为广泛的无线局域网标准,采用的波段是 2.4 GHz。是主要为少数几家美国信息企业即 WiFi 联盟制定的标准。

WAPI 是我国自行研制的一种 WLAN 传输技术。2009 年 6 月,工业和信息化部发布的新政策,即凡加装 WAPI 功能的手机可入网检测并获得进网许可。2009 年 6 月,在日本召开的 IEC/ISO JCT1/SC6 会议上,WAPI 获得了包括 10 余个与会国家成员体的一致同意,将以单独文本形式推进其为国际标准。与 WiFi 相比,WAPI 具有明显的安全和技术优势。

13.3 无线局域网组网元素

在组建无线局域网时需要用到的无线局域网设备有：无线客户适配器（无线网卡）、无线接入点（无线 AP）、无线天线和无线路由器。

13.3.1 无线局域网终端

无线局域网终端即网卡。按支持的协议分类，有 IEEE 802.11b 网卡、IEEE 802.11g 网卡、IEEE 802.11b/802.11g 兼容网卡等；按在 PC 中放置位置分类，有外置网卡和内置网卡；按支持的业务分类，有单模网卡和多模网卡，多模网卡一般同时支持 GPRS/EGPRS 和 TD 业务，按照接口分，目前符合 IEEE 802.11 标准的无线网卡大致有 USB 无线网卡、PCMCIA 无线网卡和 PCI 无线网卡这三种。下面主要介绍常见的按接口分类。

1. USB 无线网卡

USB 接口无线网卡适用于笔记本电脑和台式机，支持热插拔。USB 无线网卡的体形一般比较细小，便于携带和安装。为了便于收发信号，USB 无线网卡一般带有一支可折叠的小天线。USB 无线网卡的特点是使用和安装很方便。图 13-2 所示为两款 USB 的无线网卡。

图 13-2　USB 无线网卡

2. PCMCIA 无线网卡

这类网卡主要是针对笔记本电脑用户，支持热插拔，可以非常方便地实现移动式无线接入。PCMCIA 无线网卡也属于即插即用的，当搜索连接到可用的无线网络时，卡上的 line 信号灯就会亮起来。图 13-3 所示为两款不同的 PCMCIA 无线网卡。

图 13-3　PCMCIA 无线网卡

3. PCI 无线网卡

台式计算机一般没有 PCMCIA 接口，只有 USB 或 PCI 接口。除了使用 USB 无线网卡外，还可以使用 PCI 无线网卡。它与常见的声卡、显卡的外形很相似，只需占据机箱的一个 PCI 插槽，就可以让台式计算机接入无线局域网。图 13-4 所示为台式机专用的 PCI 无线网卡。

图 13-4　PCI 无线网卡

4. 无线网卡和无线上网卡

无线网卡的作用、功能跟普通计算机网卡一样，是用来连接到局域网上的。它只是一个信号收发的设备，只有在找到上互联网的出口时才能实现与互联网的连接，所有无线网卡只能局限在已布有无线局域网的范围内。无线网卡就是不通过有线连接，采用无线信号进行连接的网卡。无线网卡根据接口不同，主要有上述三类产品。

无线上网卡的作用、功能相当于有线的调制解调器，也就是人们俗称的"猫"。它可以在拥有无线电话信号覆盖的任何地方，利用手机的 SIM 卡来连接到互联网上。其常见的接口类型也有 PCMCIA、USB、CF/SD 等。

从网络来看，无线上网卡主要分为 GPRS 和 CDMA 两种。其速度也会受到墙壁等各种障碍物和其他无线信号如手机、微波炉等的干扰。

虽然中国移动的 EDGE 网络可以达到比 CDMA1X 快出一倍左右的上网速度，但只能在部分城市的市区内使用，去到郊外便没办法用了，于是无法和 EVDO 对抗。

13.3.2　无线局域网网络设备

在无线网络中有了无线网卡还是不够的，必须有基站来完成信号发射，所以就需要无线接入点（无线 AP）、无线天线和无线路由器等无线网络设备了。

1. STA（Station，工作站）

STA 是一个配备了无线网络设备的网络节点。具有无线网络适配器的个人计算机称为无线客户端。无线客户端能够直接相互通信或通过 AP 进行通信。图 13-5 所示为一个工作站。

图 13-5　STA 图例

第 13 章 无线局域网

2. 无线接入点

无线接入点（Wireless Access Point，AP）。它是用于无线网络的无线交换机，也是无线网络的核心元素之一。无线 AP 是移动计算机用户进入有线网络的接入点，主要用于宽带家庭、大楼内部以及园区内部，典型距离覆盖几十米至上百米，目前主要技术为 IEEE 802.11 系列。无线 AP 的工作原理是将网络信号通过双绞线传送过来，经过 AP 产品的编译，将电信号转换成为无线电信号发送出来，形成无线网的覆盖。如图 13-6 所示，AP 相当于基站，是一个连接有线网络和无线网的桥梁，主要作用是将无线网络接入以太网，其次要将各无线网络客户端连接到一起，相当于以太网的集线器，使装有无线网卡的 PC，通过 AP 共享有线局域网络甚至广域网络的资源，一个 AP 能够在几十至上百米的范围内连接多个无线用户。

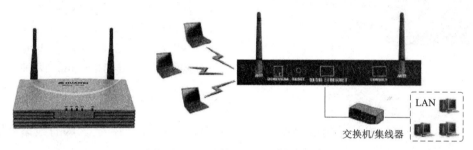

图 13-6　AP 图例及 AP 连接示意图

3. 接入控制器

接入控制器（Access Controller，AC）相当于无线局域网与传送网之间的网关，将来自不同 AP 的数据进行业务汇聚，反之将来自业务网的数据分发到不同 AP，此外还负责用户的接入认证功能，执行 AAA 代理功能。图 13-7 以华为 MA5200F 为例，AC 提供的业务和功能有：支撑平台、路由管理、接入认证、地址管理；用户计费、业务控制、安全管理、增值业务、网络管理、系统维护。

4. 天线

当计算机与无线 AP 或其他计算机相距较远时，随着信号的减弱，或者传输速率会明显下降，或者根本无法实现与 AP 或其他计算机之间的通

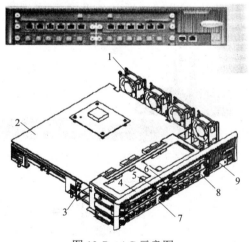

图 13-7　AC 示意图

信，此时，就必须借助于无线天线对所接收或发送的信号进行增益。天线的功能是将载有源数据的高频电流，借由天线本身的特性转换成电磁波而发送出去，发送的距离与发射的功率和天线的增益成正向变化。

无线天线有许多种类型，图 13-8 所示为常见的两种，一种是室内天线，一种是室外天线。室外天线的类型比较多，一种是锅状的定向天线，一种则是棒状的全向天线。

- 295 -

室内天线　　　　定向天线　　　全向天线

图 13-8　室内天线和室外天线

5. 无线桥接器

图 13-9　无线桥接器

无线桥接器（Wireless Bridge）：主要在进行长距离传输（如两栋大楼间连接）时使用，由 AP 和高增益定向天线组成。无线局域网 AP 天线可选择定向型（Uni-direction）和全向型（Omni-direction）两种。图 13-9 所示为一款室外型的桥接器。

6. 无线宽带路由器

无线宽带路由器集成了有线宽带路由器和无线 AP 的功能,合二为一（即有线路由器 AP），既能实现宽带接入共享，又能轻松拥有无线局域网的功能。

通过与各种无线网卡配合，无线宽带路由器就可以以无线方式连接成具有不同拓扑结构的局域网，从而共享网络资源，形式灵活方便。图 13-10 所示为两款不同的无线宽带路由器。

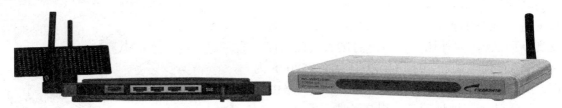

图 13-10　两款不同的无线宽带路由器

13.4　无线局域网组网结构

根据无线接入点 AP 的功用不同，WLAN 可以实现不同的组网方式。目前有点对点模式、基础架构模式、无线网桥模式、多 AP 桥接模式和无线中继器模式 5 种组网方式。

1. 点对点模式

点对点模式由无线工作站组成，如图 13-11 所示，用于一台无线工作站和另一台或多台其他无线工作站的直接通信，该网络无法接入有线网络中，只能独立使用，无须 AP，安全由各个客户端自行维护。

图 13-11　点对点工作模式

2. 基础构架模式

基础构架模式（图 13-12）由无线接入点（AP）、无线工作站（STA）以及分布式系统（DSS）构成，覆盖的区域称基本服务区（BSS）。无线接入点也称无线集线器，用于在无线工作站和有线网络之间接收、缓存和转发数据，所有的无线通信都经过无线 AP 完成。无线访问点通常能够覆盖几十至几百用户，覆盖半径达上百米。无线 AP 可以连接到有线网络，实现无线网络和有线网络的互联。

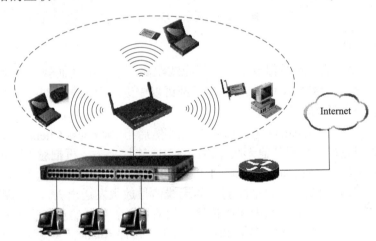

图 13-12　基础架构模式

3. 无线网桥模式

AP 到 AP 无线桥接，支持两个 AP 进行无线桥接模式来连通两个不同的局域网，设置桥接模式只要将对方 AP 的 MAC 码填进自己 AP 的"Wireless Bridge"项就可以了，如图 13-13 所示。这个模式不会再发射无线信号给其他的无线客户接收（适合两栋建筑物之间无线通信使用）。

4. 多 AP 桥接模式

支持两个以上的 AP 进行无线桥接（图 13-14），将放在中心位置的 AP 选"Multiple Bridge"（多 AP 桥接），然后其他 AP 统一将中心位置的 AP 的 MAC 码填进自己的"Wireless Bridge"项就可以（适合多栋建筑物之间无线通信使用）。

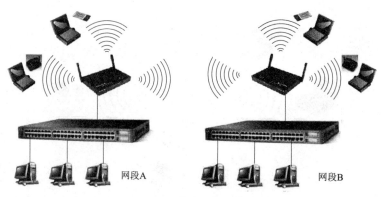

图 13-13 无线网桥模式

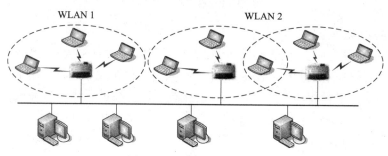

图 13-14 多 AP 桥接模式

5. 无线中继器模式

（1）支持两台 AP 之间无线信号中继增强无线距离，或中继其他牌子的无线路由或 AP，无论 11Mb/s、22Mb/s、54Mb/s 还是 108Mb/s 都可以中继，已经测试过很多牌子的无线路由和 AP，没有发现不兼容的。

（2）只要将 AP 置成 Repeater（无线信号中继）、然后用"Wireless Client"项的"Site Survey"（信号搜索）搜索附近的 AP 或其他无线路由的 SSID 连接上去，再把对方 AP 或无线路由的 MAC 复制到这台 AP 的 "Repeater Remote AP MAC" 栏就可以。只要其他 AP 或无线路由接上宽带，它就可以接收无线信号再把减弱了的无线信号放大发送出去，适合距离比较远的无线客户端做信号放大使用，或用来做无线桥接，然后再发射信号给无线网卡接收。

（3）注意，中继其他无线 AP 或路由时，双方的"Performance"（无线效能值）里面的选项需填写一致，其中的"Preamble Type"（前导帧模式）请选"Long Preamble"（长前导帧），"TX Rates"选"1-2-5.5-11（Mb/s）"兼容性会好些。图 13-15 所示为中继模式。

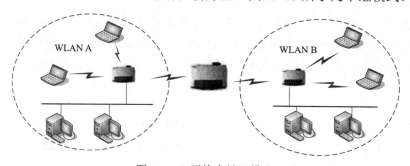

图 13-15 无线中继器模式

13.5 对等无线局域网组建

随着无线使用越来越广泛，追求雅观与组网便捷的人们也越来越倾心于无线网络的使用，虽然无线网络的组建过程比有线网络省事，但是要布置一个比较让人满意的无线网络，还是有一定困难的。

在很多情况下，特别是在学生宿舍里用局域网联机打游戏如 CS 之类的，几台计算机只安装了无线网卡而没有交换机或者路由器等装置时，这几台计算机可以通过无线网卡组建一个简单的对等网络，不需要交叉线，彼此之间就可以互通。或者在家庭中经常既有笔记本也有台式机，在没有相应设备的情况下也可以组建对等网络来实现共享上网。下面就以 Windows XP 平台组建对等无线网络，具体如图 13-16 所示。

1. 台式机的无线配置

（1）在台式机上安装 IEEE 802.11b 无线网卡，并将其工作模式配置为 AdHoc。一般在安装完无线网卡后，Windows XP 会自动完成配置。

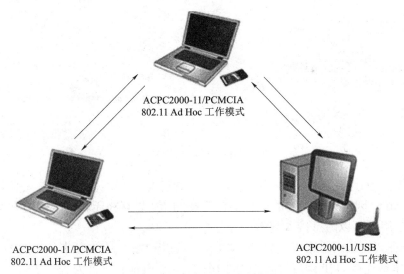

图 13-16　对等无线网络

（2）在"控制面板"中，打开"网络连接"选项，右键单击"无线网络连接"，选择"属性"打开属性窗口。选择"无线网络配置"选项卡，选中"用 Windows 配置我的无线网络设置"复选框，单击右下角的"高级"按钮。

（3）在"高级"对话框中选择"仅计算机到计算机（特定）"（图 13-17），或者"任何可用的网络（首选访问点）"，依次单击"关闭"按钮回到属性对话框。注意不要勾选"自动连接到非首选的网络"复选框。

（4）在该"无线网络连接　属性"窗口中，单击左下角的"添加"按钮，接着在"服务设置标识（SSID）"中随便输入一个网络的名称，比如 TP-LINK-xiao（图 13-18），单击"确定"按钮返回。

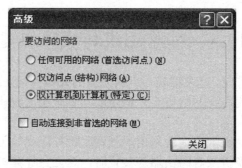

图 13-17 选择特定计算机

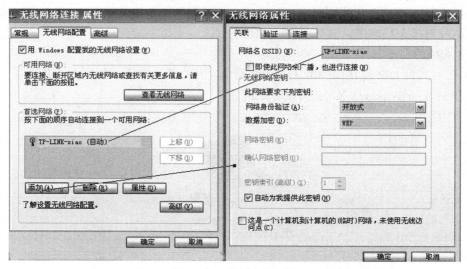

图 13-18 设置 SSID 号

SSID 是用户连接到无线网络的第一步,用户要连接某一个无线网络首先必须要得到这个无线网络的 SSID,因为无线网络的信号都是广播的,所以存在无线信号的地方都可以接收到广播的 SSID,用户可以随意接入网络。

(5)同样在"无线网络连接 状态"窗口中,选择"常规"选项卡,如图 13-19 所示,选择"属性"将本地连接的 IP 地址设置为 192.168.1.1,子网掩码设置为 255.255.255.0,单击"确定"按钮即可。

2. 笔记本电脑无线设置

(1)打开"无线网络连接 属性"窗口,选择"常规"选项卡,将本地连接的 IP 地址设置为 192.168.0.2,子网掩码设置为 255.255.255.0,默认网关、DNS 服务器都设置为 192.168.0.1。

(2)将访问的网络设置成"仅计算机到计算机(特定)",设置方法与在台式机中的设置相同。

3. 注意事项

- 距离必须较近。
- 笔记本电脑必须通过另一台式机的 ADSL 上网,台式机必须保持开机状态笔记本电脑才可以上网。
- 要根据房间结构来设置提供上网服务的台式机的位置,尽量选择信号穿墙少的房间。

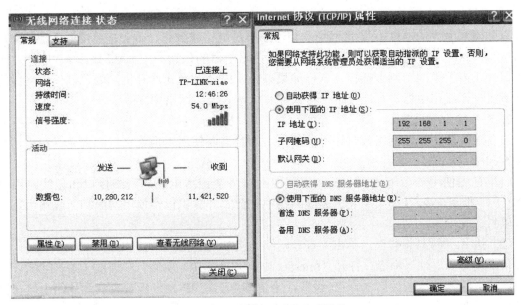

图 13-19　设置 IP 以及查看连接

13.6　家庭无线局域网组建

家庭网络基础建设涉及硬件以及软件两大部分，目前绝大部分开发商没有在房屋内设计无线网络节点，所以这方面的设备还需要自己布局，其主要流程是裸房的布线设计再到最终的软件调试，下面介绍如何组建家庭无线网络，实现无线上网。

随着笔记本电脑的普及，现在有的家庭有好几台笔记本电脑。如何将多台笔记本电脑共享上网呢？为了能方便用户更好地使用笔记本电脑并发挥笔记本电脑的便携特性，使用无线网卡搭建无线网络是最佳之选，这样再购置一个无线路由器，就可以搭建一个无线局域网了，这样家庭的每一个成员就可以享受无线网络的乐趣了。一般情况下根据连接到 Internet 的方式不同，可以将该类无线网络分为"ADSL 接入"和"局域网接入"两种方式。下面以 TP-LINK 路由器为例来进行演示。

优点：让上网更方便。只要无线路由器处于开启状态，与路由器连接的计算机就能随时上网。

缺点：无线路由器处于固定位置，这样该无线网络相对固定，各个连接到无线网络中的笔记本电脑受到距离的限制。一般情况下无线路由器的无线信号覆盖面积为 500 m，不过该信号会严重受到建筑物的影响。

13.6.1　搭建"ADSL"接入的无线网络

该类网络需要一个无线路由器支持。一般情况下需要将无线路由器与 ADSL Modem 等设备进行连接。无线路由器在此可以启动自动拨号和无线信号发送和管理的功能，这样笔记本电脑的无线网卡通过接收无线路由器上的信号，形成一个无线网络，从而实现网络共享等功能。

1. 设备的连接

首先确保室内的 ADSL 宽带已经安装，如果是电话线到家，首先把路由器的 WAN 口和 Modem 的 LAN 连接起来，然后计算机网卡连接路由器的任意一个 LAN 口。一般家用"无线路由器"还内置了四个网卡接口，这样如果办公室内还有台式计算机，就可以使用网线将台式计算机与无线路由器进行连接，使台式计算机接入无线网络中。

2. 无线路由器设置

设备连接后，无线网络暂时还不能使用，此时需要使用本地连接登录到无线路由器中进行设置。

（1）首先使用一台笔记本电脑，用一根网线将笔记本电脑的网络接口和无线路由器的 LAN 接口进行连接。（如果组建的无线网络中有台式计算机已经使用网线和无线路由连接，则可以省去此步）

（2）进入"网上邻居"，单击"查看网络连接"，在页面中右键单击"本地连接"，在右键菜单中选择"属性"命令，打开"Internet 协议（TCP/IP）属性"对话框（图 13-20）。在此对该计算机的"本地连接"进行 IP 设置，笔记本电脑的 IP 地址设置为和无线路由器在同一 IP 段，在本例中无线路由器默认的 IP 地址为 192.168.1.1，那么该计算机的本地连接的 IP 地址为 192.168.1.100 等。在"默认网关"中输入无线路由器的 IP 地址，然后单击"确定"按钮即可。（无线路由器的默认 IP 地址，一般标识在设备的背面，查看后进行设置，也可以通过自动获取来获得 IP 地址。）

（3）设置后，在 IE 地址栏中输入无线路由器默认 IP 地址，如 http://192.168.1.1，按"Enter"键后弹出如图 13-21 所示的一个用户登录界面，输入用户名和密码即可登录到配置界面，如图 13-22 所示。默认情况下，用户名和密码都是 admin。

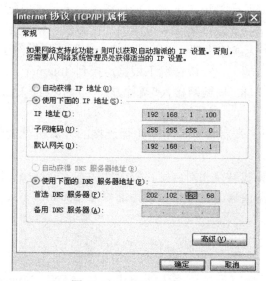

图 13-20　设置 IP 地址

图 13-21　登录界面

图 13-22 配置界面

（4）在配置界面左边单击设置向导会出现如图 13-23 所示的界面。在 ADSL 接入中选择第一项，然后进入下一步。

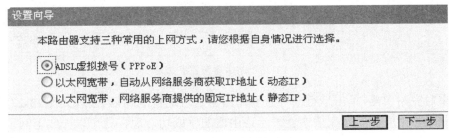

图 13-23 设置向导界面

（5）在出现的如图 13-24 所示"上网账号"处输入绑定宽带的电话号码，或者拨号账户，并输入上网口令。

图 13-24 填入上网账号和口令

（6）在图 13-25 所示无线网络基本参数中，首先将"无线状态"设置为开启。在下面的"SSID"文本框中输入该无线网络服务设置标识名称，该名称可以随意输入，处在无线网络中的计算机可以自动扫描到 SSID 号，并可以选择性地加入该无线网络，然后选择信道以及设定模式到底是采用哪一个协议，一般提供至少两类：IEEE 802.11b 和 IEEE 802.11g。

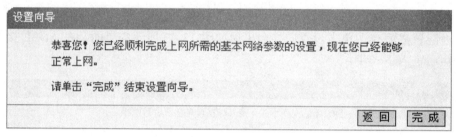

图 13-25　设置无线网络基本参数

（7）然后继续单击"下一步"按钮，出现如图 13-26 所示界面，单击"完成"按钮，并且重启路由器就配置好了。

图 13-26　路由器配置完成后

（8）重启完路由器，单击运行向导查看路由器是否配置成功，当出现如图 13-27 所示 WAN 口地址获取并且出现"断开"按钮就表示路由器配置成功，现在就可以无线上网了。

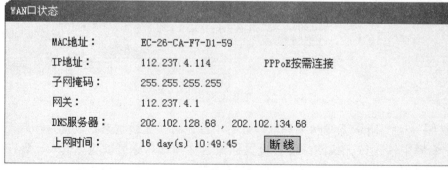

图 13-27　路由器配置成功后的状态

3. 无线网卡的设置

启用无线网卡后，还要为无线网卡指定 IP 地址，设置时按照上面的方法打开无线网卡的"Internet 协议（TCP/IP）属性"对话框，在此指定该无线网卡的 IP 地址、子网掩码、默认网关、默认 DNS 等项即可。

右键单击系统任务栏中的无线连接的图标，在弹出的右键菜单中选择"查找可用无线网络"，在打开的"无线网络连接"窗口中，选择搜索的无线网络，随后单击"连接"，这样该计算机的无线网卡和无线路由已经连接，如图 13-28 所示。然后按照上面的方法对其他笔记本电脑进行设置。

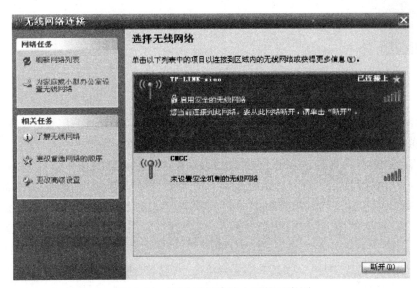

图 13-28　无线网络连接上后的示意图

4. 无线网络的高级设置

（1）加密设置。

为了更安全、方便地使用无线局域网，还可以对其进行一些高级设置。为了确保组建的无线网络的安全，在使用无线网络时需要对无线网络设置密钥，这样其他用户就不会盗用我们的无线信号了。

给无线网络进行加密时，首先进入到"无线路由器"设置界面，如图 13-29 所示，在"无线参数的基本设置"中勾选开启安全设置选项，然后单击"安全类型"按钮，有三种方式供选择：WEP、WPA/WPA2、WPA-PSK/WPA2-PSK2（WPA 针对 WEP 中存在的问题：IV 过短、密钥管理过于简单、对消息完整性没有有效的保护，通过软件升级的方法提高网络的安全性），在密钥长度中提供了两种类型：ASCII 码和十六进制。为了保证无线数据传输安全程序提供了 64 位、128 位和 152 位三种加密方式（选择 64 位密钥需输入十六进制数字符 10 个，或者 ASCII 码字符 5 个。选择 128 位密钥需输入十六进制数字符 26 个，或者 ASCII 码字符 13 个。选择 152 位密钥需输入十六进制数字符 32 个，或者 ASCII 码字符 16 个），用户可以根据自己的需要选择适当的密钥，然后单击"保存"按钮。以后再使用无线网卡时只有输入密钥才能使用。

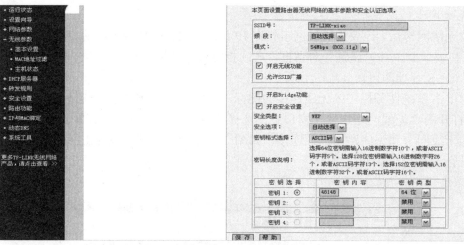

图 13-29　无线加密

（2）使用 DHCP 自动配置 IP。

在路由器中可以通过自动配置 IP 地址的方式给使用该路由器的每台计算机自动分配相应的 IP 地址，这样省去了手工为每台计算机设置 IP 地址的麻烦。配置时登录到"无线路由器"的配置界面，单击左侧菜单中的"DHCP 服务器"下面的"DHCP 服务"，进入到 DHCP 设置界面，如图 13-30 所示，在"DHCP 服务器"项中选择"启用"，然后在下面的"地址池开始地址"中将设置路由器为局域网内计算机分配 IP 地址时的开始值，如 192.168.1.100，也就是说，第一台向路由器发出申请的计算机，获取的 IP 是 192.168.1.100，第二台则会是 192.168.1.101，依此类推。在"地址池结束地址"中输入结束的地址，如 192.168.1.199（有的路由器是在"用户数"中输入 DHCP 服务器自动分配 IP 地址的所有计算机总数，程序默认为 50，最多能设置 253 个用户）。然后在下面的 DNS 中输入本地的 DNS 服务器地址，单击"确定"按钮即可。设置后可以通过"当前 DHCP 客户端列表"来查看分配情况，如图 13-31 所示。

图 13-30　DHCP 服务设置界面

图 13-31 DHCP 客户端列表

（3）MAC 地址过滤。

无论怎样加密，现在都有很多破解方法，如时下流行的 BT3、BT4 等，或者是现在的流氓网卡、蹭网卡都能很轻易地破解出路由器的密码，这样还是不够安全，所以如果想很安全，那么就通过 MAC 地址来限制非法上网。在无线路由器配置界面中单击无线参数下的 MAC 地址过滤，如图 13-32 所示。

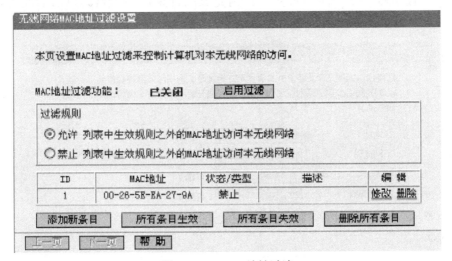

图 13-32 MAC 地址过滤

13.6.2 有线接入方式搭建无线局域网

现在很多学校和单位都架设了内部局域网，各个用户的计算机都通过局域网与 Internet 进行连接，那么如何在此基础上使用无线路由器搭建无线局域网？下面就以烟台南山学院为例予以说明。

1. 设备的连接

在局域网基础上搭建无线网络与 ADSL 拨号架设无线网络的原理相同，但是设置方法有些不同。学校架设了局域网，一般办公室或宿舍都预留了网线接口，使用局域网介入方式组建无线网络，不需 ADSL Modem 设备，也不需在无线路由器中进行虚拟拨号设置，只需用网线将无线路由器的 WAN 接口与局域网网络接口连接即可。

2. 无线路由器设置

在局域网的基础上架设无线网络，还要在无线路由器中进行简单设置。首先按照上面的方式登录到"无线路由器"的设置向导，不同的是上面是选择第一项 PPPOE，这里要选择第三项静态 IP，如图 13-33 所示。

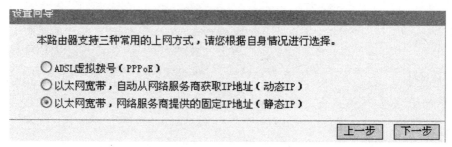

图 13-33 选择静态 IP

然后单击"下一步"按钮，在"LAN 口 IP 地址"项中为无线路由器设置一个 IP 地址、子网掩码、DNS 服务器。该 IP 地址和子网掩码都要和局域网设置在同一网段，如图 13-34 所示。然后一直单击"下一步"按钮，直到完成配置重启路由器，以后的配置就和上面讲的相同。

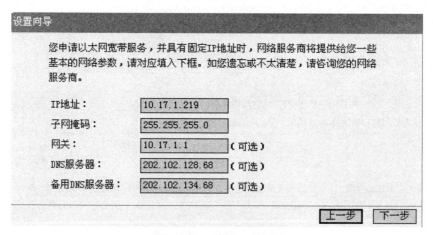

图 13-34 设置 IP 地址

13.7 无线局域网的维护

无线网络架设后，在使用过程中总会出现一些问题，因此无线网络的维护尤为重要。在无线网络管理中，无线网络的维护和无线网络的优化也需要丰富经验。这是做好无线网络的必备技术，最佳的网络性能必然能吸引大量的客户，所以，管理维护方面是一点也不能放松的。下面了解一下无线网络常见的维护方法。

1. 检测无线网络是否接通

无线网络设置后，如果经常出现无法登录网站或无法找到对方资源的问题，这说明无线网络存在一些问题，可查看网络是否顺利连通，其测试方法是在"开始－运行"中输入"cmd"，单击"确定"按钮即可弹出命令提示符窗口，输入 ping 192.168.1.102，如图 13-35 所示。如果检测到局域网尚未接通，则检查以上各项配置是否正确。

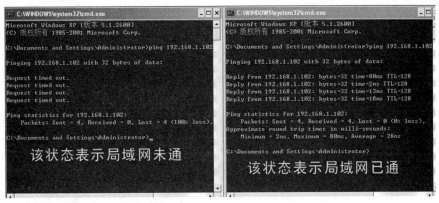

图 13-35　测试网络连通性

2. 查看网络信息

除了能使用 ping 命令检查网络外，还可以使用 ipconfig 命令查看局域网的基本信息。首先在"开始－运行"中输入"cmd"命令打开命令提示符窗口，在命令提示符下输入"ipconfig/all"，打开一个网络配置信息界面，在此可以查看到路由器 IP 地址、MAC 地址、DNS 服务器地址、本机 IP 地址、网关地址、子网掩码等信息，给用户获取网络信息提供方便，如图 13-36 所示。

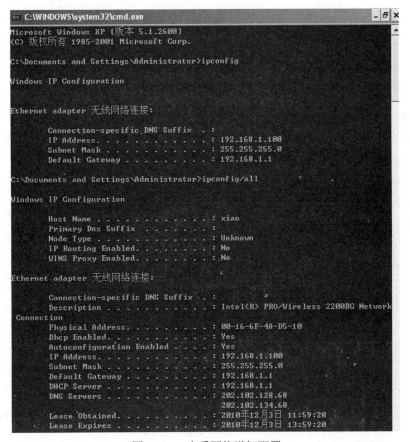

图 13-36　查看网络详细配置

3. 无线网卡搜不到的解决办法

首先，确保无线网卡正常安装到计算机中，然后打开"开始→控制面板→网络连接"，右键单击"无线网络连接"，选择"查看可用的无线连接"，找到网络后自己显示到"无线网络连接"中。如果无法找到无线网络，可以将无线网卡禁用后再重新启用。其次，使用手工查找，在"控制面板"中鼠标左键双击"无线网络安装向导"，打开"无线网络安装向导"窗口，在此单击"下一步"按钮进入"为您的无线网络创建名称"窗口，如图 13-37 所示，在该窗口的"网络名"项中输入该无线网络的名称 nsrjgc。

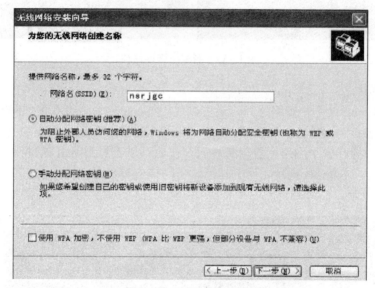

图 13-37 网络安装向导

接着在下面的密钥分配项中可以根据实际情况选择密钥分配种类，此时可以选择"自动分配网络密钥"，单击"下一步"按钮，进入到"您想如何设置网络"窗口，该窗口提供了"使用 SB 闪存驱动器"和"手工设置网络"两个设置方法。如果需要将多台计算机添加网络设置，在此建议选择"使用 SB 闪存驱动器"方法来设置网络；如果只想对该台计算机进行网络设置，可选择后者。然后单击"下一步"按钮，这时系统会自动对无线网络进行设置，然后单击"完成"按钮即可退出网络设置界面。

4. 无法访问共享文件

无线网络搭建后，能共享上网，但是无法通过网上邻居访问各个计算机的共享文件。出现这类问题，需要对无线局域网进行重新配置。配置时，双击桌面上的"网上邻居"图标，打开"网上邻居"对话框。单击左侧"任务窗格"中的"设置家庭或小型办公网络"，打开"网络安装向导"，两次单击"下一步"按钮，进入"选择连接方法"界面。在此点选"此计算机通过居民区的网关或网络上的其他计算机连接到 Internet"选项，如图 13-38 所示。

单击"下一步"按钮，进入"计算机提供描述和名称"界面。在界面中输入"计算机描述信息"和"计算机名"，然后单击"下一步"按钮，进入"命名您的网络"界面，在"工作组名"项中定义一个工作组名称，并单击"下一步"按钮，在进入的"文件和打印机共享"界面，选中"启用文件和打印机共享"选项，如图 13-39 所示。

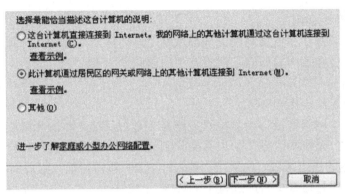

图 13-38　设置网络安装向导

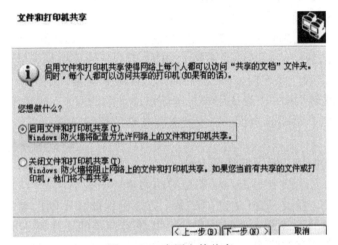

图 13-39　启用文件共享

然后单击"下一步",在打开的界面中点选"完成该向导,我不需要在其他计算机上运行该向导"选项,并单击"下一步"按钮,进入完成界面,然后单击"完成"按钮,重启计算机后便可在"网上邻居"中查看各个计算机的共享信息,如图 13-40 所示。

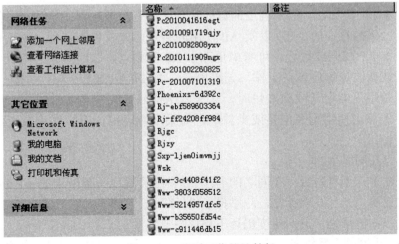

图 13-40　查看工作组计算机

5. WLAN 故障之 CMCC

现在学校各区域都在布置移动的无线局域网,移动称之为 CMCC,但是学校很多学生在使用时经常发生这样和那样的问题,现将有关问题归纳如下:

(1) 终端原因。

现象一：用户无法连接 CMCC。

解决方法：在"网络连接"中,检查无线连接是否启动。双击无线连接,检查无线网卡是否接收到 CMCC 无线网信号,如果不能收到 CMCC 无线网信号,检查该区域是否属于 WLAN 网络已覆盖的热点区域,如果是,转 AP 告警的障碍处理流程；如果能收到 CMCC 无线网络信号,双击信号检查是否能连接上 CMCC 无线网络。

现象二：连上 CMCC 但不能到达 Web 认证页面。

首先查看自己的 IP 地址是否设置为自动获取方式。终端 IP 地址设置方法：选择无线连接,单击鼠标右键,选择"属性"—TCP/IP 协议,选中"自动获得 IP 地址"和"自动获得 DNS 服务器地址"选项。然后再查看连接 CMCC 后,无线连接是否显示为受限制连接,如果用户获取 IP 方式正确,而连接 CMCC 后显示为受限制连接,则可以尝试手动输入地址。IE 浏览器能否自动跳转页面：在确认用户正确获取地址的情况下,如果不能触发到认证页面,可检查 IE 浏览器能否自动跳转页面,在安装某些软件的情况下页面不能自动跳转,可手动输入移动的认证地址。

现象三：正常获取 IP,但无法认证上网。

首先查看自己的无线网卡是否为早期型号的网卡,一些早期型号的无线网卡与无线 AP 之间的兼容性不太好。经过 WiFi 认证的产品,方能确保能和不同厂家的产品互操作。然后检查或升级计算机中的无线网卡驱动程序,一些兼容性差的无线网卡驱动程序,虽然能让无线网卡工作,但往往存在隐患,如不能自动获取无线网的 DNS 服务器等,建议更换原版最新的驱动程序。最后查看自己的计算机是否中毒,病毒入侵也可能造成无线网卡工作的隐性不正常。

(2) AP 故障。

现象一：信号强度时好时坏,上网速度时快时慢。

排除 AP 器件的损坏后,信号强度时好时坏,往往是由于频率干扰所至。使用无线网检测软件,检查区域内存在的 AP,以及 AP 使用的频点,如发现有其他 AP 信号很强,而且使用的频率与本 AP 相同或重合,可考虑更改本 AP 的频点,以回避频点干扰。检查附近是否有无绳电话或微波炉等设备在工作。无绳电话、微波炉和 IEEE 802.11 b/g 都在 2.4 GHz 频率上,每当使用无绳电话或微波炉时,无线网络信号就会变得非常微弱,导致无线通信失败。建议协调停止使用无绳电话或微波炉,如果不能停用,可尝试修改无线网络所使用的信道。

现象二：存在同名 AP。

使用测试软件,查看是否存在同名的非法 AP,被设置成与你所用的 AP 相同的 SSID,影响你的正常使用。一旦发现存在,应举报予以拆除。

故障现象三：信号强,上网速度仍达不到理想速率。

每到晚间,上网的人数较多,造成上网速率被分摊,单个人的上网速率不理想。此时就需要 ISP 管理员登录 AC,查看接入该 AP 的用户情况,如果用户数超过 30,则应考虑进行扩容。

13.8　无线个域网

个域网（Personal Area Network，PAN）是一种范围较小的计算机网络，主要用于计算机设备之间的通信，还包括电话和个人电子设备等。
- PAN 的通信范围往往仅几米，也可用于连接多个网络。
- PAN 被看作是最后一米的解决方案。
- 无线个域网(Wireless PAN，WPAN)是一种采用无线连接的个域网，它主要通过无线电或红外线代替传统有线电缆，实现个人信息终端的互联，组建个人信息网络。它是在个人周围空间形成的无线网络，现通常指覆盖范围在 10 m 半径以内的短距离无线网络，尤其是指能在便携式电子设备和通信设备之间进行短距离特别连接的自组织网。WPAN 设备具有价格便宜、体积小、易操作和功耗低等优点。

WPAN 是一种与无线广域网(WWAN)、无线城域网(WMAN)、无线局域网(WLAN)并列但覆盖范围更小的无线网络，对应关系如图 13-41 所示。

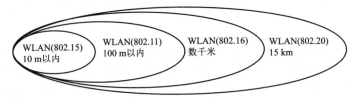

图 13-41　四种无线网络之间的关系与通信范围

13.8.1　WPAN 的主要特点

（1）高数据速率并行链路：>100 Mb/s。
（2）邻近终端之间的短距离连接：典型为 1～10 m。
（3）标准无线或电缆桥路与外部 Internet 或广域网的连接。
（4）典型的对等式拓扑结构。
（5）中等用户密度。

13.8.2　无线个域网的分类

通常将 WPAN 按传输速率分为低速、高速和超高速三类，如图 13-42 所示。

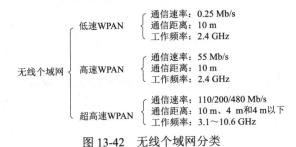

图 13-42　无线个域网分类

- 低速 WPAN 主要为近距离网络互连而设计，采用 IEEE 802.15.4 标准。其结构简单、数据传输率低、通信距离近、功耗低、成本低，被广泛用于工业监测、办公和家庭自动化及农作物监测等。
- 高速 WPAN 适合大量多媒体文件、短时的视频和音频流的传输，能实现各种电子设备间的多媒体通信。
- 超高速 WPAN 的目标包括支持 IP 语音、高清电视、家庭影院、数字成像和位置感知等信息的高速传输，具备近距离的高速率、较远距离的低速率、低功耗、共享环境下的高容量、高可扩展性等。

13.9　无线城域网

无线城域网（WMAN）主要用于解决城域网的接入问题，覆盖范围为几千米到几十千米，除提供固定的无线接入外，还提供具有移动性的接入能力，包括多信道多点分配系统（Multichannel Multipoint Distribution System，MMDS）、本地多点分配系统（Local Multipoint Distribution System，LMDS）、IEEE 802.16 和 ETSI HiperMAN（High Performance MAN，高性能城域网）技术。

随着计算机和通信技术的迅猛发展，全球信息网络正在快速向以 IP 为基础的下一代网络（NGN）演进。结合未来全球个人多媒体通信的全面覆盖要求及下一代宽带无线（NGBW）的概念与发展趋势看，宽带无线接入技术已日益呈现出其重要性。运用宽带无线接入技术，可以将数据、Internet、话音、视频和多媒体应用传送到商业和家庭用户。其中基于 IEEE 802.16 系列标准的宽带无线城域网技术又以其能够提供高速数据无线传输乃至于实现移动多媒体宽带业务等优势引起广泛关注。

13.10　无线广域网

无线广域网（WWAN）是指覆盖全国或全球范围内的无线网络，提供更大范围内的无线接入，与无线个域网和无线城域网相比，它更加强调的是快速移动性。WWAN 是采用无线网络把物理距离极为分散的局域网连接起来的通信方式。

典型的无线广域网的例子就是 GSM 全球移动通信系统和卫星通信系统，3G、4G 也均属于 WWAN。

3G 是第三代移动通信技术，是指支持高速数据传输的蜂窝移动通信技术。3G 服务能够同时传送声音及数据信息，速率一般在几百 kb/s 以上。3G 是指将无线通信与国际互联网等多媒体通信结合的新一代移动通信系统，目前 3G 存在 3 种标准：CDMA2000、WCDMA、TD-SCDMA。

- WCDMA 由欧洲标准化组织 3GPP（3rd Generation Partnership Project）所制定，受全球标准化组织、设备制造商、器件供应商、运营商的广泛支持，将成为未来 3G 的主流体制。
- CDMA2000 体制是基于 IS-95 的标准基础上提出的 3G 标准，目前其标准化工作由 3GPP2 来完成。
- TD-SCDMA 标准由中国无线通信标准组织 CWTS 提出，目前已经融合到了 3GPP 关于 WCDMA-TDD 的相关规范中。

三种技术的对比如表 13-2 所示。

表 13-2 三种技术的比较

		TD-SCDMA	WCDMA	WCDMA
速率	下行	2.8 Mb/s	14.4 Mb/s	3.1 Mb/s/9.3 Mb/s
	上行	384 Kb/s	5.76 Mb/s	1.8 Mb/s/5.4 Mb/s
功能		可视电话、高速数据上网、WAP、彩信、话音、短信	可视电话、高速数据上网、据 WAP、彩信、话音、短信	可视电话、高速数功能据上网、WAP、彩信、话音、短信
技术演进		TD-SCDMA→TD-HSDPA→TD-HSUPA→TD-HSPA+→LTE TDD	GSM→GPRS→EDGE→WCDMA→HSDPA→HSUPA→HSPA+→LTE FDD	CDMA→CDMA1X→CDMA2000EV-D0Rev.0→Rev.A→Rev.B→LTE FDD

4G 是第四代移动通信技术，4G 是集 3G 与 WLAN 于一体，并能够快速传输数据及高质量音频、视频和图像等。4G 能够以 100 Mb/s 以上的速度下载，比目前的家用宽带 ADSL（4兆）快 25 倍，并能够满足几乎所有用户对无线服务的要求。此外，4G 可以在 DSL 和有线电视调制解调器没有覆盖的地方部署，然后再扩展到整个地区。很明显，4G 有着不可比拟的优越性，4G 技术有如下特点：

（1）多网络融合：多种无线通信技术系统共存；

（2）全 IP 化网络：从单纯的电路交换向分组交换过渡，并最终演变为基于分组交换的全网络；

（3）用户容量更大：预计其容量为 3G 系统的 10 倍；

（4）无缝的全球覆盖：用户可在任何时间、任何地点使用无线网络；

（5）带宽更宽：更高的单位信道带宽和频谱传输效率；

（6）智能灵活性：用户的无线网络可以通过其他网络扩展其应用业务，自适应地变换不同信道，提供更高质量和个性化的服务；

（7）多网络融合：多种无线通信技术系统共存；

（8）兼容性：兼容多种制式的通信协议和终端应用环境，及各种终端硬件设备。

2008 年，美国高通电信公司放弃了 UMB 技术研发，转为 LTE 的研发。至此，有望成为 4G 标准的技术主要是 LTE 和 WIMAX。

LTE（Long Term Evolution），即长期演进技术，始于 2004 年 3GPP 的多伦多会议。它改进并增强了 3G 的空中接入技术，采用 OFDM（正交频分复用技术）和 MIMO（多入多出技术）作为其无线网络演进的技术方式。实现在 20 MHz 频谱带宽下提供下行 326 Mb/s 与上行 86 Mb/s 的峰值速率。

LTE 并非等同于 4G，而是一种 B3G 技术，如图 13-43 所示。其 300 多兆的速度虽然远超 3G，但与 ITU 提出的 1 Gb/s 的 4G 技术要求还有一定距离。ITE 常被称为 3.9G。

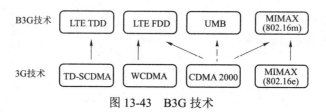

图 13-43　B3G 技术

LETLTE 的演进过程如下：

GSM→GPRS→EDGE→WCDMA

HSPA→HSPA+→LTE 长期演进

传输速度分别如下：

GSM：9.6 Kb/s　　　　　GPRS：171.2 Kb/s

EDGE：384 Kb/s　　　　WCDMA：384 Kb/s～2 Mb/s

HSDPA：14.4 Mb/s　　　HSUPA：5.76Mb/s

HSDPA+：42 Mb/s　　　HSUPA+：22 Mb/s

LTE：300 Mb/s

在移动通信领域，第一代是模拟技术，第二代实现了数字化语音通信，第三代是人们熟知的 3G 技术，以多媒体通信为特征，第四代是正在铺开的 4G 技术，其通信速率大大提高，标志着进入无线宽带时代，而 5G 技术就是第五代移动通信，如图 13-44 所示。2017 年 10 月由中国移动研究院提出，华为、中兴和烽火三大通信主流设备厂商联合研发的下一代 5G 传输系统 SPN（Slicing Packet Network，切片分组网）一阶段试验测试在中国移动研究院实验室圆满完成。作为业界首次 5G 传输技术实验室测试，本次测试成功拉开了全球 5G 传输技术由研究到实现的序幕。

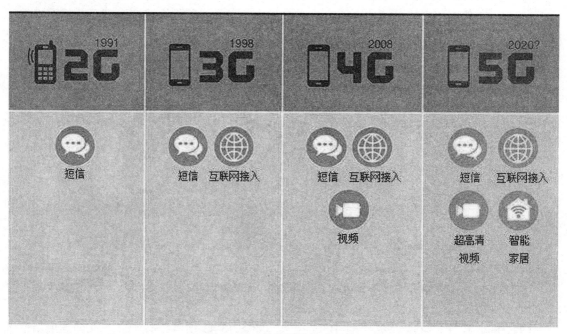

图 13-44　几代通信技术对比

第四代移动电话行动通信标准，指的是第四代移动通信技术，外语缩写为 4G。该技术包括 TD-LTE 和 FDD-LTE 两种制式（严格意义上来讲，LTE 只是 3.9G，尽管被宣传为 4G 无线标准，但它其实并未被 3GPP 认可为国际电信联盟所描述的下一代无线通信标准 IMT-Advanced，因此在严格意义上其还未达到 4G 的标准。只有升级版的 LTE Advanced 才满足国际电信联盟对 4G 的要求）。

4G 是集 3G 与 WLAN 于一体，并能够快速传输数据和高质量音频、视频和图像等。4G 能够以 100 Mb/s 以上的速度下载，比目前的家用宽带 ADSL（4 兆）快 25 倍，并能够满足几乎所有用户对于无线服务的要求。此外，4G 可以在 DSL 和有线电视调制解调器没有覆盖的地方部署，然后再扩展到整个地区。很明显，4G 有着不可比拟的优越性。

习 题 13

1. 什么是无线局域网？种类有哪些？
2. 无线局域网使用的协议有哪些？各协议之间的特点分别是什么？
3. 无线局域网使用的设备有哪些？各设备的特点是什么？
4. 简述家庭无线局域网的配置过程。

参 考 文 献

[1] 卢军,肖川. 计算机网络 [M]. 北京:北京理工大学出版社,2010.
[2] 肖川. 局域网技术与组网工程 [M]. 北京:北京理工大学出版社,2011.
[3] 刘有珠,罗少彬. 计算机网络技术基础 [M]. 北京:清华大学出版社,2007.
[4] 杨云江. 组网技术 [M]. 北京:清华大学出版社,2013.
[5] 蔡学军. 网络互连技术 [M]. 北京:高等教育出版社,2012.
[6] 张平安. 交换机与路由器配置管理任务教程 [M]. 北京:中国铁道出版社,2010.
[7] 谢希仁. 计算机网络 [M]. 4版. 大连:大连理工大学出版社,2005.
[8] 郭锡泉. 网络互连设备配置现代密码学 [M]. 北京:人民邮电出版社,2010.
[9] 石硕,林莉. 交换机/路由器及其配置 [M]. 北京:北京大学出版社,2007.
[10] 谢希仁. 计算机网络 [M]. 5版. 大连:大连理工大学出版社,2008.
[11] 谭武梁. 企业组网技术 [M]. 北京:北京理工大学出版社,2008.
[12] 孙卫佳. 网络系统集成技术与实训 [M]. 北京:电子工业出版社,2005.
[13] 徐祥征,曹忠民. 大学计算机网络公共基础教程 [M]. 北京:清华大学出版社,2006.
[14] [美] Todd Lammle 等. CCNA 学习指南 [M]. 6版. 程代伟,译. 北京:电子工业出版社,2008.
[15] 杨云. 网络服务器的配置与管理 [M]. 北京:人民邮电出版社,2015.
[16] [美] Todd Lammle,Eric Quinn. CCNP 交换学习指南 [M]. 2版. 魏巍,等译. 北京:电子工业出版社,2003.
[17] 彭文华. 网络组建与应用 [M]. 北京:北京理工大出版社,2010.
[18] 杨云. 局域网组建管理与维护 [M]. 北京:机械工业出版社,2014.
[19] [美] Douglas E. Comer. 用 TCP/IP 进行网际互联 第一卷——原理、协议与结构 [M]. 林瑶,蒋慧,杜蔚轩,等译. 北京:电子工业出版社,2009.
[20] [美] Douglas E.Comer. 用 TCP/IP 进行网际互联(第2卷)[M]. 张娟,王海,黄述真,译. 北京:电子工业出版社,2010.